全国高等职业院校食品类专业第二轮规划教材

（供食品智能加工技术、食品营养与健康、食品检验检测技术等专业用）

食品感官检验技术

第2版

主　编　周鸿燕　李兰岚

副主编　史沁红　崔海燕　李哲斌　刘晓强

编　者　（以姓氏笔画为序）

史沁红（重庆医药高等专科学校）

刘晓强（长春职业技术学院）

孙玉侠（成都市食品检验研究院）

李兰岚（湖南食品药品职业学院）

李雨霖（湖南食品药品职业学院）

李哲斌（商丘职业技术学院）

周鸿燕（济源职业技术学院）

顾龙建（广东科贸职业学院）

崔海燕（济源职业技术学院）

覃姚红（广西生态工程职业技术学院）

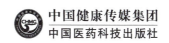

中国健康传媒集团

中国医药科技出版社

内 容 提 要

本教材是"全国高等职业院校食品类专业第二轮规划教材"之一,根据食品感官检验技术教学大纲的基本要求和课程特点编写而成,内容上涵盖食品感官检验的概述、食品感官检验基础、食品感官检验基础、食品感官检验的方法、食品感官检验的应用感官检验实训等内容。本教材具有浅显易懂、叙述完整、数字准确、操作性强、案例丰富等特点。本教材为书网融合教材,即纸质教材有机融合电子教材、教学配套资源(PPT等)、题库系统、数字化教学服务(在线教学、在线作业、在线考试),使教学资源更加多元化、立体化,促进学生自主学习。

本教材供高等职业院校食品智能加工技术、食品营养与健康、食品检验检测技术等专业使用。

图书在版编目(CIP)数据

食品感官检验技术 / 周鸿燕,李兰岚主编. -- 2 版.
北京:中国医药科技出版社,2025. 1. -- (全国高等
职业院校食品类专业第二轮规划教材). -- ISBN 978-7
-5214-4748-4

Ⅰ. TS207.3

中国国家版本馆 CIP 数据核字第 20248PT018 号

美术编辑 陈君杞
版式设计 友全图文

出版 **中国健康传媒集团** | 中国医药科技出版社
地址 北京市海淀区文慧园北路甲 22 号
邮编 100082
电话 发行:010 - 62227427   邮购:010 - 62236938
网址 www.cmstp.com
规格 889mm×1194mm $^1/_{16}$
印张 13 $^3/_4$
字数 380 千字
版次 2025 年 1 月第 2 版
印次 2025 年 1 月第 1 次印刷
印刷 河北环京美印刷有限公司
经销 全国各地新华书店
书号 ISBN 978 - 7 - 5214 - 4748 - 4
定价 49.00 元

获取新书信息、投稿、
为图书纠错,请扫码
联系我们。

出版说明

为了贯彻党的二十大精神，落实《国家职业教育改革实施方案》《关于推动现代职业教育高质量发展的意见》等文件精神，对标国家健康战略、服务健康产业转型升级，服务职业教育教学改革，对接职业岗位需求，强化职业能力培养，中国健康传媒集团中国医药科技出版社在教育部、国家药品监督管理局的领导下，通过走访主要院校，对2019年出版的"全国高职高专院校食品类专业'十三五'规划教材"进行广泛征求意见，有针对性地制定了第二轮规划教材的修订出版方案，并组织相关院校和企业专家修订编写"全国高等职业院校食品类专业第二轮规划教材"。本轮教材吸取了行业发展最新成果，体现了食品类专业的新进展、新方法、新标准，旨在赋予教材以下特点。

1. 强化课程思政，体现立德树人

坚决把立德树人贯穿、落实到教材建设全过程的各方面、各环节。教材编写将价值塑造、知识传授和能力培养三者融为一体。深度挖掘提炼专业知识体系中所蕴含的思想价值和精神内涵，科学合理拓展课程的广度、深度和温度，多角度增加课程的知识性、人文性，提升引领性、时代性和开放性。深化职业理想和职业道德教育，教育引导学生深刻理解并自觉实践行业的职业精神和职业规范，增强职业责任感。深挖食品类专业中的思政元素，引导学生树立坚持食品安全信仰与准则，严格执行食品卫生与安全规范，始终坚守食品安全防线的职业操守。

2. 体现职教精神，突出必需够用

教材编写坚持"以就业为导向、以全面素质为基础、以能力为本位"的现代职业教育教学改革方向，根据《高等职业学校专业教学标准》《职业教育专业目录(2021)》要求，进一步优化精简内容，落实必需够用原则，以培养满足岗位需求、教学需求和社会需求的高素质技能型人才，体现高职教育特点。同时做到有序衔接中职、高职、高职本科，对接产业体系，服务产业基础高级化、产业链现代化。

3. 坚持工学结合，注重德技并修

教材融入行业人员参与编写，强化以岗位需求为导向的理实教学，注重理论知识与岗位需求相结合，对接职业标准和岗位要求。在不影响教材主体内容的基础上保留第一版教材中的"学习目标""知识链接""练习题"模块，去掉"知识拓展"模块。进一步优化各模块内容，培养学生理论联系实践的综合分析能力；增强教材的可读性和实用性，培养学生学习的自觉性和主动性。在教材正文适当位置插入"情境导入"，起到边读边想、边读边悟、边读边练的作用，做到理论与相关岗位相结合，强化培养学生创新思维能力和操作能力。

4.建设立体教材，丰富教学资源

提倡校企"双元"合作开发教材，引入岗位微课或视频，实现岗位情景再现，激发学生学习兴趣。依托"医药大学堂"在线学习平台搭建与教材配套的数字化资源(数字教材、教学课件、图片、视频、动画及练习题等)，丰富多样化、立体化教学资源，并提升教学手段，促进师生互动，满足教学管理需要，为提高教育教学水平和质量提供支撑。

本套教材的修订出版得到了全国知名专家的精心指导和各有关院校领导与编者的大力支持，在此一并表示衷心感谢。希望广大师生在教学中积极使用本套教材并提出宝贵意见，以便修订完善，共同打造精品教材。

数字化教材编委会

主　编　周鸿燕　李兰岚

副主编　史沁红　崔海燕　李哲斌　刘晓强

编　者　（以姓氏笔画为序）

　　　　史沁红（重庆医药高等专科学校）

　　　　刘晓强（长春职业技术学院）

　　　　孙玉侠（成都市食品检验研究院）

　　　　李兰岚（湖南食品药品职业学院）

　　　　李雨霖（湖南食品药品职业学院）

　　　　李哲斌（商丘职业技术学院）

　　　　周鸿燕（济源职业技术学院）

　　　　顾龙建（广东科贸职业学院）

　　　　崔海燕（济源职业技术学院）

　　　　覃姚红（广西生态工程职业技术学院）

前 言

人类对食品的基本诉求涵盖四个维度：安全保障、营养摄取、感官愉悦以及保健效能。在现代社会新质生产力蓬勃发展的浪潮下，食品的种类呈现出前所未有的丰富性。与此同时，人民对美好生活的向往与追求持续攀升，这无疑对食品的品质与安全标准提出了更高的要求。感官检验技术是依托人类的感知能力进行测量与分析的专业技术手段，在食品研发、质量控制、消费者偏好分析以及货架期分析等诸多方面展现出独一无二的优势，具有不可替代性。目前，该技术已在食品生产企业以及各类研究机构中获得了日益广泛的应用，并逐步发展成为食品质量安全分析领域的关键技术之一，在保障食品质量安全、满足消费者需求、推动食品产业发展方面发挥重要作用。

本门课程是食品类专业的主干课程，尤其是食品营养与健康、食品智能加工技术、食品检验检测专业等专业的核心课程。该课程是一门承上启下的课程，前导课程有人体生理基础、食品营养、食品化学等，后续课程有食品分析检验技术、食品加工技术等。

本教材是结合高职高专学生的学习特点编写的一本教材。本版教材在上一版的基础上增加了较多的实践内容，并加入了"案例分析"和"拓展阅读"等环节，内容贴合生活实际，知识点容易掌握。本教材还独立编写了"食品感官实训部分"，方便教师教学和学生学习。

本教材主要介绍了食品感官检验技术的定义、基础、条件、方法及其在食品生产和推广等方面的应用。本教材还重点编写了 11 个感官检验实验，涵盖了植物油、软饮料、酒类、茶叶、肉制品等方面的检验内容。2 版教材增加了很多数字资源的内容。本教材为书网融合教材，即纸质教材有机融合电子教材、教学配套资源（PPT 等）、题库系统、数字化教学服务（在线教学、在线作业、在线考试），使教学资源更加多元化、立体化，促进学生自主学习。

本教材项目一由刘晓强编写；项目二由周鸿燕、孙玉侠编写；项目三由史沁红、李雨霖编写；项目四由周鸿燕编写；项目五由顾龙建编写；项目六由李哲斌编写；项目七由李兰岚、孙玉侠编写；实训部分由崔海燕、孙玉侠编写；附录部分由覃姚红编写；周鸿燕负责审核、统稿。

本教材的编写过程中，得到了 11 所兄弟院校的大力支持和热情帮助，在此表示诚挚感谢。

由于编写水平有限，本教材难免还有不足之处，恳请各位同仁和读者多提宝贵意见。

编 者
2024 年 8 月

项目一

食品感官检验概述

 学习目标

知识目标

1. **掌握** 食品感官检验的原则及检验方法选择。
2. **熟悉** 食品感官检验的定义和重要性。
3. **了解** 食品感官检验的特点及发展趋势。

能力目标

1. 能理解食品感官检验的定义、原则、检验类型与方法。
2. 会根据感官检验的目的和要求，选择合适的检验方法。

素质目标

1. 树立食品安全的社会责任感。
2. 培养严谨细致、精益求精的工匠精神。
3. 培养团结协作、爱岗敬业的职业精神。

【国家标准】

CNAS – GL014—2018《感官检验领域实验室认可技术指南》

 情境导入

情境 感官检验其实是人类存在以来就一直存在的传统方式，从神农尝百草，到现代人类日常生活中以看、闻、尝、摸等动作来决定食品的品质状况，都是最基本的感官检验，其依赖的是个人的经验积累与传承。长期以来，许多食品感官检验技术一直用于品评香水、精油、香料、咖啡、茶、酒类及香精等产品的感官特性，以酒类的感官评价历史最为悠久。

思考 1. 什么是食品感官检验？
　　　2. 食品感官检验的原则有哪些？

任务一　认识食品感官检验

PPT

社会进步、生产发展、饮食需要已经经历了从量到质的转变，"食"是生存之要，"美食"是生活之需，反映人们生活水平的恩格尔指数发生了根本转变，人们对食品的需要已经不只是饱腹之需，更是一种享受方式。人类对食品的本质要求包括4个方面：安全、营养、口味和保健作用。生活条件越高，对食品能够带给个体的感受追求越高，并成为影响食品工业、商业行为的一个重要因素。与这种趋势相适应，感官检验这一技术逐渐发展起来。

一、食品感官检验的定义

所谓食品感官检验，就是以心理学、生理学、统计学为基础，依靠人的感觉（如视觉、听觉、触觉、味觉、嗅觉等）对食品进行评价、测定或检验并进行统计分析以评定食品质量的方法。

目前被广泛接受和认可的定义源于 1975 年美国食品科学技术专家学会感官评价分会的说法：感官检验是用于唤起（evoke）、测量（measure）、分析（analyze）和解释（interpret），即通过视觉（sight）、嗅觉（smell）、味觉（taste）和听觉（hearing）而感知到的食品及其他物质的特征或者性质的一种科学方法。

这个定义包含两层意思：第一，感官检验是包括所有感官的活动，这是很重要也是经常被忽视的一点，在很多情况下，人们感官检验的理解单纯限定在"品尝"一个感官上，似乎感官检验就是品尝。实际上，对某个产品的感官反应是多种感官反应结果的综合，比如，让你去评价一个苹果的颜色，但不用考虑它的气味，但实际的结果是，你对苹果颜色的反应一定会受到其气味的影响。第二，感官检验是建立在几种理论综合的基础之上的，这些理论包括实验的、社会的、心理学、生理学、统计学以及食品科学和技术的知识。

感官检验包括以下四种活动。

1. 唤起　在感官检验中，准备样品和呈送样品都要在一定的控制条件下进行，以最大限度地降低外界因素的干扰。例如，感官检验者通常应在单独的品尝室中进行品尝或检验，这样他们得出的结论就是他们自己真实的结论，而不会受周围其他人的影响。被检测的样品也要进行随机编号，这样才能保证检验人员得出的结论是来自于他们自身的体验，而不受编号的影响；另外，要做到使样品以不同的顺序提供给受试者，以平衡或抵消由于一个接一个检验样品而产生的连续效应。因此，在感官检验中要建立标准的操作程序，包括样品的温度、体积和样品呈送的时间间隔等，这样才能降低误差，提高测试的精确度。

2. 测量　感官检验是一门定量的科学，通过采集数据，在产品性质和人的感知之间建立起合理的、特定的联系。感官方法主要来自于行为研究的方法，这种方法观察人的反应并对其进行量化。例如，通过观察受试者的反应，可以估计出某种产品的微小变化能够被分辨出来的概率，或者推测出一组受试者中喜爱某种产品的人数比例。

3. 分析　合理的数据分析是感官检验的重要部分，在感官检验当中，人被作为测量的工具，而通过这些人得到的数据通常具有很大的不一致性，造成人对同一事物的反映不同的原因有很多，比如参与者的情绪和动机、对感官刺激的先天生理敏感性、他们过去的经历以及他们对类似产品的熟悉程度。虽然一些对参评者的筛选程序可以控制这些因素，但也只能是部分控制，很难做到完全控制。也就是说，参评的人从其性质上来讲，就好像是一些用来测定产品的某项性质而又完全不同的一组仪器。为了评价在产品性质和感官反应之间建立起来的联系是否真实，我们用统计学来对数据进行分析。一个好的实验设计必须要有合适的统计分析方法，只有这样才能在各种影响因素都被考虑到的情况下得到合理的结论。

4. 对结果的解释　感官检验实际上是一种试验，一项试验当中的数据和由其所得到的统计信息，只有在其能够对该实验的假设、所涉及的背景知识以及结论能够进行解释的时候，才对试验有所作用；相反，如果这些数据和由其所得到的统计信息不能对试验的假设和结果进行合理的解释，那么它们就是毫无意义的。感官检验专家的任务应该不仅是得到一些数据，他们还要具有对这些数据进行合理解释的能力，并能够根据数据对试验提出一些相应的合理措施。如果从事试验的人自己负责感官检验，他们可能会比较容易地解释其中的变化，如果委托专门的感官检验人员来进行试验，一定要同他们很好地合作，共同解释其中的变化和趋势，这样才有助于实验的顺利进行。感官检验专家应该最清楚如何对结果进行合理的解释，以及所得到的结果对于某种产品来说意味着什么。同时，感官检验人员也应该清楚该检验过程存在哪些局限性。这些，都将有助于对实验结果的解释。

食品感官检验的特点有：食品感官检验具有很强的实用性、很高的灵敏度，且操作简便，不需要借助任何仪器设备；食品感官检验是多学科交叉的应用学科，集心理学、生理学及统计学为一体；影响结果可靠性的因素多，例如品评员的经验、用具、环境、方法以及结果分析所用的统计分析方法等，都会干扰最终的食品感官检验结论。

二、感官检验的原则和作用

1. 中心原则——分析与快感检验 中心原则是检验方法应与检验目的相适应，是关于检验目的问题的提出到检验方法的选择。感官检验方法选择的决策树如图 1 – 1 所示。

食品感官检验设计包括适当方法的选择、合适的参与者、统计方法选择等。

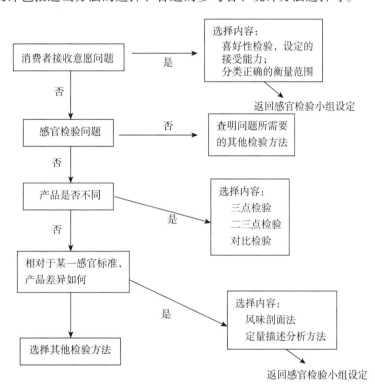

图 1 – 1　感官检验方法选择的决策树

2. 食品感官检验的原则 感官检验食品的品质时，要着眼于食品各方面的指标进行综合性考评，尤其要注意感官检验的结果，必要时参考检验数据，做全面分析，以期得出合理、客观、公正的结论。这里应遵循的原则如下。

（1）《中华人民共和国产品质量法》《绿色食品产品标准》《中华人民共和国食品安全法》，国务院有关部委和各省（自治区、直辖市）行政部门颁布的食品质量法规和卫生法规是检验各类食品能否食用的主要依据。

（2）食品已明显腐败变质或含有过量的有毒有害物质（如重金属含量过高或霉变）时，不得供食用。达不到该种食品的营养和风味要求以及假冒伪劣食品不得供食用。

（3）食品由于某种原因不能直接食用，必须加工或在其他条件下处理的，可提出限定加工条件和限定食用及销售等方面的具体要求。

（4）食品某些指标的综合评价结果略低于卫生标准，而新鲜度、病原体、有毒有害物质含量均符合卫生标准时，可提出要求在某种条件下供人食用。

（5）在检验指标的掌握上，婴幼儿、患者食用的食品要严于成年人、健康人食用的食品。

（6）检验结论必须明确，不得含糊不清，对条件可食的食品，应将条件写清楚。对于没有检验参考标准的食品，可参照有关同类食品恰当地检验。

（7）在进行食品质量综合性检验前，应向有关单位或个人收集该食品的有关资料，如食品的来源、保管方法、贮存时间、原料组成、包装情况以及加工、运输、贮藏、经营过程中的卫生情况；寻找可疑环节，为上述检验结论提供必要的正确判断基础。

3. 食品感官检验的作用　《中华人民共和国食品安全法》第六条规定："食品应当无毒、无害，符合应当有的营养要求，具有相应的色、香、味等感官性状。"第九条规定了禁止生产经营的食品，其中第一项指出："腐败变质、油脂酸败、霉变、生虫、污秽不洁、混有异物或者其他感官性状异常，可能对人体健康有害的食品。"这里所说的"感官性状异常"指食品失去了正常的感官性状，而出现的理化性质异常或者微生物污染等在感官方面的体现，或者说是食品发生不良改变或污染的外在警示。同样，"感官性状异常"不单单是判定食品感官性状的专用术语，而且是作为法律规定的内容和要求而严肃地提出来的。

感官检验用于鉴别食品的质量，各种食品的质量标准中都定有感官检验指标，如外形、色泽、滋味、气味、均匀性、浑浊程度、有无沉淀及杂质等。这些感官指标往往能反映出食品的品质和质量的好坏，当食品的质量发生了变化时，常引起某些感官指标也发生变化。因此，通过感官检验可判断食品的质量及其变化情况。

感官检验已经广泛地应用于社会实践，其作用可概括为以下几个方面。

（1）原材料及最终产品的质量控制　对供应单位成批产品进行验收，和对出厂产品质量进行检验的过程，其目的是防止不符合质量要求的原材料进入生产过程和商品流通领域，为稳定正常的生产秩序和保证成品质量提供必要的条件。

（2）工序检验　在本工序加工完毕时的检验，其目的是预防产生大批的不合格品，并防止不合格品流入下道工序。这种检验有利于及时发现生产过程中的产品质量问题，为进一步改进工艺，提高产品质量提供依据。

（3）贮藏试验　将食品按某种要求加工处理后，原封不动放置起来，然后在一定时间间隔内对其品质及色、香、味变化进行的检测，其目的是掌握和研究食品在贮藏过程中的变化情况和成熟规律，确定食品的保存期和保质期限。

（4）产品评比　在各种评优活动中，对企业参评产品质量进行感官评估和评分的过程，其目的是为了鼓励企业不断提高以生产出优质名牌产品。市场商品检验：对流通领域内的商品按照产品质量标准检验的过程。市场商品检验要求准确、快速、及时，以商品流入市场，维护正常的经济秩序。保护消费者的监督检验：国家指定的产品质量监督专门机构按照正式的规定，对企业生产的产品质量进行监督性检验。其他，还包括新产品的开发、食品风味影响因素的调研等。

三、感官检验的方法和类型

1. 感官检验的方法　目前公认的感官检验方法有三大类，每一类方法中又包含许多具体方法，见表 1 - 1。

表 1 - 1 感官评价方法分类

方法名称	核心问题	具体方法
区别检验法	产品之间是否存在差别	成对比较法、3 点检验法、2 - 3 点检验法、A - 非 A 检验、五中取二检验
描述检验法	产品的某项感官特性如何	风味剖面法、定量描述分析法
情感试验法	喜爱哪种产品或对产品的喜爱程度如何	快感检验

最简单的区别检验仅仅是试图回答两种类型产品间是否存在不同，这类检验包括多种方法，如成对比较检验、3 点检验、2 - 3 点检验、A - 非 A 检验、五中取二检验等。这一类检验已在实际应用中获得广泛采用，应用普遍的原因是技术人员仅仅需要计算正确回答的数目，借助于该表格就可以得到一个简单的统计结论，从而可以简单而迅速地报告分析结果。

第二类感官检验方法是对产品感官性质感知强度量化的检验方法，这些方法主要是进行描述分析。它包括两种方法，第一种方法是风味剖面法，主要依靠经过训练的检验小组。这一方法首先以小组成员进行全面训练以使他们能够分辨一种食品的所有风味特点，然后通过检验小组成员达成一致性意见形成对产品的风味和风味特征的描述词汇、风味强度、风味出现的顺序、余味和产品的整体印象。第二种方法称为定量描述分析法，也是首先对检验小组成员进行训练，确定了标准化的词汇以描述产品间的感官差异之后，小组成员对产品进训练，确定了标准化的词汇以描述产品间的感官差异之后，小组成员对产品进行独立检验。描述分析法已被证明是最全面、信息量最大的感官检验工具，它适用于表述各种产品的变化和食品开发中的研究问题。

第三类感官检验方法主要是对产品的好恶程度进行量化的方法，称作快感或情感法。快感检验是选用某种产品的经常性消费者 75 ~ 150 名，在集中场所或感官检验较方便的场所进行该检验。

最普通的快感标度是如图 1 - 2 所示的 9 点快感标度，这也是已知的喜爱程度的标度。这一标度已得到广泛的普及。样品被分成单元后提供给评价小组（一段时间内一个产品），要求评价小组表明他们对产品标度上的快感反应。

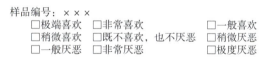

图 1 - 2 9 点快感标度

2. 感官检验的类型 食品感官检验，根据其作用的不同分为分析型感官检验和偏爱型感官检验两种类型。

（1）分析型感官检验 分析型感官检验是以人的感觉器官作为一种检验测量的工具，通过感觉来评定样品的质量特性或鉴别多个样品之间的差异的。例如，原辅料的质量检查、半成品和产品的质量检查以及产品评优等均属于这种类型。

由于分析型感官检验是通过人的感觉来进行检测的，因此，为了降低个人感觉之间差异的影响，提高检测的重现性，以获得高精度的测定结果，必须注意评价基准的标准化、实验条件的规范化和评价员的选定。

①评价基准的标准化：评价基准要统一，并且要标准化，防止评价员按各自的评价基准和尺度使结果难以统计和比较，评价基准标准化的最有效方法是制作标准样品，将各种样品都与标准样品比较。

②实验条件的规范化：在分析型感官检验中，有时需要对样品相似的细微差异作出判断，这时分析结果很容易受环境影响，因此实验条件应规范化。

③评价员的选定：从事分析型感官检验的评价员，必须具备良好的生理及心理条件，并经过挑选和

适当的训练,要求感官感觉敏锐。

（2）偏爱型感官检验　偏爱型感官检验与分析型感官检验相反,是以样品为工具来了解人的感官反应及倾向的,如在新产品开发中对试制品的评价。在市场调查中使用的感官检查都属于偏爱型感官检验。

此类感官检验不需要统一的评价标准及条件,而是依赖人们的生理及心理上的综合感觉,即人的感觉程度和主观判断起着决定性作用,其检验结果受生活环境、生活习惯、审美观点等多方面因素的影响,因此分析结果往往因人、因时、因地而异,例如,对某一食品风味的评价,不同地域与环境、不同群体、不同生活习惯、不同年龄的人会得出不同的结论,有人认为好,有人认为不好,既有人喜欢,也有人不喜欢。所以偏爱型感官检验完全是一种主观的行为,它反映了不同个体或群体的偏爱倾向,不同个体或群体的差异。它对食品的开发、研制、生产有积极的指导意义。

任务二　食品感官检验的发展历史与前景

PPT

一、食品感官检验的历史

自从人类学会了对衣食住行所用的消费品进行好与坏的评价以来,可以说就有了感官检验,然而真正意义上感官检验的出现还是在近几十年。最早的感官检验可以追溯到 20 世纪 30 年代左右,而它的蓬勃发展还是由于 20 世纪 60 年代中期到 70 年代开始的全世界对食品和农业的关注、能源的紧张、食品加工的精细化、降低生产成本的需要以及产品竞争的日益激烈和全球化。

在传统的食品行业和其他消费品生产行业中,一般都有一名"专家"级人物,比如香水专家、风味专家、酿酒专家、焙烤专家、咖啡和茶叶的品尝专家等,他们在本行业工作多年,对生产非常熟悉,积累了丰富的经验,一般与生产环节有关的标准都由他们来制定。比如购买的原料、产品的生产、质量的控制甚至市场的运作,可以说,这些专家对生产企业来讲,意义非常。在专家的基础上,后来又出现了专职的工业品评员,比如在罐头企业就有专门从事品尝工作的品评人员每天对生产出的产品进行品尝,并将本企业的产品和同行业的其他产品进行比较,有的企业至今仍沿用这种方法。某些行业还使用由专家制定的用来评价产品的各种评分卡和统一词汇,比如有奶油的 100 分评分卡,葡萄酒的 20 分评分卡和油脂的 10 分评分卡等。

随着食品科技进步,以师傅教徒弟方式培养专家的速度跟不上食品工业与产量增加的速度,同时,统计学的缺乏使得专家及其他人的意见逐步失去了代表性,更为重要的是这些专家疲于应付的意见无法真正反映消费者的意见。1931 年,Plat 提出产品的研发不可忽视消费者接受性的重要性,并且提出应该废除超权威的专家,以真正具有品评能力的一群评价员来参与品评才要具有科学性。在 20 世纪 30 年代,发展出了很多新的食品感官检验及评定方法,并朝着科学化方向迈进,如评分法、标准样品的使用等。

在 20 世纪 40~50 年代中期,感官检验又因美国军队的需要而得到一次长足的发展,当时政府大力提倡社会为军队提供更多的可接受的食物,因为他们发现无论是精确科学的膳食标准,还是精美的食谱都不能保证这些食品的可接受性;而且人们发现,对于某些食品来说,其气味和其可接受性有着很重要的关系。也就是说,要确定食品的可接受性,感官检验是必不可少的。许多科学家开始思索如何收集人们对物品的感官反应以及形成这些反应的生理基础,同时发展出了测量消费者对食品喜爱性及可接受性的评分方法等,并对差异检验法做了整合性整理与归纳,详细说明了比较法、三角法、稀释法、评分法、顺位法等感官评价方法的优劣。在 20 世纪 50 年代,科学家发表了更多更具体的感官检验方法,如评价员的选择与训练方法、试验结果的统计分析方法、品评结果与物理化学测量结果相关性研究等。

到了 20 世纪 80 年代，感官检验技术蓬勃发展。越来越多的企业成立感官检验部门，建立评价小组，如欧洲与美国大型食品企业都拥有自己庞大的感官检验实验室用于新产品研发。各大学成立相关研究部门并纳入高等教育课程，感官检验成为食品科学领域五大学科领域（食品化学、食品工程、食品微生物、食品加工、食品感官检验）之一，如：美国加州大学戴维斯分校、法国南锡大学、杜尔大学等。又如由私募基金资助的大型科研单位如美国莫内尔化学感觉中心、法国的欧洲嗅味觉中心等。美国标准检验方法（ASIM）中也出现了感官检验实施标准。

进入 21 世纪以来，感官检验技术不断融合其他领域的知识，已发展成为今日的感官科学，如统计学家引入更新的统计方法及理念、心理学家或消费行为学家开发出新的收集人类感官反应的方法及心理行为观念、生理学家修正收集人类感官反应的方法等。在技术方面，感官检验则不断同新科技结合发展出了更准确、快速或方便的方法，如计算机自动化系统、气相层析嗅闻技术、时间 – 强度研究等。

目前在欧美形成了若干国际交流与合作平台。每两年举行一次的 Panborn Symposium 被认为是感官检验技术领域里最重要的国际会议，侧重于感官检验技术应用层面。欧洲嗅味觉科学研究组织（European Chemoreception Research Organizations，ECRO）每两年举行一次的国际会议被认为是学术水平最高的化学感觉会议。另外主要由美国科学家组成的化学感觉科学协会（Association for Chemoreception Sciences，AChemS）每年举行一次年会，每四年召开一次世界性的化学感觉会议（International Society on Olfaction and Taste，ISOT），轮流和欧洲嗅味觉科学研究组织或和日本的嗅味觉会议（Japanese Symposium on Taste and Smell，JASTS）共同举办。这些国际交流平台的构建为食品感官科学与食品感官检验技术的交流与传播发挥了重要作用。

在中国，虽然早就有感官检验这个概念，但我们的认识更多的还是停留在上面提到的"专家"的阶段，强调更多的是经验，或者仅将它作为和理化检验并列的产品质量检验的一部分，而感官检验包含的内容和它的实际功能要广阔得多。感官检验可以为产品提供直接、可靠、便利的信息，可以更好地把握市场方向、指导生产，它的作用是独特的、不可替代的。感官检验的发展和经济的发展密不可分，随着我国经济的发展和全球化程度的提高，感官检验的作用会越来越突显出来。

目前，感官检验技术的应用已超出食品范围，普及到汽车制造业、纺织业、化妆品制造业、医疗卫生、环保等多方面。

二、食品感官检验的意义和前景

原始的感官检验是利用人们自身的感觉器官对食品进行评价和判断。在许多情况下，这种评价由某方面的专家进行，并往往采用少数服从多数的方法，来确定最后的评价。这种评价存在弊端，同时，作为一种以人的感觉为测定手段或测定对象的方法，误差的存在也是难免的。因此，原始的感官检验缺乏科学性，可信度不高。

现代的食品感官检验是在食品理化分析的基础上，集心理学、生理学、统计学的知识发展起来的一门学科。该学科不仅实用性强、灵敏度高、结果可靠，而且解决了一般理化分析所不能解决的复杂生理感受问题。感官检验在许多发达国家已普遍采用，是从事食品生产、营销管理、产品开发的人员以及广大消费者所必须掌握的一门知识。食品感官检验目的是评价食品的可接受性和鉴别食品的质量。

1. 食品感官检验的意义

（1）对食品的可接受性作出判断　食品是一类特殊商品，消费者习惯上都凭感官来决定对食品的取舍，食品的消费过程在一定程度上是感官愉悦的享受过程。因此，作为食品不仅要符合营养和卫生的要求，而且必须能为消费者所接受。食品要为消费者所接受，很大程度上取决于食品的各种感官特征，如食品的外观、形态、色泽、口感、风味以及包装等。而这些特征，只能依靠人的感觉，往往不是一般的理化检验所能检测出来的。理化检验虽然能对食品的各组分（如糖、酸、卤素等）含量进行测定，但并不能考虑组分之间的相互作用和对感觉器官的刺激情况，缺乏综合性判断。

（2）鉴别食品质量　感官检验用于鉴别食品的质量，各种食品的质量标准中都定有感官检验指标，如外形、色泽、滋味、气味、均匀性、浑浊程度、有无沉淀及杂质等。这些感官指标往往能反映出食品的品质和质量的好坏，当食品的质量发生了变化时，常引起某些感官指标也发生变化。因此，通过感官检验可判断食品的质量及其变化情况。总之，感官检验在食品生产中的原材料和成品质量控制、食品的贮藏和保鲜、新产品开发、市场调查等方面都有重要意义。

2. 感官检验的前景　目前，食品品质评价主要依赖人的感官检验、理化检验及微生物检验完成。感官检验不仅能直接发现食品感官性状在宏观上出现的异常现象，而且当食品感官性状发生微观变化时也能很敏锐地察觉到。例如，食品中混有杂质、异物，发生霉变、沉淀等不良变化时，人们能够直观地鉴别出来，而不需要再进行其他的检验分析。尤其重要的是，当食品的感官性状只发生微小变化，甚至这种变化轻微到有些仪器都难以准确发现时，通过人的感觉器官，如嗅觉器官、味觉器官等都能给予应有的鉴别。可见，食品的感官检验有着理化和微生物检验方法所不能替代的优越性。

在食品的质量标准和卫生标准中，第一项内容一般都是感官指标，通过这些指标不仅能够直接对食品的感官性状作出判断，而且还能够据此提出必要的理化和微生物检验项目，以便进一步证实感官检验的准确性。因此，感官检验往往在理化分析及微生物检验之前首先进行。在判断食品的质量时，感官指标往往具有否决性，即如果某一产品的感官指标不合格，则不必进行其他的理化分析与卫生检验，直接判该产品为不合格品。在此种意义上，感官指标享有一定的优先权。另外，某些用感官感知的产品性状，目前尚无合适的仪器与理化分析方法可以替代感官评价，使感官评价成为判断优劣的唯一手段。

随着感官检验的快速发展，带动了有关仪器设备的研制。现代新型传感器与计算机技术相结合的"人－机"检验评价技术正在开展研究，人的感官成为整个系统的一部分，充当与食品试样接触的终端，人的感官与仪器同步工作，对食品的某一特性进行测量。例如，在质地测试时，人的上下腭、牙齿取代了流变仪的金属探头，咀嚼时的肌肉运动由附着于面部的传感器转换成肌电信号，进入计算机进行信号处理。在味觉试验中，人的舌头、口腔等担当味觉传感器的角色，不同味感引起大脑氧化血色素的浓度变化，由近红外传感器侦测，再由计算机进行信号处理。这一新的研究方向结合了人的感官与仪器分析的优点，而绕开了其各自的缺点。因此，研究不同的分析仪器与感官特性之间的各种相关性，发展更符合人类感官系统机制的仪器（如电子鼻、电子舌等），在气味或风味研究中应用气相层析嗅闻技术成为未来食品感官检验发展的趋势。

随着现代生理学、心理学、统计学等多门学科的发展，感官检验作为一门新兴的检验技术，其应用也日益受到重视。如何利用感官检验这一手段去改进产品、产品质量和服务将成为食品企业关键的一环。利用感官检验可以认识市场趋势和消费者的消费取向，建立与消费者有关的数据库，为食品产品的研发提供数据支持。随着市场和消费者消费习惯的变化，以及食品行业竞争的加剧，感官检验技术在食品工业中的应用会越来越广泛，作用也越来越明显。

食品感官检验虽然是一种不可缺少的重要方法，但是，由于食品的感官性状变化程度很难具体衡量，也由于检验的客观条件不同和主观态度各异；人的感官状态常常不稳定，尤其在对食品感官性状的鉴别判断有争议时，往往难以下结论。另外，若需要衡量食品感官性状的具体变化程度，则应辅以理化分析和微生物的检验。因此，食品感官检验不能完全代替理化分析、卫生指标检测或其他仪器测定。感官数据可以定性地得到可靠结论；但定量方面，尤其是差异标度方面，往往不尽如人意。因此，感官检验应当与理化分析、仪器测定互为补充、相互结合来应用，才可以对食品的特性进行更为准确的评价。

答案解析

思考题

1. 什么是食品感官检验技术？
2. 食品感官检验技术有哪些类型？
3. 食品感官检验的原则是什么？
4. 食品感官检验包括哪四种活动？
5. 简述食品感官检验技术存在的必要性。

书网融合……

本章小结

题库

项目二

食品感官检验基础

 学习目标

〈**知识目标**〉

1. 掌握 食品的感官特性;各种感觉形成的生理过程及其生理特点;感觉阈的概念及分类;味阈的影响因素;嗅阈的影响因素。

2. 熟悉 各种感觉对食品感官评价的意义;食品感官检验中特殊的心理效应。

3. 了解 影响感觉的因素和各种感官之间的相互关联;食品感官分析实验心理学的内容及特点。

〈**能力目标**〉

1. 熟练掌握嗅技术、声学技术和电子舌、电子鼻、质构仪的分析方法。

2. 学会依据各种感觉的机制来科学评价食品的感官特性。

〈**素质目标**〉

1. 树立食品安全的社会责任感。

2. 培养严谨细致、精益求精的工匠精神。

3. 培养团结协作、爱岗敬业的职业精神。

【国家标准】

GB/T 10221—2021《感官分析 术语》

GB/T 29605—2013《感官分析 食品感官质量控制导则》

GB/T 12312—2012《感官分析 味觉敏感度的测定方法》

GB/T 21172—2022《感官分析 产品颜色感官评价导则》

GB/T 22366—2022《感官分析 方法学 采用三点强迫选择法(3–AFC)测定嗅觉、味觉和风味觉察阈值的一般导则》

GB/T 15033—2009《生咖啡 嗅觉和肉眼检验以及杂质和缺陷的测定》

GB/T 21265—2007《辣椒辣度的感官评价方法》

GB/T 13868—2009《感官分析 建立感官分析实验室的一般导则》

 情境导入

情境 食品的感官性状(色、香、味、形等)是评价食品的重要指标之一。通常情况下,食品失去原有的正常感官性状就意味着变质。科学合理的感官性状能反映该食品的特征品质和质量要求,直接影响到食品品质的界定和食品质量与安全的控制。

思考 1. 食物是怎样刺激我们感官的?

2. 食物的感官特性主要包括哪些方面?

任务一　认识食品的感官特性

一、食品的外观

外观，通常被人们习惯于作为是否购买某食品的唯一决定因素，尽管事实证明这样做不一定正确。因此，感官检验相关工作人员通常要对样品的外观特别注意，而且在必要时，为了减少干扰，他们甚至会用带有颜色的灯光或者不透明的容器来屏蔽外观的影响。食品的外观通常包括以下几个方面。

1. 颜色　食品的颜色是食品给人的第一印象，是由于食品中的一些物质选择性吸收和反射不同波长的可见光（波长范围：400～800nm），再通过人的视觉系统从而产生的印象。

颜色一般包含色调、饱和度、明亮度三个要素。其中，色调表示红、黄、蓝等不同的颜色；饱和度表示颜色的深浅，如深绿、浅绿；亮度表示颜色的明暗程度，主要受光源影响，广播能量越大，亮度就越高。

对于外观而言，颜色的均匀性也很重要。通常食品的败坏伴有颜色的变化，如大米霉变后会变黄甚至变黑，有些肉类腐败伴有变绿现象等。

2. 大小和形状　大小和形状是指食品的长度、厚度、宽度、颗粒大小、几何形状、形态饱满度等。所有食品都会有适宜的大小和形状范围，超出此范围可能会影响其味感和可接受性。如奶粉和白糖的结块、面包的变形、蔬菜水果的萎蔫等，都是人们不太乐意选择的，因为这些现象都是食品品质下降的表现。因此，大小和形状在一定程度上也可反应产品质量的优劣。

3. 表面质地　表面质地，是指食品最表层的特性，如光亮或暗淡、粗糙或平滑、干燥或湿润、柔软或坚硬、酥脆或发艮。在一些食品中，这些表面特性显得尤为重要，如硬质糖果的光泽、曲奇饼干的酥脆、奶酪的丝滑、棉花糖的柔韧等都是影响这些食品质量的关键特性。

4. 透明度　透明度，是指透明液体或固体的透明程度（或浑浊程度），以及肉眼可见颗粒的存在情况。这对一些对透明度要求较高的食品而言，是其感官检验的关键，如白糖与冰糖、不含果粒的果汁等。

5. 充气情况　充气情况是指充气饮料或酒类倾倒时产气的情况，这可通过专门的仪器（Zahm&Nagel测试仪）测定。例如，在碳酸饮料、啤酒、香槟酒中，适量的CO_2气体是其特殊口感的关键。

二、食品的气味/香味

食品的气味是食品的挥发性成分进入鼻腔后，经嗅觉系统产生的感觉。这需要依靠鼻子等嗅觉器官等的作用。令人愉悦的气味称为香味，而令人厌恶的气味称为臭味。

食物的气味一般是由很多种挥发性物质共同作用而产生，但某种食品的气味又是由其中主要的少数几种成分所决定，这些决定性成分称为主香成分。一般在评价某种挥发性物质在食品香气形成中所起作用的大小时，通过该物质的香气值大小来判断。

$$香气值 = \frac{呈香物质的浓度}{阈值}$$

如果某种挥发性物质的香气值小于1，则该物质对食物香气的形成没有贡献。如果挥发性物质的香气值越大，则它对食物香气形成的贡献越大。一般而言，食物中的主香成分比食物中其他挥发性成分的香气值更高。

食品的气味一般有两个来源，即食品中发生的反应和添加香精香料。食品中发生的反应主要有两类：一类是酶催化的生物化学反应；二是非酶化学反应。其中，酶催化的生物化学反应主要是指生物合成与微生物发酵作用，如葱、蒜、姜、苹果、香蕉等食品原材料中的香气就是在这些植物生长过程中通过生物合成途径形成的，而酒类的香气是酿造时微生物发酵形成的。非酶化学反应，主要指食品在加工过程中，由于各种物理化学因素的作用而生成挥发性物质的过程，常见的有美拉德反应、油脂的高温分解反应等。例如，饼干和面包烘烤时的香气、肉在烧煮时出现的香气、油炸食品的香气等主要都是通过非酶反应产生的。此外，添加香精香料等赋香物质也可以使整个食品的香气增强。

三、食品的均匀性和质地

食品的均匀性和质地要靠嘴来获得，但不是味觉和化学体验。均匀性是针对非牛顿流体或非同质的液体和半固体的，一般指的是调味酱、果汁、糖浆、化妆品等的混合状况。食品的质地，是食品结构物理特性的综合表征，与食品在力的作用下发生的变形、分解等流变程度有关，通过人的触觉被感知，也可由机械通过力、时间和距离等作用进行客观衡量。质地主要包含硬度、弹性、脆性、凝聚性、咀嚼性和胶黏性等因素。具体有如下几项。

1. 机械特性　与压迫食品产生的反应有关，如硬度、弹性、凝聚性、紧密性、弹性等。硬度：使物质变形的力；弹性：变形之后恢复到原始状态的速度；内聚性：样品变形但不断裂的程度；致密度：切面的紧密程度；黏附性：从某表面上移开所需的力。

2. 几何性能　接触到颗粒的大小、形状、分布等情况。平滑性：没有颗粒；粉末感：细小而均匀的颗粒；颗粒感：小的颗粒；沙粒感：小而硬的颗粒；纤维状的：长而多筋的颗粒。

3. 水分性能　通过触觉感受到的水、油脂等的情况。湿润程度：在不清楚是水还是油时，感受到的含水或含油情况；水分溢出：水/油被挤出的量；多油的：液体脂肪的量；多脂的：固体脂肪的量。

四、食品的风味

《感官分析术语》（GB/T 10221—2021）对风味的定义为：风味是品尝过程中感受到的嗅觉、味觉和三叉神经感觉的复杂感觉，它可能受触觉、温度的、痛觉和（或）动觉效应的影响。

风味一般包括：①香气，由食品逸出的挥发性成分进入鼻腔等嗅觉器官而获得的感觉；②味道，由食品中溶解的成分经味觉系统而获得的感觉；③化学感觉因素，食品刺激口腔和鼻腔黏膜内的神经末端，易产生辣味、涩味、清凉味、金属味等。

五、食品的声音

食品的声音在一定程度上也可以反映其质量，咀嚼食品或者食品断裂时发出的声音与其硬度、脆性、黏性、致密度、新鲜度等都有关系。例如，Drake（1963）最早开始了应用声学方法进行食品品质检测的试验研究，他通过对比普通面包、脆性面包、饼干等18种食品的结果表明：不同的食品种类其声学特性（如声音的幅度、频率等）不同，继而得出脆性与食品受到咀嚼和挤压时所发出的声音有关。因此，感官检验时，可以通过声音的特点来评判食品相关的特性。例如，油炸食物（薯片、薯条、麻花、鸡柳等）等干脆性食品在咀嚼时发出的清脆声音能给人带来愉悦感，深受消费者喜爱；水果、蔬菜等湿脆性食品在咀嚼过程中产生的脆性声音是其新鲜度的体现。

PPT

任务二　认识感觉器官

情境导入

情境　刚刚进入出售新鲜鱼品的水产店时，会嗅到强烈的鱼腥味，随着在水产店逗留时间的延长，所感受到的鱼腥味渐渐变淡。对长期工作在水产店的人来说甚至可以忽略这种鱼腥味的存在。对味道也有类似的现象，刚开始食用某种食物时，会感到味道特别浓重，随后味感逐步降低，例如吃第二块糖总觉得不如第一块糖甜。这些现象都是感觉疲劳现象。人的感觉分别为视觉、听觉、触觉、嗅觉和味觉，这 5 种基本感觉都是由位于人体不同部位的感官受体，分别接受外界不同刺激而产生的。

思考　1. 什么是感觉，感觉分为几类？
　　　　2. 影响感觉的主要因素有哪些？

一、感觉

1. 感觉的定义　感觉是客观刺激作用于机体的感觉器官，转换为电信号，由中枢神经传输到大脑皮质相应区域，并进行分析处理，从而产生对事物不同特性的反映。任何一个客观事物都有很多属性，如颜色、形状、大小、质地、气味、滋味等。不同属性会刺激不同感觉器官，传递到大脑后产生不同的感觉。例如，颜色和光泽是由眼睛看到的，气味是由鼻子闻到的，滋味是由舌头尝到的等。

因此，感觉反映的是事物的个别属性，是最简单的认识形式。而与感觉相区别又紧密联系的是知觉。知觉与感觉不同之处在于，知觉反映的是事物的整体，即事物不同属性、不同部分之间的相互联系。人对客观事物或现象的认识，并不会仅仅局限于它某一方面特性，而是将它们整合为一个整体，加以认识及理解它的涵义。例如，就声音而言，人们可以通过感觉去感受各种不同的声音特性（音调、音量、音色），却无法凭感觉去理解它们的涵义；但通过知觉，就可以将声音的这些听觉刺激序列加以整合，并根据大脑中的过去经验，去理解各种声音的涵义。所以，知觉并非各种感觉的简单加和，而是感觉信息与非感觉信息（如人的主观经验）的有机整合。但知觉与感觉也有相同、相联系之处，它们都是对直接作用于感觉器官的客观事物的反映，一旦客观事物不再直接作用于人们的感觉器官，相应的感觉和知觉也将停止。感觉和知觉都是人类认识客观现象的最基本的认知形式，是人们认识世界的开始。而且感觉是知觉的基础，没有感觉，也就没有知觉。人们感觉到的客观事物的属性越丰富、越多，对此事物的知觉也就越完整、越准确。总之，感觉虽然是人们认识客观事物的初级形式，是人类认识周围客观世界的本能，但它是一切高级复杂的心理活动（如记忆、思维和想象等）的前提和基础。

2. 感觉的种类　一般而言，人们可以根据不同分类方式对感觉进行分类。

根据刺激的来源不同，可把感觉分为两类：其一是外部感觉，是由于外部刺激作用于感觉器官而引起的感觉，一般包括视觉、嗅觉、味觉、听觉和皮肤感觉（如触觉、痛觉、温觉和冷觉等）；其二是内部感觉，是由于来自身体内部的刺激引起的感觉，包含有运动觉、平衡觉和内脏感觉（如饿、胀、渴、疼痛、窒息等）。

根据客观事物刺激的相应受体不同，可将感觉分为三种类型：其一是机械能受体型，主要指听觉、触觉、压觉和平衡感；其二是辐射能受体型，主要指视觉、热觉和冷觉；其三是化学能受体型，主要指嗅觉、味觉及一般化学感。

还有些人把感觉简单地分为物理感觉和化学感觉。而我们通常所说的基本感觉主要是五种，即视觉、嗅觉、味觉、听觉和触觉。

3. 感官及其特征 感觉的形成需要依靠感觉器官（感官）直接与客观事物特性相联系，不同的感官对于外部刺激具有较强的选择性。感官是部分外感受器及其附属结构。感受器是人和动物身上专门感受各种刺激的特殊结构，广泛分布于生物体，种类很多，形态结构各异：有些仅为简单的感觉神经的裸露末梢；有些则在裸露神经末梢周围再包裹结缔组织，形成特殊的被膜结构；有些还具有一整套严密的非神经性辅助结构，起到保护和提高感受效能作用，连同在结构和功能上高度特化的感受细胞一起，构成感觉器官。感觉器官通常具有以下属性。

（1）敏感性 感官对周围环境和机体自身内部的物理、化学变化非常敏感。

（2）专一性 一种感官只能接受和识别一种刺激。例如，耳朵只能接受声波刺激而不能接受光波刺激，鼻子只能感受到挥发性物质的气味等。

（3）适宜刺激 刺激的量只有在一定范围内才会对感官产生作用。感官并不是对所有变化都会产生反应，只有当刺激处于适当范围内时，才能产生相应的、正常的感觉。刺激量过大或过小都会造成感官无反应而不产生感觉或反应过于强烈而失去感觉。例如，人的眼睛只能感觉到 $400 \sim 800nm$ 的光波变化，而不能感觉到低于 $400nm$ 或高于 $800nm$ 的光波变化。

（4）适应现象 当感官连续受到某种刺激作用一段时间后，会产生疲劳、适应现象，感觉的灵敏度随之会明显下降。

（5）心理作用对感官识别刺激有影响 人的心理活动内容复杂多样，第一步是认知，其后才有情绪和意志。而认知包括感觉、知觉、记忆、想象、思维等。人们前期的记忆和经验可以影响到后期的思维。例如，一个有经验的食品感官检验人员，根据食品的营养成分表，可以粗略判断出该食品可能具有的感官特性。

（6）不同感官在接受信息时会相互影响 视觉、嗅觉、味觉等基本感觉有时会相互影响，如食品优质的色泽会影响味觉等其他感觉的感知。

4. 影响感觉的主要因素

（1）疲劳现象对感觉的影响 疲劳现象是感官经常发生的现象。各种感官连续受到某种刺激作用一段时间后，都会产生不同程度的疲劳现象。疲劳可以发生在感官的末端神经、感受中心的神经和大脑的中枢神经上，结果就导致感官对感觉的灵敏度明显下降。人的味觉、嗅觉器官受到相应物质的长时间刺激后，再接受相同味感或嗅感物质的刺激时，通常感觉味感和嗅感强度下降。例如长期习惯吃味精的人，对鲜味物质的味觉敏感性下降；人长期待在芳香四溢的环境中也会觉得香味变淡等。

（2）心理作用对感觉的影响

①对比作用：对比作用有两种类型，即对比增强和对比减弱。对比增强作用，是指两种或两种以上的刺激共存时，对人的感觉或心理产生影响，其中一种刺激的存在导致另一个刺激的感觉增强的现象。如西瓜上加入少量食盐时，感觉甜味更甜爽；味精中含有少量食盐时，感觉鲜味更强。相反，对比减弱作用是指一种刺激的存在导致另一种刺激的感觉减弱的现象。如闻过桂花味香水再去闻玫瑰花，就感觉不到香味了。

对比现象在各种感觉中都存在，有同时对比和先后对比，这提高了两个同时或连续刺激的差别反应。因此，在食品感官检验时，要尽量避免对比现象的发生。

②相乘作用：当两种或两种以上刺激同时作用时，感觉强度超出每种刺激单独作用效果叠加的现象，叫作相乘作用，也称协同作用。如味精与5′-肌苷酸（5′-IMP）共同使用，能相互增强鲜味；甘草苷本身的甜度为蔗糖的50倍，但与蔗糖共同使用时，其甜度为蔗糖的100倍，相互增强了甜味。

③阻碍作用：一种刺激能抑制或减弱另一种刺激叫作阻碍作用，或拮抗作用。例如：食盐、蔗糖、

柠檬酸和奎宁之间，若将任何两种物质以适当比例混合时，都会使其中的一种单独味感减弱。

④变调现象：当两种刺激先后作用时，一个刺激造成另一个刺激的感觉发生本质变化的现象称为变调现象。如刚吃过苦味的中药，接着喝白开水，感到水有些甜味，这种味感本身发生变化。

（3）温度对感觉的影响　食品可分为热食食品、冷食食品和常温食用食品。若弄错了食物的最适食用温度，会影响其口感，甚至可能影响其外观等各方面的感觉体验。食品的理想食用温度因食品品种而异。一般的食品食用温度，通常以体温为中心，在 30℃左右最适宜。热食的温度在 60~65℃最适宜，冷食的温度在 10~15℃最适宜，而适宜于室温下食用的食物主要是饼干、糖果、糕点等少数品种。食品的适宜温度也会受个人健康状态和环境因素影响而有所不同。如，体质虚弱的人喜欢热食食品，冬天时人们也喜欢热食食品，而夏天人们喜欢冷食食品。

（4）年龄、生理状况、性别对感觉的影响　感觉随着个人年龄和生理状况的变化而变化。感觉的灵敏性随着人年龄的增长而下降。女性比男性有更多的味蕾和味孔，对味觉的敏感性强于男性。当人的年龄到 45 岁以后，味蕾萎缩，数量减少，感觉的敏感性会衰退更加明显。例如，老人的口味通常很重，就主要是因为他们的味觉衰退严重，吃一般口味的食物都索然无味。此外，人的生理状态也会影响其对食物的感觉，特别是在特殊的一些生理时期，人的感觉灵敏度、食物偏好等会发生变化。例如，许多疾病会影响人的感觉灵敏度，味觉和嗅觉等感觉的突然变化往往是疾病的前兆；口干症、干燥综合征患者，唾液分泌不足，导致呈味物质与味觉感受器接触不充分，不能到达味觉感受细胞，味觉感受有障碍；妇女在妊娠期其食物偏好也常会发生变化，如嗜酸嗜甜等。

（5）药物对感觉的影响　很多药物具有副作用，会影响身体的正常机能，可削弱人的感觉功能。例如，服用抗生素、抗甲状腺药、利尿药、低血糖药、麻醉药、抗风湿药、抗凝血药、镇静剂、血管舒张药等药物的人常患化学感觉失调症；抗抑郁药和镇静催眠药等一些药物会影响味觉；抗高血压药物如血管紧张素转换酶抑制剂、抗甲状腺疾病药物等抗癌药等都是已经发现并明确会对味觉功能产生影响的药物。

二、味觉及食品的味觉识别

1. 味觉生理　味觉是生物的基本生理感觉之一，对维持体内的营养平衡至关重要。味觉的产生是呈味物质作用于味觉受体及相关味觉细胞，由味觉受体蛋白介导，通过细胞内信号转导和神经递质释放的途径传递到神经中枢。作为感觉受体之一，味觉受体主要分布在口腔和胃肠道两大感觉系统，参与人和动物对营养的传感与控制，具有十分重要的调节功能。味觉功能障碍对人和动物在选择食物种类、保证营养摄入、维持酸碱平衡、警惕毒害物质等方面会产生极大的危害。

味觉是可溶性呈味物质刺激口腔内的味觉感受器，再通过味神经感觉系统传导到大脑的味觉中枢，最后通过大脑的综合神经中枢的分析而产生的一种感觉。

味觉受体主要分布在口腔和胃肠道感觉系统，也表达在肺、胰腺、气管等其他器官，在刺激食欲、保证人类营养物质摄取、防止有害物质摄入等方面相互作用，共同维持机体健康。

（1）口腔感觉系统　口腔感觉系统中的味觉受体主要表达于舌上皮味蕾轮廓乳头、叶状乳头和菌状乳头。轮廓乳头在舌根处以倒"V"形排列，叶状乳头在舌根两侧，菌状乳头则散布在舌尖和舌背，相应的味觉区域主要分布在舌头中部、舌根、舌尖和舌侧。不同的味觉受体通过产生神经电信号，并将这些电信号传递到大脑的相关区域，从而产生不同的味觉感受。四种经典味觉中的任何一种都可以在舌头的任何区域被感知到，因此以前认为的舌头上的不同区域对应不同味觉"地图"是不准确的。

（2）胃肠道感觉系统　近年来，研究表明，味觉受体不仅存在于口腔中，还存在于胃肠道中。在胃肠黏膜细胞中表达的味觉受体被呈味物质刺激并经历一系列信号转导，促进胃肠道各激素与神经递质的释放，再反馈调节胃肠道。胃肠道感觉系统中味觉受体主要分布在肠内分泌细胞（L细胞）、胃饥饿素细胞（P细胞）、肠嗜铬细胞（EC细胞）中。胃肠道感觉系统中表达的识别甜、苦、鲜的受体蛋白激发多肽的释放，刺激局部中枢神经反应和（或）迷走神经从而将信号传递至大脑。

在整个消化管，从口腔到肠道，都分布有味觉受体，它们共同协助机体感受外来食物的利害，并通过精密的反馈与调控机制维持内部稳态。

在生理学上只包含甜、酸、苦、咸四种基本味觉，分别由不同的味觉感受器产生。辣味是口腔黏膜、鼻腔黏膜、皮肤和三叉神经受到刺激而引起的痛觉；涩味是指口腔内引起的收敛的感觉；鲜味则是一种独立的鲜美味，起风味增强的效果。

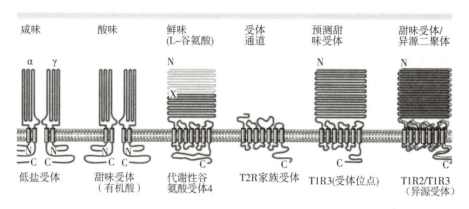

图2-1　不同味觉感受对应不同的味觉受体

2. 常见的几种味觉及其识别机制　目前的味觉识别理论仍寥寥无几，只有定味基理论、助味基理论、生物酶理论、物理吸附理论、化学反应理论等。除酶理论的证据不足外，其他各有所见，但又与实际有相当距离。其中有代表性的定味基和助味基理论是指味觉感受体与刺激物能形成不同的化学键结构，如质子键、盐键、氢键和范德华力的结构是分别产生酸、咸、甜、苦的定味基，其他与受体结合的键合结构通称为助味基。曾广植等在总结前人研究成果的基础上，通过有机结构理论，提出了味细胞膜的板块振动生物膜模型，该理论表明，刺激物与味觉受体之间形成不同化学键的分子可以激起不同振动频率的低频声子，在味受体板块上引起振动而产生相应的味感。该模型对一些味感现象做出了较满意的解释，但深入的认识还有待于进一步的研究。而食品科学的研究人员则从食品中所含物质的分子结构出发，探究甜味等味感的识别模式，并用于指导在食品加工中采取相应的措施去除或掩蔽令人不快的味感，如涩味。常见的几种味觉识别机制如下。

（1）甜味　甜味是人们最喜欢的基本味感，常作为食品的基本味，用于改进食品的可口性和食用性。甜味物质的种类很多，按来源分成天然和人工合成的，天然的甜味物质主要包含糖类甜味剂、非糖天然甜味剂及天然衍生物甜味剂。糖类甜味剂包括糖、糖浆、糖醇。常见的非糖天然甜味剂主要有甘草苷和甜叶菊苷。天然衍生物甜味剂主要有：氨基酸衍生物、二肽衍生物（如阿斯巴甜，相对甜度20～50）、二氢查尔酮衍生物、紫苏醛衍生物、三氯蔗糖等。人工合成甜味剂主要有糖精、甜蜜素、帕拉金糖等。

关于甜味的形成机制，早期人们认为糖的甜味是由分子中含有的多个羟基产生的，但后来发现有很多不含羟基的物质也具有甜味。如：某些氨基酸、糖精甚至三氯甲烷分子也具有甜味。

1967年，沙伦伯格（Shallenberger）在总结前人研究基础之上提出的甜味学说被广泛接受。该学说认为：甜味物质的分子中都含有一个能形成氢键的AH基团（如—OH、=NH、—NH₂），即质子供给基；同时，在距氢0.25～0.4nm的范围内，必须有另外一个电负性原子B（可以是O、N原子），即质子接受基。而在甜味受体上也有AH和B基团，甜味物质的AH/B结构与甜味受体上的AH/B结构之间可通过氢键结合，便刺激了味觉神经，从而产生甜味感觉。沙伦伯格的理论可应用于分析一个物质是否具有甜味，如氨基酸、三氯甲烷、糖精、单糖等物质的 AH/B 结构，能说明该类物质具有甜味的原因。

但 Shallenberger 理论不能解释具有相同 AH－B 结构的物质甜度相差很多的原因。如为什么具有相同 AH－B 结构的糖或 D－氨基酸甜度相差数千倍？后来克伊尔（Kier）又对 Shallenberger 理论进行了补充。他认为在甜味化合物中除了存在 AH－B 结构之外，还可能存在一个疏水区域 γ，位于距 A 基团 0.35nm 和 B 基团 0.55nm 处。若有疏水基团 γ 存在，能增强甜度。因为该疏水基易与甜味感受器的疏水部位结合，加强了甜味物质与甜味感受器的结合。

（2）酸味 酸味是由于舌头上的味蕾受到氢离子（H^+）刺激而引起的一种化学味感。因此，凡是在溶液中能离解出氢离子的化合物都具有酸味。酸味是动物进化过程中认识最早的一种化学味感。酸味物质是食品和饮料中的重要成分或调味料。酸味早已被人们适应，适当的酸味能促进消化，防止腐败，增加食欲、改良风味。常见的酸味物质有食醋、柠檬酸、乳酸、苹果酸、酒石酸、抗坏血酸（维生素 C）等。

关于酸味的形成机制，目前的研究显示，H^+ 是酸味物质 HA 的定位基，阴离子 A^- 是助味剂。定位基 H^+ 与受体的磷脂头部发生交换反应，从而引起酸味。一般来说，不同的酸具有不同味感。酸味物质的酸味受到酸性基团的种类和性质、氢离子浓度、总酸度、酸的缓冲效应、其他共存物的影响如下。

①酸性基团的种类和性质的影响。在相同的 pH 下，有机酸的酸味一般大于无机酸。这是因为有机酸的负离子 A^- 在磷脂受体表面的吸附性较强，从而减少受体表面的正电荷，降低其对质子的排斥能力，有利于质子（H^+）与磷脂作用，所以有机酸的酸味强于无机酸。有机酸种类不同，其酸味特性一般也不同。如果酸味物质阴离子结构上增加疏水性不饱和键，将使其亲脂性增强，酸味增强；如果在酸味物质阴离子上增加亲水的羟基，会使其亲脂性减弱，酸味减弱。

②氢离子浓度的影响。当溶液的氢离子浓度过低时（pH 大于 5.0～6.5），几乎不能感觉到酸味；当溶液的氢离子浓度过大时（pH 小于 3.0），酸味过强难以忍受。

③总酸度和缓冲效应的影响。通常情况下，pH 相同而总酸度与缓冲效应较大的酸味物质，酸味更强。例如同等 pH 时丁二酸比丙二酸总酸度大，其酸味也比丙二酸强。

④共存物的影响。如果在酸味物质溶液中加入糖、食盐、乙醇时，酸味会降低。

（3）苦味 苦味是食品中广泛存在的味感，单纯的苦味不令人愉快，但当它与甜、酸或其他味感物质调配适当时，能形成特殊的食品风味。如苦瓜、白果、莲子、茶、咖啡、啤酒都有苦味，但被人们视为美味，广泛受到人们的欢迎。而且很多苦味物质具有药理作用，比如很多中草药。

常见的苦味物质有四类：一是植物性食品中的生物碱类、糖苷类、萜类、苦味肽等；二是动物性食品中的胆汁、苦味酸、甲酰苯胺、甲酰胺、苯基脲、尿素等；三是食品加工过程产生的化合物如氨基酸及其衍生物、小分子肽等；四是其他苦味物质，有无机盐（钙、镁离子）、含氮有机物等。关于苦味产生的机制，曾有人先后提出过各种苦味分子识别的学说和理论，具体有如下几种。

①空间位阻学说。沙伦伯格等认为，苦味与甜味一样，也取决于刺激分子的立体化学，这两种味感都可由类似的分子激发，有些分子既可以产生甜味，又可以产生苦味。

②内氢键学说。Kubota 在研究延命草二萜分子结构时发现，只要有相距 0.15nm 的内氢键的分子均有苦味。内氢键能增加分子疏水性，且易和过渡金属离子形成螯合物，合乎一般苦味分子的结构规律。

③三点接触学说。Lehmann 发现，有几种 D－型氨基酸的甜味强度与其 L－型异构体的苦味强度之间有相对应直线关系。因而他认为苦味分子和苦味受体之间与甜味一样，也是通过三点接触而产生苦味，只是苦味物质第三点的空间方向与甜味剂相反。

④诱导适应学说。诱导适应学说是曾广植根据他的味细胞膜诱导适应模型提出的苦味分子识别理

论，其观点认为：苦味受体是多烯磷脂在膜表面形成的"水穴"，它为苦味物质和蛋白质之间偶联提供了一个巢穴；由卷曲的多烯磷脂组成的受体穴可以组成各种不同的多级结构而与不同的苦味物质作用；多烯磷脂组成的受体穴有与表蛋白粘贴的一面，还有与脂质块接触的更广方面，凡能进入苦味受体任何部位的刺激物会引起"洞隙弥合"，通过盐桥转换、氢键破坏、疏水键生成等方式改变其磷脂的构象，产生苦味信息。

上述几种学说中，前三种理论主要着眼于苦味物质分子结构，能在一定程度上解释苦味的产生，但脱离了味细胞膜结构。最后一种理论，即诱导适应学说，是对苦味理论的进一步发展与完善，更广泛概括了各种苦味物质的味感机制。

（4）咸味　咸味是中性盐呈现的味道，是人类的最基本味感。在所有中性盐中，氯化钠的咸味最纯正，未精制的粗食盐中因含有KCl、$MgCl_2$和$MgSO_4$，而略带苦味。在中性盐中，正负离子半径小的盐以咸味为主；正负离子半径大的盐以苦味为主，介于中间的盐呈咸苦味。苹果酸钠和葡萄糖酸钠也具有纯正的咸味，可用于无盐酱油和肾脏患者的特殊需要。氨基酸的内盐也都带有咸味，有可能成为潜在的食品咸味剂。

（5）鲜味　鲜味是一种特殊味感，鲜味物质与其他味感物质相配合时，可以强化其他风味，具有风味增效的作用，所以，各国都把鲜味列为风味增强剂或增效剂。常用的鲜味物质主要有氨基酸、肽类、核苷酸类、有机酸类。当鲜味物质使用量高于其阈值时，鲜味增强；低于其阈值时则增强其他物质的风味。

鲜味物质的呈鲜机制是：鲜味分子结构满足$^-O—(C)_n—O^-$，$n=3\sim9$。即：需要有一条相当于$3\sim9$个碳原子长的酯链，而且两端都有负电荷。保持分子两端的负电荷对鲜味至关重要，若将羧基经过酯化、酰胺化，或加热脱水形成内酯、内酰胺后，都会使其鲜味减弱。

（6）清凉风味　清凉风味是由一些化学物质刺激鼻腔和口腔中的特殊味觉感受器而产生的清凉感觉。例如，薄荷味是典型的清凉风味，包括薄荷、留兰香、冬青油等的风味。

（7）辣味　辣味是刺激口腔黏膜、鼻腔黏膜、皮肤、三叉神经而引起的一种痛觉和灼烧感。适当的辣味可增进食欲，促进消化液的分泌，在食品烹调中经常用作调味品。

大量研究显示，辣味物质大多都有极性头部（定位基）和非极性尾部（助味剂），是一种双亲性分子。随着非极性尾部链的增长，物质的辣味增加，到C_9达到最大，即C_9最辣规律。辣椒、花椒、生姜、大蒜、葱、胡椒、芥末和许多香辛料都具有辣味，是常用的辣味物质，但其辣味成分和综合风味各不相同。分别有热辣味、辛辣味、刺激辣等。

（8）涩味　涩味是涩味物质与口腔内的蛋白质发生反应而产生的收敛感觉与干燥感觉。因此，涩味不是由于涩味物质作用于相应味蕾所产生的味觉，而是由于刺激触觉神经末梢而产生的感觉。食品中主要涩味物质有单宁类、明矾、醛类等。

（9）金属味　金属味是将不同的金属放入口中或接触到铁或铜盐而产生的金属味（有时候被称为味觉的一种化学感觉）。金属味有两个常见参考标准：一是硫酸亚铁漂洗，实际上是一种作用于嗅觉的气体，如果在品尝中捏紧鼻子，这种感觉就消失了，由于金属盐是不挥发的，这种感觉的产生可能是由于亚铁离子催化口腔中快速的脂质氧化而导致的，在此过程中产生了大家熟知的气味化合物，如1-辛烯-3-酮；第二种金属感觉是由"干净的铜便士"产生的，如果把铜板表面的铜刮掉，露出锌核，金属感会急剧增加。

3. 电子舌及其原理　电子舌，即人工味觉系统，是在研究人体味觉器官结构和机制的基础上，为了更精确地感受和研究味道而诞生的智能分析仪器，是基于生物味觉感受机制设计而成，其工作原理是：当被测样品发出的呈味物质吸附到电子舌的人工膜脂表面时，呈味物质之间的静电作用或者疏水性相互作用产生膜电势变化，并将膜电势变化作为输出信号传输到"大脑"进行分析，从而认知样品味强度及味特征。电子舌是一种模拟人类味觉鉴别味道的系统，由味觉传感器、信号采集器和模式识别系统等主要部分组成。

味觉传感器是由多种金属丝组成，可模拟人的味觉系统中的味觉细胞来感受味觉物质的刺激，将味觉信号转换成电信号；信号采集器将样本收集并储存在计算机内存中，模拟人体味蕾（味纤毛）等传导组织传输电信号；模式识别系统模拟人的大脑处理传入的信号（特征），做出最终判断，并完成整个味觉检测过程。一般根据电子舌传感器的工作机制，将电子舌主要分为 3 种类型，即基于表面等离子体共振型、多通道类脂膜传感器型和表面光化电压技术型。传感器工作方式不同，可分为电位型、伏安型、阻抗谱型、光寻址型以及物理型电子舌。目前商品化的电子舌仅有电位型和伏安型两大类。

动物体感受味觉的刺激主要依赖于分布在舌头表面的味蕾，通过感受到不同呈味物质的刺激信号，经过神经传递到大脑，由大脑对味蕾采集到的整体信号进行分析处理，得出不同呈味物质的区分信号。电子舌系统（图 2 – 2）中的传感器阵列相当于动物的舌头，可感受不同的化学物质，并且将信号输入电脑；电脑相当于大脑的作用，利用软件分析，对不同物质进行识别，最后给出各物质的感观信息。传感器阵裂上的每个独立的传感器像每个味蕾一样，具有交互敏感作用，即每一个独立的传感器并非只感受一种化学物质，而是感受一群化学物质。

电子舌有以下几个主要特点。

①测试对象为溶液化样品。

②采集的信号为溶液特性的总体响应强度，而非某个特定组分浓度的响应信号。

③从传感器阵列采集的原始信号，通过数学方法处理，能够区分不同被测对象的属性差异，可以很好地区分液体食品中的酸、甜、苦、咸四种基本味道，及鲜味、辣味等其他味道。

④它所描述的特征与生物系统的味觉不是同一概念，它能克服人类的"味觉疲劳"，使得到的检测结果更加可靠。

⑤电子舌不会被能感染人类的病菌感染。

⑥电子舌检测领域广泛，即使人类检测不到的或有毒有害的物质也可以进行检测。

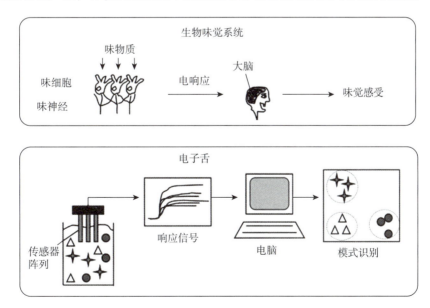

图 2 – 2　电子舌的工作原理图

4. 电子舌的应用　电子舌可以识别单一和复杂味道，自 20 世纪 80 年代中期发展至今，它因快速、简便、安全等优点迅速在食品检验、环境等领域得到广泛应用。

电子舌在食品检验中主要是用于两种类型的分析，即定性鉴别和定量测定。

（1）定性鉴别

①区分、辨别、鉴别不同种类的样品，即根据样品之间存在的差异对样品进行简单地区分，其目的是为了说明样品是不同的、是存在可分辨差异的。例如，对不同品种饮料的区分，果汁、牛奶、茶、酒等样品的简单辨别。

②分类或聚类、分级、识别，即根据样品之间存在的差异特征及大小对样品进行种类划分或等级划分，并在此基础上将所有样品中的每一个样品划归于应所属的类别，同时建立各类别的判断准则，将一个未知样品按照其所具有的特性特征及预先建立好的判断准则确定其应所属的类别或等级，即识别过程。分级包括产品质量的优劣等级、合格与否及真伪。例如，所有的酒样按酿造工艺的不同可分为白酒、红酒、黄酒、啤酒等类别，将采集到的酒样根据各自所呈现的特征划分为白酒组、红酒组、黄酒组、啤酒组等，再将所有样品进行各自归类，将一个未知样品按照已经分好的酒类别确定其应属于哪一种类别。

（2）定量测定

①多成分分析，即同时测定待测样品中的多种成分的含量或浓度。例如，可同时测定食品中多种味感成分的含量。

②预测由感官评价员给出的产品感官评分结果。例如，对于食品甜度差异的评价、制药工业中对苦味掩盖剂掩盖效果的评价等，可将电子舌分析的结果与感官评价员给出的结果相比较，并建立对应关系，即建立预测模型。

三、嗅觉及食品的嗅觉识别

嗅觉是空气中的挥发性物质通过呼吸而刺激鼻腔中的嗅觉感受器，引起嗅觉神经冲动从而沿嗅神经传入大脑皮层引起的感觉。

1. 嗅觉生理基础 嗅觉感受器是位于鼻腔顶部的嗅上皮，由嗅细胞、基底细胞和支持细胞组成。嗅细胞是嗅觉器官的外周感受器，其末端膨大为嗅泡，嗅泡伸出几根嗅纤毛插入嗅上皮表面的黏液中，它的中枢突则形成纤维状嗅丝（嗅神经），经筛骨的筛孔进入颅腔，进入嗅球，与嗅系统的第二级神经元构成突触联系。嗅球内的二级神经元轴突构成嗅束，走向嗅结节、梨皮层和杏仁核等脑部。支持细胞为高柱状，包绕在嗅细胞周围，起着绝缘和营养作用。基底细胞位于嗅上皮底部，形态多样，其分裂分化形成新的嗅细胞，以替代退化的嗅细胞。老年人的嗅觉灵敏度降低，与其基底细胞的分裂分化能力下降而导致嗅细胞减少有关。

当空气中的挥发性物质进入鼻腔，被嗅上皮里的嗅黏液吸收、溶解，并扩散至嗅细胞的纤毛处，与纤毛表面的特异受体结合，从而诱发神经冲动，并传入嗅球，进而传送到大脑，引起嗅觉。具有气味的物质是嗅觉产生的前提条件，不同气味的化学分子，引起不同的嗅觉。同一种化学物质在不同浓度时也会产生不同气味感觉，如硫醇在低浓度时有甜香的柑橘味，但高浓度时闻起来令人恶心。

2. 嗅觉识别机制 对于嗅觉机制的研究，观点较多但都不够完善，目前较流行的主要是嗅觉立体化学理论、振动理论和酶理论。

（1）立体化学理论 立体化学理论是由 Moncrieff 于 1949 年首次提出，后经 Amoore 于 1952 年补充发展形成的。该理论认为嗅觉与其物质分子形状有关，嗅纤毛对嗅感物质的吸附具有选择性和专一性。具有不同分子形状的气味分子选择性地进入嗅黏膜上形状各异的嗅小胞，从而引起不同的嗅觉。该理论还提出了主导气味的概念，即不同物质的气味是由几种主导气味的不同组合而来。主导气味主要包含清淡气味、花香气味、薄荷气味、樟脑气味、辛辣气味、发霉气味、腐烂气味 7 种。

（2）振动理论　振动理论是 1937 年由 Dyson 首次提出，后经 Wright 进一步补充发展起来的。该理论认为嗅觉与其物质分子的振动频率（远红外电磁波）有关，嗅觉受体分子能与气味分子共振，而不同气味分子的振动频率不同，因此形成不同的嗅觉。

（3）酶学说　酶学说认为嗅觉和嗅黏膜上的酶有关，气味分子刺激了嗅黏膜上的酶使其催化能力、变构传递能力、变性能力等发生变化，不同气味分子引起酶的变化不同，从而产生不同嗅觉。

3. 嗅觉的特点

（1）敏感性高　人类的嗅觉是比味觉敏感性更高的一种感觉。如最敏感的气味物质甲基硫醇在空气中的浓度只要达到 1.41×10^{-10} mol/L 时即可被感觉到，而最敏感的味觉物质马钱子碱的苦味要达到 1.6×10^{-6} mol/L 才能被感觉到。乙醇的嗅觉感受浓度要比味觉感受浓度低 24000 倍。

（2）易疲劳、易适应　当一些气味分子长期刺激嗅觉中枢系统使其陷入负反馈状态时，感觉会受到抑制，从而对刺激感受的敏感性减弱。如香水芬芳但久闻不觉其香，厕所恶臭但久闻不觉其臭，反映的就是嗅觉的疲劳和适应。

（3）个体差异大　不同的人，对于同一种气味物质的嗅觉敏感性不尽相同，甚至有少数个体缺乏嗅觉能力，即嗅盲。而且同一个人对不同气味物质的敏感性也不一样。一般认为，女性的嗅觉比男性敏感性更高，但也有例外，如优秀的调香师、评酒员中也有不少男性。

（4）易受环境、个人生理及心理状况影响　当人的身体、心理状况不适时，嗅觉敏感度会下降。如感冒、鼻炎会降低嗅觉的敏感性，女性月经期、妊娠期、更年期也可能感觉嗅觉减退或过敏，心情烦躁时会感觉嗅觉减弱等。

4. 食品的嗅觉识别

（1）嗅技术　嗅觉感受器 – 嗅上皮位于鼻腔的最上端。人们正常呼吸时，吸入的空气并不是倾向于通过鼻上部，而是通过下鼻道和中鼻道。因此，空气中的挥发性气味物质只能极少而缓慢地通入鼻腔的嗅觉区域，导致只能感受到轻微的气味。如果要使气味分子到达这个区域从而获得明显的嗅觉，就必须做适当用力地吸气（收缩鼻孔）或煽动鼻翼作急促的呼吸，并且把头部稍微低下对准被嗅物质使气味自下而上地通入鼻腔，这时空气易形成急驶的涡流，气体分子较多地接触嗅上皮，从而引起嗅觉的增强效应。

这样的嗅过程就是所谓的嗅技术（或闻）。但是嗅技术并不适合所有气味物质，比如一些能引起痛感的含辛辣成分的气味物质。因此，使用嗅技术要非常小心。通常对同一气味物质使用嗅技术不超过三次，否则会引起"适应"，使嗅觉敏感度下降。

嗅觉具有双重角色，既有外部的感官系统，也有内部的感官系统，即是内部嗅觉、鼻后嗅闻，喝一口普通的水果饮料或果汁，同时捏闭鼻子，注意口腔内出现的感觉，主要是酸甜的味道，然后吞咽样本，释放鼻孔并呼气，水果味就会出现，捏住鼻子可有效阻断香味挥发到嗅觉受体的鼻腔通道。大多数鼻后嗅闻是在人体吞咽时抽气作用使气体进入鼻子而产生的，也就是所谓的吞咽式呼吸，但吞咽式呼吸对于鼻后嗅闻来说并不是绝对的，在正常的进食过程中，吞咽呼吸可能是感知的重要部分，但在进食和正式的感官评价中，它也可能与其他机制共同起作用。

（2）气味识别

①范氏试验：一种气体物质不送入口中而在舌上被感觉出的技术，就是范氏试验。首先，用手捏住鼻孔通过张口呼吸，然后把一个盛有气味物质的小瓶放在张开的口旁（注意：瓶颈靠近口但不能咀嚼），迅速地吸入一口气并立即拿走小瓶，闭口，放开鼻孔使气流通过鼻孔流出（口仍闭着），从而在舌上感觉到该物质。这个试验已广泛地应用于训练和扩展人们的嗅觉能力。

②气味识别：感知过的事物可被保留、储存在大脑中，并在合适的时候重新显现，这就是心理学上

所说的记忆。当人们有过气味相关的感觉体验后，各种气味都可以被记忆。本来人们时时刻刻都可以感觉到气味的存在，但由于无意识或习惯性适应也就没有觉察到。因此要记忆气味就必须设计专门的试验，有意地加强训练这种记忆（注意：感冒者例外），以便能够识别各种气味，详细描述其特征。

气味识别的训练试验，通常是单独或者混合使用一些纯气味物质（如十八醛、对丙烯基茴香醚、肉桂油、丁香等），以纯乙醇（99.8%）作溶剂稀释成10g/ml或1g/ml的溶液，装入试管中或用纯净无味的白滤纸制备尝味条（长150nm，宽10nm），借用范氏试验训练气味记忆。在训练试验中，若气味样品具有奇怪浓烈辣味时，也可选水作溶剂，制成水溶液。

（3）香识别

①啜食技术：由于吞咽大量样品不卫生，品茗专家和鉴评专家发明了啜技术，来代替吞咽的感觉动作，使香气和空气一起流过后鼻部被压入嗅味区域。这种技术是一种专门技术，对一些人来说，学习正确的啜技术要用很长时间。

品茗专家和咖啡品尝专家是用匙把样品送入口内并用劲地吸气，使液体杂乱地吸向咽壁（就像吞咽时一样），气体成分通过鼻后部到达嗅味区。吞咽成为不必要，样品可以被吐出。而品酒专家随着酒被送入张开的口中，轻轻地吸气并进行咀嚼。酒香比茶香和咖啡香具有更多挥发成分，因此品酒专家的啜食技术更应谨慎。

②香的识别训练：香识别训练首先应注意色彩的影响，通常多采用红光以消除色彩的干扰。训练用的样品要有典型，可选各类食品中最具典型香气的食品进行。例如，果蔬汁最好用原汁，糖果蜜饯类要用纸包原块，食品面包用整块，肉类应该采用原汤，乳类应注意异味区别的训练。训练方法用啜食技术并注意必须先嗅后尝，以确保准确性。

5. 电子鼻及其原理

（1）电子鼻及其原理　1994年，英国Warwick大学的Gardne和Southampton大学的Bartlett发表的一篇文章中正式提出了"电子鼻"概念："电子鼻是利用气体传感器阵列的响应信号和模式识别算法来区别简单或者复杂的样品气体的检测仪器"，这为电子鼻的发展奠定了基础。

（2）传感器电子鼻　电子鼻是模拟人类的嗅觉系统而研制的一种气体检测仪器，具有识别简单和复杂气味的能力。它的工作过程主要分为三个步骤：①传感器阵列与样品气体接触后，在其表面发生吸附、反应及解吸附等过程，使传感器的电化学属性发生变化，从而产生信号；②通过调理电路和数据采集模块将产生的信号经过放大、A/D转换、采集等处理后，该信号被传输至电脑；③通过模式识别和统计学分析对信号进行分析，从而对样品做出判断。

电子鼻是模拟人类的嗅觉系统而研制的一种气体检测仪器，具有识别简单和复杂气味的能力。它的工作过程（图2-3）主要分为三个步骤。

①传感器阵列与样品气体接触后，在其表面发生吸附、反应及解吸附等过程，使传感器的电化学属性发生变化，从而产生信号。

②通过调理电路和数据采集模块将产生的信号经过放大、A/D转换、采集等处理后，该信号被传输至电脑。

③通过模式识别和统计分析对信号进行分析，从而对样品做出判断。

电子鼻系统主要由传感器阵列、信号处理系统及模式识别等三大部分组成。在整个系统中，电子鼻的核心部件是传感器阵列，通过其与样品气体之间的相互作用，得到样品的内在信息。目前，应用于电子鼻领域的化学传感器主要有金属氧化物传感器、石英晶体微天平、表面声波传感器、表面等离子体共振传感器。其中最简单且应用最为广泛的是金属氧化物传感器。其原理是将被测气体吸附在传感器表面，改变传感器的电导率，从而产生不同信号值。金属氧化物传感器具有化学性能稳定、选择性高和使用寿命长等优点，常见的金属氧化物传感器有 SnO_2、ZnO、WO_3、Fe_2O_3、Co_3O_4 等。

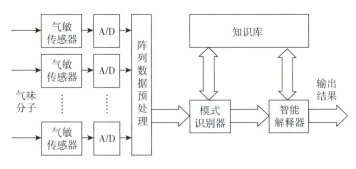

图 2-3 电子鼻系统原理

（3）快速气相电子鼻 是一种基于热脱附预浓进样系统联用双柱超快速气相色技术，结合人工智能软件和风味数据库的电子鼻。它是将气相色谱技术与电子鼻的模式识别技术相结合的一种新型的气味指纹分析技术，兼具传感器型电子鼻的判别分析能力和类似于气相色质谱法（GC-MS）的定性分析能力，具有检测灵敏度高和分析速度快等优势。该系统一般采用两根并行不同极性的金属毛细管超快速柱，两个氢火焰离子化检测器，内置预浓缩捕集系统，极大程度地提高了检测灵敏度。根据气味物质在两根不同极性的超快速柱上分离得到的二维气味指纹图，结合化学计量模型实现各种样品的快速鉴别。通过计量学模型找出造成样品气味差异的关键变量峰，利用双柱分析的二维保留指数信息结合专业风味数据库对变量峰进行定性分析，获得化合物的名称、CAS 号、分子式、保留指数、感官描述及气味阈值等信息。

（4）电子鼻的应用 从应用研究角度来看，由于电子鼻得到的信息代表了样品中全部挥发物的总体分布，而不是常规仪器分析测得的某种或某几种具体成分的含量，因此，以这些信息作为样品特"指纹"，可用于鉴别产品的真伪、原料质量是否合格、生产工艺流程运行是否正常等。电子鼻在食品领域的应用主要以气味为感官评价指标，可以实现对食品类别、真伪及品质层次的鉴别。

①判断食品类别与真伪。周延等人运用人工嗅觉系统对酒类进行了定性识别，实验结果表明该系统能够快速准确地辨识酒类。贾洪峰等人根据电子鼻获取的肉类气味图谱，实现猪肉与牛肉的辨识。同时，在牛肉制成的馅料掺杂不同比例的猪肉馅模拟牛肉掺假，根据电子鼻获取的气味差异信息可实现对掺假比例的准确预测，且拟合精度高。

②判断食品新鲜度与成熟度。吉林大学的孙永福等人根据肉的气味研制了一套适合肉类新鲜度检测的肉用人工嗅觉系统，并运用 RBF 神经网络作为模式识别方法，实验结果表明其正确率达95%。英国研究出了可以检测苹果成熟程度的电子鼻，实验表明，经过"训练"的"电子鼻"最快在几秒钟内即可得出检测结果，而且其精确度超过92%。

③判断食品安全性。朱娜等人采用电子鼻对接种不同病原菌草莓的气味差异进行辨识，结合气质联用技术得出病原菌会影响草莓挥发出的烃类及酯类等有机物的结论。Wang 等人采用电子鼻对鲁氏酵母污染引起的苹果汁气味变化进行辨识，结合线性判别（LDA）实现对其不同腐败程度的监测，结果证明电子鼻可快速分析加工过程中或货架上的苹果汁的气味变化过程。还有文献报道，采用电子鼻对食用油的氧化程度进行快速鉴评，研究结合主成分分析（PCA）、线性判别等方法对食用油与非食用油进行准确、高效的辨识。

四、视觉

人类从外界获取的信息，约有80%依赖于视觉。视觉是人类认识客观事物的最直接途径，在食品感官分析中占据重要地位。

1. 视觉的生理基础　视觉是眼球受外界光线刺激后产生的感觉。眼球由眼球壁和内容物（折光物质）组成（图2-4）。

眼球 { 眼球壁 { 外层：角膜、巩膜 / 中层：虹膜、睫状体、脉络膜 / 内层：视网膜 } / 内容物——房水、晶状体、玻璃体 }

图2-4　眼球的生理结构

视觉的形成是人眼接受光波刺激后产生的一系列复杂的反应。来自外界事物的光波，通过眼的折光系统（角膜、房水、晶状体和玻璃体）的折射，到达视网膜，视网膜中的感光细胞可将光能转变为细胞膜上的电变化（膜电位由无光照时的静息电位变为光照时的超极化电位），这种电变化信息通过与双极细胞、水平细胞的突触传递，形成双极细胞的去极化或超极化电位，水平细胞的超极化电位。双极细胞的电位变化信息经突触联系输入给节细胞、无长突细胞，诱发节细胞、无长突细胞产生去极化电位，其电位随光强度的增加而增大，当节细胞的去极化达到阈电位水平时爆发动作电位，这些动作电位作为视网膜的输出信息经视神经传至大脑皮质的视觉中枢，最终形成视觉。

2. 视觉的生理特征

（1）闪烁效应　当眼球接受的光线刺激重复频率低于一定限度时，人就能分辨出有光无光的差别，产生一明一暗的感觉，即闪烁效应。随刺激频率的增加，到一定程度时，闪烁感觉消失，由连续的光感所代替，一般把刚好感觉不到闪烁效应的频率称为闪光融合临界频率或闪烁临界频率（critical flicker frequency，CFF）。它表现了视觉系统分辨时间能力的极限，体现了人们辨别闪光能力的水平。通过对人的闪光融合临界频率的测定，还可以了解人体的疲劳程度。在研究视觉特征及视觉与其他感觉之间的关系时，都以CFF值变化为基准。

（2）暗适应和明适应　当人们从强光处转向黑暗处时，一开始会出现视觉短暂消失而看不见周围物体，经过一段时间后才能逐渐恢复，这样的过程称为暗适应。在暗适应过程中，由于光线强度突然减小，瞳孔反射性地扩大以增加入眼光亮，视网膜也逐步提高自身灵敏度使分辨能力增强。因此，暗适应是人眼在暗处对光的敏感度逐渐提高的过程。

当人从暗处而突然进入明亮处时（如从暗室到强烈的阳光下），最初会感到一片耀眼的光亮，不能看清物体，经一段时间后才能恢复视觉，这样的过程称为明适应。明适应的进程大约需要1分钟。此过程中，光线增强，瞳孔反射性地缩小，减少强光对视网膜的损伤；视杆细胞在暗处蓄积的大量视紫红质，进入亮处遇到强光时迅速分解，因而产生耀眼的光感；视杆色素迅速分解之后，对光较不敏感的视锥色素才在亮处感光而恢复视觉。

（3）视敏度　视敏度指眼辨别物体形态细节的能力，又称视力。通常是以能辨别两条平行光线之间的最小距离为衡量标准。两条平行光线之间的最小距离常以视角表示。视角是指由被看物体的两端（或物体上的两点）发出的光线，至眼折光系统的节点所形成的夹角。视角越大表示物体在视网膜上成像愈大，反之亦然。

视网膜各部分的视敏度不同，在亮光下视网膜中央部分辨力较强，周围部分的分辨力较弱。但在暗光中，视网膜周围部分对弱光的敏感度却高于中央部分。

（4）颜色视觉　颜色是光线与物体相互作用后，利用眼对其检测结果所获得的感知。一般来说，感觉到的物体颜色主要受到物体（物理和化学组成）、照射物体的光源（光谱组成）和接收者（眼睛的光谱敏感性）三个实体因素的影响。改变这三个实体中的任何一个，都可导致感知到的物体颜色的变化。

照在物体上的光波可以被物体折射、反射、传播或吸收，而且只有 380 ~ 780nm 波长范围的光波（可见光）才可被人眼接受。在电磁光谱可见光范围内，如果所用的辐射能量几乎均被一个不透明的表面所反射，那么，该物体呈现白色；如果可见光谱的光线几乎完全被吸收，则物体呈现黑色。这也与物体中的物质分子构成有关。

不同物质能吸收不同波长的光，呈现不同颜色。当物质吸收可见光区波段以外的光波时（即可见光波被反射），呈现出白色（无色）；当其吸收可见光区波段的光时，就会呈现出一定颜色。肉眼所见的颜色，是由物体反射的不同波长可见光组成的综合色。当物体吸收了全部可见光时，呈现黑色；当物体吸收不可见光而反射所有可见光时，呈现无色；当物体只选择性吸收部分可见光时，则其呈现可见光中未被吸收部分的综合色，即被吸收光波组成颜色的互补色。不同波长光的颜色及其互补色见表2-1。

表2-1 不同波长光的颜色及其互补色

波长/nm	颜色	互补色	波长/nm	颜色	互补色
400	紫	黄绿	530	黄绿	紫
425	蓝青	黄	550	黄	蓝青
450	青	橙黄	590	橙黄	青
490	青绿	红	640	红	青绿
510	绿	紫	730	紫	绿

物体的颜色包含三个方面要素：色调（色彩）、亮度（明亮度）、饱和度（纯度）。对物体颜色明亮度（值）的感知，表明了反射光与吸收光间的关系，但是没有考虑所含的特定波长，物体的感知色调是对物体色彩的感觉，这是由于物体对各个波长辐射能量吸收不同的结果，颜色的色度（饱和度或纯度）表明某一特定色彩与灰色的差别有多大。

颜色属于光谱分布的一种外观性质，而颜色视觉则是一种复杂的物理心理现象。人视网膜中存在着三种对不同波长光线特别敏感的视锥细胞，分别对 440nm、535nm、565nm 波长的单色光吸收能力最强，这3个波长的光相当于蓝、绿、红三色光的波长，故分别称感蓝、绿、红视锥细胞。基于这些现象，有人提出了三原色学说解释色觉的形成原理，当红、绿、蓝单色光分别单独刺激时，分别引起相应的感红、绿、蓝细胞单独兴奋，兴奋沿其传入通路到达视皮质，将分别引起红、绿、蓝三种不同的色觉。当三种视锥细胞受到同等刺激而被同时兴奋时引起白色感觉。如果红、绿蓝三种色光按各种不同的比例作适当的混合，就会产生任何颜色的感觉。利用三原色学说还可说明色盲和色弱的可能机制。如视锥细胞的膜盘上缺乏感光色素，就会导致相应颜色的色盲。红绿色盲多见，蓝色盲较少。另一种色觉异常为色弱，虽有三色视觉，但对颜色的辨别能力较低。色觉的形成除与视锥细胞的感受有关外，视网膜上其他神经细胞及视皮质神经细胞的活动对其也有重要影响。视锥细胞对光的敏感性在昏暗的条件下不起作用，但是在较强的背景光下可做出迅速的反应，故颜色检验宜在昼光条件下进行。

3. 视觉与食品感官检验

（1）食品的颜色　食品的颜色是由于食品中含有的色素，能够选择性吸收和反射不同波长的可见光，从而产生视觉效果。

食品色素包含天然色素和人工合成色素。根据化学结构，可将食品中的天然色素分为5类：卟啉类衍生物（如叶绿素、血红素），异戊二烯衍生物（如类胡萝卜素），多酚类衍生物（如花青素、类黄酮、儿茶素），醌类衍生物（如虫胶红、胭脂虫红、紫草素），酮类衍生物（如红曲色素、姜黄素），其他类色素（如高粱红、甜菜红色素、焦糖色素）。合成色素包含偶氮类和非偶氮类。

天然色素与合成色素因具有各自的优缺点，使两类色素在食品工业中都有应用。天然色素因其来源于自然界诸多动植物和微生物，色调自然、营养安全，添加量几乎不受太多限制。但天然色素化学稳定性差，易受到加工条件和环境影响而变色。而合成色素虽然着色牢固，但毒性大，一般要严格控制其使用，遵守食品添加剂限量标准。

（2）视觉检查的重要性　视觉检查是食品检验中经常用到的方法，通过视觉检查可知产品的质量。食品颜色变化尤其关键，通常会影响其他感觉。颜色对食品分析具有如下影响。

①食品的颜色影响食品的可接受性和食品的质量判断。比起形状质构等其他外观因素而言，食品的颜色对食品的可接受性和食品质量的影响更大、更直接。例如，腌腊肉的脂肪变黄，则说明脂肪已氧化酸败。

②食品的颜色和接触食品时环境的颜色显著影响人们对食品的食欲。例如，黄色食品往往能刺激神经和消化系统。

③食品的颜色也决定其是否受人们欢迎。备受喜爱的食品常常是因为这种食品带有使人愉快的颜色；而没有吸引力的食品，不受欢迎的颜色是其中一个重要的因素。

④通过各种经验的积累，可以掌握不同食品应该具有的颜色，并据此判断食品所应具有的特性和新鲜程度。例如，烘烤面包和糕点时可通过视觉控制烘烤时间和温度。

随着科学技术的发展，有些外观指标可以由仪器测定或控制。如香肠的颜色就可以用仪器测定，但何种颜色的香肠可增加人的食欲、能受到人们的喜爱，这是仪器不能测定的。因此，视觉检查在生产过程及销售中占有重要地位。

五、听觉

1. 听觉的生理基础　听觉是耳朵接受声波刺激后产生的一种感觉。声波的感觉器官是耳朵。耳朵分为外耳、中耳和内耳三个部分。外耳由耳廓、外耳道和鼓膜三部分组成，中耳包含鼓室、咽鼓管和乳突小房等结构，外耳和中耳具有收集、传导和放大声波的作用；内耳包括耳蜗、前庭和半规管，是感受声波刺激的主要感受器。

外界的声波经过外耳道传到鼓膜，引起鼓膜的振动；振动通过听小骨传到内耳，刺激耳蜗内的听觉感受器产生神经冲动；神经冲动通过与听觉有关的神经传递到大脑皮层的听觉中枢，就形成了听觉。

此外，听觉受声波的振幅和频率影响明显。声波振幅大小决定听觉所感受声音的强弱。振幅大则声音强，振幅小则声音弱。声波振幅通常用声压或声压级表示，即分贝（dB）。频率是指声波每秒钟振动的次数，它是决定音调的主要因素。对于正常人而言，只能感受到30~15000Hz频率范围的声波，对其中500~4000Hz的声波最敏感。

2. 听觉与食品感官检验　食品质量检测中，人们常模拟人体听觉原理，用声学技术来分析食品的声音特性与食品成分、质量、质地等因素的关系。食品的声学特性是指食品在声波作用下的散射特性、透射特性、吸收特性、衰减反射、特性系数、传播速度及其本身的声阻抗与固有频率等，它们反映了声波与食品相互作用的基本规律。食品声学特性等检测装置通常由声波发生器、声波传感器、电荷放大器、动态信号分析仪、微型计算机、绘图仪或打印机等组成，检测时由声波发生器发出的声波，连续射向被测食品，从食品透过反射或散射的声波信号，由声波传感器接收，经放大后送到动态信号分析仪和计算机加以分析，即可求出食品的声学特性，从而判断相应的食品质量。

Fabrizio Costa 等人用声学技术，对采后冷藏两个月的86个品种的苹果进行质地分析，通过声音信号来判定苹果的脆性，同时由专家组成的评定小组进行感官评价，两者结果进行对比分析，结果表明其所采用的声学检测方法对苹果的脆性判定与专家组成的评定小组较为一致，再次充分证明了声学技术可以用于食品的脆性等质地特性测定。孙永海等人利用声音采集系统，采集玉米籽粒流从高处落到相同状态玉米堆时发出的撞击声音信号，并对声音信号进行去噪处理，提取声波信号强度、功率谱能量、谱峰值等特征参数，研究各特征参数与玉米水分含量之间的关系，结果表明以上特征参数能够准确对玉米籽粒含水量进行预测。

六、其他感觉

1. 触觉 通常触觉，又叫触压觉，可以分成触感（触摸的感觉和皮肤上的感觉）和压感（深层压力的感觉）。这两种感觉主要在物理压力上有所不同。触感主要指皮肤表面、表皮、真皮和皮下组织的神经末梢的感觉，即所说的触摸、压力、冷、热和痒。压感主要是指通过肌肉、肌腱和关节中的神经纤维感受到的深层压力所致的肌肉拉伸和放松感觉，以及肌肉的机械运动有关的重、硬、黏等感觉（通过施加在手、下颚上的肌肉的重力产生，或是由于对样品的处理、咀嚼等而产生的压迫、剪切、破裂造成）。嘴唇、舌头、面部和手的敏感性要比身体其他部位更强，因此通过手和嘴经常能够感受到比较细微的颗粒大小、冷热和化学感应的差别。

（1）触觉感官特性

①大小和形状。口腔能够感受到食品组成成分的大小和形状。1993年，Tyle研究了悬浮颗粒的大小、形状和硬度对糖浆砂性口部知觉的影响，结果显示：柔软的、圆的，或者相对较硬的、扁的颗粒，大小约80μm，人们都感觉不到有沙粒。然而，硬的、有棱角的颗粒大小在大于11~22μm时的范围内时，人们就能感觉到口中有沙粒。在其他研究中，在口中可察觉的最小单个颗粒大小<3μm。而且样品大小不同，口中的感觉可能也会不一样。

②口感。在食品感官检验中，口感是指食物在人们口腔内，由触觉和咀嚼而产生的直接感受，是独立于味觉之外的另一种体验。

口感特征主要表现为触觉，通常其动态变化要比大多数其他口部触觉的质地特征更少。1979年，Szczesniak将口感分为11类：关于黏度的（稀的、稠的），关于软组织表面相关的感觉（光滑的、有果肉浆的），与CO_2饱和相关的（刺痛的、泡沫的、起泡性的），与主体相关的水质的（重的、轻的），与化学相关的（收敛的、麻木的、冷的），与口腔外部相关的（附着的、脂肪的、油脂的），与舌头运动的阻力相关的（黏糊糊的、黏性的、软弱的、浆状的），与嘴部的后感觉相关的（干净的、逗留的），与生理的后感觉相关的（充满的、恢复渴望的、冷却的），与温度相关的（热的、冷的），与湿润情况相关的（湿的、干的）。1995年，Bertino和Lawless使用多维度的分类和标度，在口腔健康产品中测定与口感特性相关的基本维数，研究发现，这些维数可以分成3组，即收敛感、麻木感和疼痛感。

③口腔中的相变化（溶化）。由于进入口腔时温度的变化，很多食品会在口腔中发生相变化，如巧克力和冰淇淋。1995年，Hyde和Witherly提出了"冰淇淋效应"，认为动态地对比（口中感官质地瞬间变化的连续对比）是冰淇淋和其他产品高度美味的原因所在。1996年，Lawlees通过对一个简单的可可黄油模型食品系统的研究，发现这个系统可以用于研究脂肪替代品的质地和溶化特性的研究。按描述分析和时间-强度测定到的评价溶化过程中的变化，与碳水化合物的多聚体对脂肪的替代水平有关。

④手感。手感是指用手触摸的感觉。一般指用手对纤维和织物进行触摸的感觉，包括厚度、表观比重、表面平滑度、触感冷暖、柔软程度等因素的综合感觉。手感经常作为纤维或纸张的质地评价中的重要内容，在食品感官检验领域中也具有潜在的应用价值。

（2）质构仪与食品感官检验 质构仪是模拟人的触觉，用于客观评价食品质地的仪器，也叫物性仪。它通过仪器测定样品受到外力过程中力学、位移、时间的变化情况，依据三者的量化关系，来判定样品质地、物理性状，能较好地反映食品质量的优劣。由于样品种类、性质、结构、形状的不同，可利用不同的探头对样品进行测定。质构仪具有客观性强、操作性强的特点，在粮油、果蔬以及加工食品如肉制品、面制品和休闲食品等产品中都已得到了广泛的应用。利用质构仪可以直观地测定产品的硬度、黏度、弹性、内聚性、黏附性、咀嚼性和嫩度等多个物理特性。

根据不同的食品质地特性，基本测定模式主要包括压缩模式、剪切模式、穿刺模式及拉伸模式：压缩模式中的 TPA 模式是测定食品硬度、弹性、黏性、内聚性、胶黏性、回复性最常用的测定方式；剪切模式是模拟牙齿咬断样品的过程，用来测定样品的硬度、剪切力等力学特性指标；穿刺模式是模拟牙齿刺破样品的过程，一般用来测定样品凝胶强度；拉伸模式是模拟拉伸物料的动作，用结果反映样品的弹性和韧性，弹性性能较大的食品材料如面粉、淀粉、奶酪等常采用拉伸模式进行质地测试。

2. 温度觉　温度觉是由温度感受器感受外界环境中的温度变化所引起的感觉，分为冷觉和热觉两种。温度感受器也分为热感受器和冷感受器：卢芬尼小体被认为是热感受器，感受热觉；克劳斯小体则被认为是冷感受器，感受冷觉。卢芬尼小体和克劳斯小体位于皮肤表层，都呈点状分布，因此也被称为热点和冷点。人体头部和后背的温度感受器分布较多，而温度觉的灵敏度与温度感受器分布的密度直接相关，人体手臂和手也具有良好的温度感知灵敏度。在温度感受器中，冷点多于热点，所以人体大多部位对冷敏感，而对热不敏感。皮肤上的冷热点分布密度远比触、压感受器低，导致人体响应温度刺激的速率较慢。皮肤的温度感觉受温度刺激变化速率、基础皮肤温度以及被刺激皮肤的位置等多种因素影响。由于大脑皮层中存在温度感觉区，而局部的温度变化能引起较为明确定位的主观感觉，因此可认为温度觉产生的神经冲动可到达大脑皮层。

温度对食品成分的状态等方面具有显著影响，因此温度觉在食品感官检验中也具有重要作用。各种食品都有独自的适宜食用温度，如冰激凌适宜于低温冷食，而咖啡和茶则适合热食。食品温度的变化，往往会对其他感觉产生一定程度的影响，如影响气味物质的挥发而影响其嗅觉感受。

七、感官之间的关联

从生理学角度来说，人的所有感官是相互联系的有机整体。所以，不同感官感受到的感觉之间，常会相互作用、相互影响。食物也是一种多种形式的体验，一种感觉形式的感觉可能会影响另一种感觉形式的判断和感知。

1. 嗅觉与味觉之间的关联　根据心理生理学文献的观察结果，味觉和嗅觉的感觉强度表现出协同或者较弱的协同作用，这种协同作用的结果是气味和味道有 90% 的可加性，也就是说当简单把味道强度的总体评价值作为一个关于味觉和嗅觉强度评分总和，几乎没有证据能表明两种方式之间存在相互作用。

在几种基本感官感觉中，嗅觉和味觉之间的联系比较复杂。烹饪技术认为风味是味觉与嗅觉的结合，并受质地、温度和外观的影响，但是，在一项心理物理学实验中，将蔗糖（口味物质）和柠檬醛（气味/风味物质）简单混合后，表现出的是几乎完全相加的效应，对单一物质（蔗糖、柠檬醛）的强度评分也没有或者只有很少的影响。食品专业人员和消费者普遍认为味觉和嗅觉是以某种方式相关联的。具体联系体现在如下几个方面。

第一，心理物理学的研究显示感官强度是叠加的。研究表明，在气味存在的情况下，能明确提高味道品质，特别是甜度。墨菲等指出，有气味的化合物，丁酸乙酯和柠檬醛，有助于判断"味道"的大小。这种错觉通过在品尝过程中捏住鼻孔来消除，这阻止了挥发性物质的顺滑通过，并且有效切断了挥发性风味印象。

第二，一个常见的观点就是嗅觉与味觉相互影响，还有人误认为挥发性物质的感觉是"味觉"。令人不愉快的味觉通常会抑制挥发性气味，而令人愉快的味觉则对挥发性气味有增强作用。这个理论似乎和上面刚刚提到的第一种观点有所矛盾，但在现实生活中，这样的例子却真实存在，且时有发生。例如，有人对加入了不同量蔗糖果汁的口味和气味进行了评分比较，结果表明，随着蔗糖浓度的提高，令人愉快气味的分值得分也有所增加，而令人不愉快气味的分值则有所下降，而实际上，测定的结果表明挥发性气体的浓度没有任何变化。他们认为，这是一种心理作用的结果，是蔗糖的甜味掩盖了一些不良口味导致的，是"注意力分散"机制作用的结果，而不是嗅觉和味觉生理上真正相互作用的结果。有人将这一现象看作是简单的光环效应，即增加一种突出的、令人愉快的风味成分的含量会提高同一产品中其他愉快风味成分的得分，而反过来，令人讨厌的风味成分的增加则会降低良好风味成分的得分（喇叭效应）。根据这一原理，在食品感官检验时，检验人员对产品的各项性质的打分很可能受他对该产品总体喜爱情况的影响。

第三，嗅觉和味觉间的相互影响会随它们不同的组合而变化。人们研究发现，草莓香气对甜味有增强作用，而花生油的香气则没有这个作用。依据对大量风味物质的研究结果分析表明，挥发性风味物质对 NaCl 的咸味有抑制作用。

2. 化学刺激与风味感觉的关联　除了一些基本的嗅觉、味觉之外，一些化学刺激因素刺激三叉神经，形成辣味、刺鼻味等。例如，洋葱切开时散发的物质会刺激眼睛和鼻子导致流泪，汽水中的二氧化碳破裂会导致酥麻感。这些化学刺激一般会增强食品的风味。比如，碳酸饮料、啤酒和香槟跑气后，饮料会变得太甜，啤酒和香槟的味道也会变得普通，它们的口感和风味都会因此而改变。

3. 视觉与风味感觉的关联　食品的质量一般包括色、香、味、质构、营养和安全等方面的要求，高质量食品通常都要求"色、香、味俱全"。因此食品的外观视觉与其风味、质构同样重要。

在一定范围内，人们一般认为食品的风味随颜色的加深而增强。根据人们对全脂牛奶和脱脂牛奶在明暗不同的环境中的感官评价实验，发现视觉对风味感觉具有显著影响。正常情况下，感官检验人员是通过牛奶的外观（颜色）、口感和风味来做出结论，一般情况下，感官检验人员都能够做出正确判断，即全脂牛奶和脱脂牛奶是很容易区分的，但是把同样的实验挪到暗室之后，脱脂牛奶与全脂牛奶的区分却变得很困难，这说明视觉影响了其风味判断。此外，果汁的感官检验也出现类似情况，当果汁饮料不表现出典型颜色时，对果味的识别正确率就会显著降低，而当饮料颜色适当时，识别正确率就会升高。

食品颜色的色彩种类时常也会影响食品的风味感觉。例如，红色食品会使人感觉到味道浓厚，刺激神经兴奋；绿色食品给人清凉感，尤其淡绿色可突出食品新鲜感，增强其清新味觉。

4. 温度觉与风味感觉的关联　温度感觉不同，人对食品风味感觉也不同。例如，在 37℃ 左右甜味感觉最强，过高或过低的温度下甜感下降；咸味和苦味则是温度越高，味道越淡。

各种食品都有它的最适食用温度。例如，各种果汁的最适食用温度在 8～10℃，低于此温度，则品尝不出果汁甜润清香的味道；汽水饮用的最适温度是 4～5℃，此时的汽水最解渴，且不会对肠胃造成刺激；热咖啡的最适冲泡水温是 91～96℃，此时咖啡味道最纯正，过高的水温会破坏咖啡的油质而使咖啡变苦，过低的水温则煮不出咖啡的味道致使咖啡酸而涩。

总之，人类的各感官之间是相互影响、相互关联的。为了提高食品感官检验的准确性，在检验中要注意尽可能避免各感官相互之间的干扰。

任务三　认识阈值

PPT

 情境导入

情境　感官并不是对所有变化都产生反应，只有当引起感官发生变化的外界刺激处于适当范围，才能产生正常感觉。例如小明喝水的时候喜欢在水里放盐，他往水里放了 1 勺盐，发现没味儿；然后又往水里放了1勺（共2勺，即最小刺激量），当这1勺盐放进去之后，小明突然感觉到水有咸味了，这个2勺就是绝对感觉阈。再例如刚走进教室，小强能够马上闻到教室中摆放的百合花的香气，而小明则要用力闻才可以闻到，说明小强的感觉性高于小明，感觉阈限低于小明。

思考　1. 什么是感觉阈？怎么区分绝对阈和差别阈？

　　　　2. 影响味阈的因素有哪些？

一、感觉阈

感觉是由刺激物直接作用于某种感官引起的，感觉的产生需要有适当的刺激存在。所谓适当的刺激是指能够引起某种感官有效反应的刺激，刺激强度太小不能引起感官的有效反应，而刺激强度太大则反应过于强烈而失去感觉，这两种情况都产生不了感觉。比如人眼只对波长380～780nm范围的光波刺激发生反应，人耳只对20～20000Hz范围的声波刺激起反应。因此对于各种感官而言，都有所能接受外界刺激的变化范围，这个变化范围以及对这个范围内最微小变化感觉的灵敏度被称为感觉阈。依照测量技术和目的的不同，可以将各种感觉的感觉阈分为绝对阈和差别阈两种。

1. 绝对阈　引起某种感官产生感觉的最小刺激和导致某种感官感觉消失的最大刺激，上述的最小刺激和最大刺激即为绝对阈。最小刺激量称为绝对阈下限，最大刺激量称为绝对阈上限。低于该下限值的刺激称为阈下刺激，高于该上限值的刺激称为阈上刺激，而刚刚能引起感觉的刺激称为察觉阈。

2. 差别阈　在刺激物引起某种感官产生感觉之后，人体能感觉到刺激强度的最小变化量，即为差别阈。比如把100g的砝码放在手上，若加上1g或减去1g，一般是感觉不出来重量变化的。只有重量增减达到3g时才刚刚能够察觉到变化，即3g为重量感觉在100g情况下的差别阈值。差别阈反应的是某种感觉的敏感程度。差别阈不是一个恒定值，会随一些因素的变化而发生改变。

二、味阈及其影响因素

从刺激味觉器官到出现味觉一般需要0.15～0.4秒。在酸、甜、苦、咸四种基本味觉中，人体对咸味的感觉最快，对苦味的感觉最慢，一般苦味总是在最后才有感觉。味觉器官感受到某种呈味物质的味觉所需要的该物质的最低浓度被称为味阈（味觉阈值）。表2-2为四种基本味觉的味阈。

表2-2　四种基本味觉的味阈

味觉	呈味物质	味觉阈值%
酸	柠檬酸	0.0025
甜	蔗糖	0.1
苦	硫酸奎宁	0.0001
咸	氯化钠	0.05

影响味觉及味阈的因素有很多，如温度、呈味物质的水溶性、年龄、性别、饥饿、疾病等。

1. 温度的影响　味觉与温度的关系很大，最能刺激味觉的温度在10～40℃，其中以30℃时味觉最敏感，高于或低于此温度，味觉都稍有减弱，比如甜味在50℃以上时，感觉明显迟钝。温度对味觉的影响表现在味阈值的变化上。在四种基本味中，甜味和酸味的最佳感觉温度在35～50℃，咸味的最佳感觉温度为18～35℃，而苦味是10℃。各种味道的察觉阈会随温度的变化而变化，这种变化在一定的温度范围内是有规律的。

2. 呈味物质水溶性的影响　味觉的强度和味觉产生的时间与呈味物质的水溶性有关。完全不溶于水的物质实际上是无味的，只有溶解在水中的物质才能刺激味觉神经，产生味觉。因此呈味物质与舌头表面接触后，首先在舌头表面溶解，然后才产生味觉。味觉产生的时间长短和味觉维持的时间因呈味物质水溶性的不同而有差异。水溶性好的物质，味觉产生快，消失也快；水溶性较差的物质，味觉产生慢，但维持时间较长。

3. 年龄的影响　年龄对味觉敏感性是有影响的。老年人经常抱怨没有食欲、很多食物吃起来无味，这主要是因为在青壮年时期，生理器官发育成熟，处于感觉敏感期。随着年龄的增长，舌乳头上平均味蕾数会大幅减少，造成味觉逐渐衰退。感官试验证实，超过 60 岁的人对酸、甜、苦、咸四种基本味的敏感性会显著降低，味阈值较 60 岁以下会显著提升。

4. 性别的影响　性别对不同味觉的敏感性存在差异。如女性在甜味和咸味方面比男性更加敏感，而男性对酸味比女性敏感，在苦味方面基本不存在性别上的差别。

5. 饥饿的影响　人处于饥饿状态下味觉敏感性会明显提高。四种基本味的敏感性在进食前达到最高，在进食后 1 小时内敏感性明显下降，降低的程度与所食用食物的热量值有关。进食前味觉敏感性高，说明味觉敏感性与体内生理需求密切相关。进食后一方面满足了生理需求，另一方面是饮食过程造成了味觉感受体疲劳而导致敏感性下降。但饥饿状态对于味觉的喜好并无影响。

6. 疾病的影响　人的身体状况对味觉影响很大。当身体患某种疾病或发生异常时，会导致失味、味觉迟钝或变味。由于疾病而引起的味觉变化，有的是暂时性的，待疾病恢复后味觉可以恢复正常，有些则是永久性的变化。如患糖尿病时，舌头对甜味刺激的敏感性显著下降，这是因为血液中糖分含量升高后，会降低对甜味的敏感性。

体内某些营养物质缺乏也会造成对某些味道的喜好发生变化，当体内缺乏维生素 A 时，会拒绝食用带有苦味的食物；若维生素 A 缺乏症持续，则对咸味也拒绝接受。

三、嗅阈及其影响因素

嗅觉是一种由感官感受的知觉。它由两种感觉系统参与，即嗅神经系统和鼻三叉神经系统。嗅觉的感受器位于鼻腔上方的鼻黏膜上，其中包含了支持功能的皮膜细胞和特化的嗅细胞。嗅觉的刺激物必须是气体物质，只有挥发性有味物质的分子，才能成为嗅觉细胞的刺激物。

人类嗅觉的敏感度是很大的，通常用嗅阈来测定。引起人嗅觉感知最小刺激的物质浓度（或稀释倍数）称为嗅阈（嗅觉阈值）。嗅阈主要包括检知阈值和确认阈值。能够勉强感觉到有气味，但很难辨别到底是什么气味，此时气味物质浓度称为检知阈值（绝对阈值）。能够明显感觉到有气味，而且能够辨别其是什么气味，此时气味物质浓度称为确认阈值。

嗅阈的测定比较复杂，一般以 1L 空气中气味物质的克（g）数或毫克（mg）数为基础，用 mg/L 表示。

影响嗅觉及嗅阈的因素有很多，如人体个体差异、身体状况等。

1. 人体个体差异的影响　人的嗅觉个体差异很大，有嗅觉敏锐者和嗅觉迟钝者。即使嗅觉敏锐者也并非对所有的气味都敏锐。如长期从事评酒工作的人，其嗅觉对酒香的变化非常敏感，但对其他气味就不一定敏感。但如果嗅觉长期作用于同一种气味会产生嗅觉疲劳现象。嗅觉疲劳比其他感觉的疲劳都要突出。

2. 身体状况的影响　人的身体状况会影响嗅觉。如人在感冒、身体疲倦、营养不良等状况下，其嗅觉功能将会降低。

PPT

任务四　走进感觉分析实验心理学

 情境导入

情境　实验心理学是应用科学的实验方法研究心理现象和行为规律的科学，是心理学中关于实验方法的一个分支。普通心理学注重结果，认知心理学注重理论，实验心理学注重方法。实验心理学方法的优点包含实验方法是心理学研究的重要方法；实验方法可以"产生"新的现象；实验方法可以发现事物之间的因果关系；实验是随时随地都可以进行的。

思考　1. 食品感官分析实验心理学包含哪些内容?
　　　　2. 常见影响食品感官检验的心理效应有哪些?

一、实验心理学的概念

实验心理学有广义和狭义之分。广义的实验心理学是相对于人文取向的心理学体系，也叫科学心理学。狭义上来说，实验心理学是应用科学的实验方法研究心理现象和行为规律的科学，是心理学中关于实验方法的一个分支。

二、食品感官分析实验心理学的内容

1. 测量食品感官品质　通过食品感官分析试验可以确定某种食品对人的消费需求，知道这种食品是否能够让广大消费者所接受，也可以通过感观分析确定食品的品质，通过感官质量分析同时还可以对食品的配方、工艺进行改进。

2. 测量感官评价员的品评能力　通过食品感官分析可进行感官评价员的训练和选拔。主要是通过不同阈值的测量对感官评价员感觉的敏感性、辨别能力、记忆力、描述能力以及心理素质进行培训，进而考核和选择。

3. 测量品评结果的校度　感官评价试验可以对已经产生的感觉评价的方法进行测量，尤其是对于试验的设计、结果的统计具有积极的影响。

4. 测量选择食物的心理行为　采用感官检验进行消费嗜好与接受性的研究确定某种食物是否被消费者接受及其接受的程度。

三、食品感官分析中心理学实验的特点

1. 间接测量　心理测量的误差一方面来自测量工具、测量过程；另一方面是由于其间接性及测量对象大部分不能直接测量，所以只能采用心理学实验的方法。

2. 心理测量和自然科学测量的区别

（1）测量的重复性　自然科学的测量可以重复多次相同的测量，而且为了让实验结果更接近于真实值，需要多次的重复；心理测量有时可以重复，但重复过多会导致疲劳现象，因此大多数时候不可重复。

（2）测量对象　自然科学测量时通常只测定一个对象，而且很明确测量的目的；心理测量对象通常为一组，以推断总体或者推断个人与该组的关系。

（3）测量工具　自然科学测量和心理测量的工具不同，所以可信度和效果也是截然不同的。

四、食品感官检验中特殊的心理效应

1. 经验作用　感官评价的最终结果是以评价人员的经验来进行判断，试验不可避免地受到评价人员经验的影响，所以在感官评价打分过程中会产生误差。

2. 位置效应　位置效应是指当样品放在与试验质量无关的特定位置时，常会出现多次选择放在特定位置上试样的倾向。比如当样品较多时，易选择两端的样品；或倾向于中庸之道，选择中间的样品。

3. 疲劳效应　疲劳效应是指由于被试参加的实验过长，或是参加的实验项目太多，情绪和动机都会减弱的现象，表现为被试的成绩下降。感觉器官被某种刺激连续作用时，感官会产生疲劳效应，感官的灵敏度也会随之下降。

4. 顺序效应　当比较两个客观顺序无关的刺激时，经常会出现过大地评价最初的刺激或第二个刺激的现象，这种倾向称为顺序效应。

5. 预期效应　预期效应是指动物和人类的行为不是受他们行为的直接结果的影响，而是受他们预期行为将会带来什么结果所支配。如品尝一组浓度次序由低至高的样品，品尝人员无需尝试后面的样品便会察觉出样品浓度的排列顺序，这种情况无疑会影响判断力。在感官评价上从样品中领会一些暗示的现象称为预期效应或期待效应。

6. 记号效应　与样品本身性质无关，而是由于对样品记号的喜好影响了对判断决定的倾向称之为记号效应。记号效应有两种类型：多数人的共同倾向和个人的主观倾向。个人的主观倾向依据是自己的姓名或自己单位的大写字母以及个人经历的记忆等。

7. 基准效应　每个评价员在评价样品时对样品的评价基准不同或者基准不稳定均会影响感官评价的客观性和准确性。

8. 分组效应　如果在一组质量较差的同种样品内，其中有一个样品质量较好，则该样品的评分结果会比其单独品尝时的评分低，这称为分组效应。

答案解析

1. 食品的感官特性有哪些？
2. 食品的气味一般有哪些来源？
3. 味觉产生的生理机制是什么？味觉有哪几个基本种类？
4. 嗅觉是怎样产生的？什么是嗅技术？
5. 影响味觉及味阈的因素有哪些？

书网融合……

本章小结

题库

项目三

食品感官检验的条件

 学习目标

〈知识目标〉

1. 掌握 感官评价员的类型、招募和培训方法；食品感官检验实验室的环境条件；样品的制备与呈送。

2. 熟悉 食品感官检验实验室的分类与基本组成。

〈能力目标〉

1. 会设计一套简单的候选评价员初选调查表。

2. 会设计食品感官检验实验室的平面图。

3. 能完成样品的制备和呈送。

〈素质目标〉

1. 建立食品感官检验实验室安全意识。

2. 培养严谨求实、精益求精、规范操作的工作态度。

3. 培养团结协作、爱岗敬业的职业精神。

【国家标准】

GB/T 16291.1—2012《感官分析 选拔、培训与管理评价员一般导则 第1部分：优选评价员》

GB/T 16291.2—2010《感官分析 选拔、培训和管理评价员一般导则 第2部分：专家评价员》

GB/T 23470.1—2009《感官分析实验室人员一般导则 第1部分：实验室人员职责》

GB/T 23470.2—2009《感官分析实验室人员一般导则 第2部分：评价小组组长的聘用和培训》

GB/T 13868—2009《建立感官分析实验室的一般导则》

GB/T 10220—2012《食品感官分析方法学 总论》

GB/T 39501—2020《感官分析 定量响应标度使用导则》

任务一 食品感官检验人员的条件

PPT

 ━━━━━━━━━━━━ **情境导入** ━━━

情境 某大型乳品企业拟扩建企业感官品评队伍，为企业感官品评提供人员保障，保证感官品评测试长期高效进行。为此，他们采用的工作流程为发布招募信息、人员筛选、培训、考核与再培训、评价员感官评价能力维护。

思考 食品感官评定实验种类繁多，各种实验对参加人员的要求不尽相同，而且能够参加食品感官评定试验的人员在感官评定上的经验及相应的培训层次也不相同，那么，你知道食品感官评价员有哪几种吗？他们是如何选拔与培训的？

一、感官检验人员的类型

食品感官检验是以人的感觉为基础，通过感官评价食品的各种属性后，再经过统计分析得到客观结果的实验方法，所以其结果不仅要受到客观条件的影响，而且要受到主观条件的影响。食品感官检验的客观条件包括外部环境条件和样品的制备，而主观条件则是参与感官检验实验人员的基本条件和素质。因此对于食品感官检验，外部的环境条件、参与实验的鉴评人员和样品的制备都符合要求是实验得以顺利进行并获得理想结果的三个必备要素。

食品感官检验试验种类繁多，各种试验对参加人员的要求不完全相同。同时，能够参加食品感官检验试验的人员在感官评定上的经验及相应的培训层次也不相同。通常根据感官试验人员在感官检验上的经验及相应的层次，可以把参加感官鉴评试验的人分为五类。

1. 专家型　专家型感官评价员是食品感官鉴评人员中层次最高的一类，专门从事产品质量控制、评估产品特定属性与记忆该属性标准之间的差别和评选优质产品等工作。专家型鉴评人员数量最少而且不容易培养，如品酒师、品茶师等均属于这一类人员。他们不仅需要积累多年专业工作经验和感官鉴评经历，而且在特性感觉上具有一定的天赋，在特征表述上具有突出的能力。

2. 消费者型　这是食品感官鉴评人员中代表性最广泛的一类。通常这种类型的评价人员由各个阶层的食品消费者的代表组成。与专家型感官鉴评人员相反，消费者型感官鉴评人员仅从自身的主观愿望出发，评价是否喜爱或接受所试验的产品，以及喜爱和接受的程度。这类人员不对产品的具体属性或属性间的差别做出评价，一般适合于嗜好型感官评价。

3. 无经验型　无经验型只对产品的喜爱和接受程度进行评价的感官鉴评人员，但这类人员不及消费型人员代表性强。一般是在实验室小范围内进行感官评价，由与所试产品有关的人员组成，无须经过特定的筛选和培训程序，根据实际情况轮流参加感官鉴评试验。

4. 有经验型　这类感官评价员是通过筛选并具有一定分辨差别能力，他们可专职从事差别类试验，但是要经常参与有关的差别检验，以保持分辨差别的能力。

5. 培训型　这是从有经验型感官鉴评人员中经过进一步筛选和训练而获得的感官鉴评人员。通常他们都具有描述产品感官品质特性及特性差别的能力，专门从事对产品品质特性的评价。

在以上提到的五种类型的感官鉴评员中，由于各种因素的限制，建立在感官实验室基础上的感官鉴评员不包括专家型和消费者型，而只考虑其他三类人员（无经验型、有经验型和培训型）。

二、感官检验人员的筛选

食品感官的系统分析是在特定的实验条件下利用人的感官进行评析，参加评价员的感官灵敏性和稳定性严重影响最终结果的趋向性和有效性。由于个体间感官灵敏性差异较大，而且有许多因素会影响到感官灵敏性的正常发挥，因此，感官评价员的选择是感官评定试验结果可靠和稳定的首要条件。

在感官实验室内参加感官分析评定的人员大多数都要经过筛选程序确定，淘汰不适合做感官分析的人员。

1. 招募、初筛和启动

（1）招募原则　招募是建立优选评价员小组的重要基础工作。有多种不同的招募方法和标准，以及各种测试来筛选候选人是否适应将来的培训。招募候选人，从中选择最适合培训的人员作为优选评价员。招募人员组建感官分析小组时应考虑以下三个问题：在哪里寻找组成该小组的人员？需要挑选多少人员？如何挑选人员？

（2）招募方式　对于大部分企业而言，招募方式包括内部招募、外部招募和混合评价小组招募。

①内部招募：从办公室、工厂或实验室职员中招募候选人。建议避免招募那些与被测样品密切相关的人员，特别是技术人员和销售人员，因为他们可能造成结果偏离。这种招募方式，最重要的是单位的管理层和各级组织应支持他们，并明确承担的感官检验工作将作为个人工作的一部分。这些应在招募人员阶段予以明示。

②外部招募：外部招募是指从单位外部招募。出于这种目的最常用的招募方式有：通过在当地出版社、专业刊物或在免费报刊等上的分类广告进行招募等（此种情况下，会有各类人应聘，必须做初步筛选）；通过调查机构，这些机构能够提供可能感兴趣的候选人的姓名和联系方式；内部"消费者"档案，来自广告宣传活动或产品投诉记录；单位来访人员；个人推荐。

③混合评价小组招募：混合评价小组由内部和外部招募人员以不同比例组成。

内部招募和外部招募这两种招募方式各有优缺点，具体见表3－1。

表3－1　内部和外部招募的优缺点

招募形式	优点	缺点
内部招募	1. 人员都在现场 2. 不用支付酬 3. 更好地确保结果的保密性 4. 评价小组人员有更好的稳定性	1. 候选人的判断受到影响 2. 本单位的产品难以升级 3. 候选人替换较困难 4. 可用性低
外部招募	1. 挑选范围广 2. 补充的新候选人能随叫随到 3. 不存在级别问题 4. 人员选拔更容易，淘汰不适合工作的评价人员时，不存在风险 5. 可用性高	1. 费用高 2. 更适用于居民人数众多的城市地区，而在乡村地区可用混合评价小组 3. 由于必须招募有空闲时间的人员，有时会遇到过多的退休老人或家庭妇女，甚至学生等应聘，难以招募到在职人员 4. 经过选拔和培训后，评价员可能随时退出

（3）挑选人员的数量　经验表明，招募后由于味觉灵敏度、身体状况等原因，选拔过程中大约要淘汰一半人，而且招募人数会依下列因素而改变：单位的经济状况和要求；需进行测试的类型和频度；是否有必要对结果进行统计分析。因此，评价小组工作时应该有不少于10名优选评价员。需要招募人数至少是最后实际组成评价小组人数的2~3倍。例如：为了组成10个人的评价小组，需要招募40人，挑选20人。

（4）候选评价员的基本要求　候选评价员的背景资料可通过候选评价员自己填写调查表（表3－2）以及经验丰富的感官分析人员对其进行面试综合得到。尽管不同类型的感官评价试验对评价员要求不完全相同，但下列几个因素在挑选候选评价员时是必须考虑的，如表3－3所示。

表3－2　候选评价员调查样表

姓　　名		性　　别		出生年月	
民　　族		目前职业		籍　贯	
文化程度		联系电话			
何处获悉该招聘信息		公司或学校名称			
参加原因或动机					
地址					

请如实详细填写下列项目
(在每一项后的空格中打"√"回答"有"或"无"或在备注中说明)

项目名	是（有）	否	备注	项目名	是（有）	无	备注
繁忙				过敏史			
食物偏好				疾病史			
食物禁忌				近期有无服药			
吸烟				兴趣			
了解感官评价方法				感官分析经验			
口腔或牙龈疾病				假牙			
低血糖				糖尿病			
高血压							

一般来说，一周中您的时间安排怎样？哪一天有空？

感官评价的知识及经验概况：

工作简介：

表 3 - 3　感官评价员报名基本情况调查

项目	内容
兴趣和动机	对感官检验工作以及被调查产品感兴趣的候选人，比缺乏兴趣和动机的候选人可能更有积极性并能成为更好的感官评价员
对食品的态度	应确定候选评价员厌恶的某些食品或饮料，特别是其中是否有将来可能评价的对象，同时应了解是否由于文化、种族或其他方面的原因而不食用某种食品和饮料，那些对某些食品有偏好的人常常会成为好的描述性分析评价员
知识和才能	候选人应能说明和表达出第一感知，这需要具备一定的生理和才智方面的能力，同时具备思想集中和保持不受外界影响的能力。如果只要求候选评价员评价一种类型的产品，掌握该产品各方面的知识则利于评价，那么就有可能从对这种产品表现出感官评价才能的候选人中选拔出专家评价员
健康状况	候选评价员应健康状况良好，没有影响他们感官的功能缺失、过敏或疾病，并且未服用损害感官能力进而影响感官判定可靠性的药物。了解感官评价员是否戴假牙是很有必要的，因为假牙能影响对某些质地、味道等特性的感官评价。感冒或其他暂时状态（例如怀孕）不应成为淘汰候选评价员的理由
表达能力	在考虑选拔描述性分析评价员时，候选人表达和描述感觉的能力特别重要。这种能力可在面试以及随后的筛选检验中考察
可用性	候选评价员应能参加培训和持续的感官评价工作。那些经常出差或工作繁重的人不宜从事感官检验工作
个性特点	候选评价员应在感官检验工作中表现出兴趣和积极性，能长时间集中精力工作，能准时出席评价会，并在工作中表现诚实可靠
其他因素	招募时需要记录的其他信息有姓名、年龄、性别、国籍、教育背景、现任职务和感官检验经验等。抽烟习惯等资料也要记录，但不能以此作为淘汰候选评价员的理由

2. 候选评价员的筛选　候选评价员的筛选工作要在初步确定评价候选人员后进行。筛选是指通过一定的筛选试验观察候选人员是否具有感官评价能力，如普通的感官分辨能力；对感官评价试验的兴趣；分辨和再现试验结果的能力和适当的感官评价员素质（合作性、主动性和准时性等）。根据筛选试验的结果获知参加筛选的人员在感官评价试验上的能力，决定候选人员适宜作为哪种类型的感官评价或不符合参加感官评价试验的条件而淘汰。

感官评价员的筛选通常包括基本识别试验，如味觉敏感度测定、嗅觉敏感度测定和差异分辨试验如配比检验、三点检验、排序检验等。根据需要，可设计一系列试验对候选人或者初选人员分组后进行相互比较性质的试验。有些情况下，筛选试验和培训内容可以结合起来，在筛选的同时进行人员培训。

（1）筛选检验的类型 根据候选评价员将来所承担评价任务的类型和性质来选择测试方法和供试材料。具有使候选评价员熟悉感官检验方法和材料的双重功能的有以下三种类型的检验方法。

①旨在考察候选评价员感官能力的检验方法；

②旨在考察候选评价员感官灵敏度的检验方法；

③旨在考察候选评价员描述和表达感受潜能的检验方法。

（2）候选评价员感官功能的检验

①色彩分辨：色彩分辨不正常的候选评价员不宜做颜色判断和配比工作。色彩分辨能力的评定可由有资质的验光师来做；在缺少相关人员和设备时，可以借助有效的检验方法。

②味觉和嗅觉的缺失：需测定候选评价员对产品中低浓度物质的敏感性来检测其味觉缺失或嗅觉缺失或灵敏性的不足。

（3）匹配检验 制备明显高于阈值水平的有味道和（或）气味的物质样品。每个样品都编上不同的三位数随机号码。每种类型的样品提供一个给候选评价员，让其熟悉这些样品（参见 GB/T 10220—2012《感官分析 方法学 总论》）。

相同的样品标上不同的编码后，提供给候选评价员，要求他们再与原来的样品一一匹配，并描述他们的感觉。

提供的新样品数量是原样品的两倍。样品的浓度不能高至产生很强的遗留作用，从而影响以后的检验。品尝不同样品时应用无味道无气味的水来漱口。

表3-4给出了可用物质的实例。一般来说，如果候选评价员对这些物质和浓度的正确匹配率低于80%，则不能作为优选评价员。最好能对样品产生的感觉作出正确描述，但这是次要的。

表3-4 匹配检验的物质和浓度实例

味觉或气味		物质	室温下水溶液/（g/L）	室温下乙醇溶液/（g/L）
味觉	甜	蔗糖	16	—
	酸	酒石酸或柠檬酸	1	—
	苦	咖啡因	0.5	—
	咸	氯化钠	5	—
	涩	鞣酸	1	
		或槲皮素[b]	0.5	
		或硫酸铝钾（明矾）[c]	0.5	
	金属的	水合硫酸亚铁（$FeSO_4 \cdot 7H_2O$）	0.01	
气味	鲜柠檬	柠檬醛（$C_{10}H_{16}O$）	—	1×10^{-3}
	香子兰	香草醛（$C_8H_8O_3$）	—	1×10^{-3}
	百里香	百里酚（$C_{10}H_{14}O$）	—	5×10^{-4}
	花卉、山谷百合、茉莉	乙酸苄酯（$C_8H_{12}O_2$）	—	1×10^{-3}

注：[a]室温下乙醇溶液，即原液用乙醇配制，配制后用水稀释，且乙醇含量（体积分数）不超过2%。

[b]此物质不易溶于水。

[c]为避免由于氧化作用而出现黄色显色作用，需要用中性或弱酸性水配制新溶液。如果出现黄色显色作用，将溶液在密闭不透明容器内或在暗光或有色光下保存。

（4）敏锐度和辨别能力

①刺激物识别测试：这些测试通过三点检验（见 GB/T 12311—2012《感官分析方法 三点检验》）进行。

每次测试一种被检材料（刺激物识别测试可用的物质实例见表 3 - 5）。向每位候选评价员提供两份被检材料样品和一份水或其他中性介质的样品，或者一份被检材料样品和两份水或其他中性介质样品。被检材料的浓度应在阈值水平之上。

被检材料的浓度和中性介质（如果使用），由组织者根据候选评价员参加的评定类型来选择。最佳候选评价员应能够 100% 正确识别。

经过几次重复检验候选评价员还不能识别出差异，则表明其不适于这种检验工作。

表 3 - 5　可用于刺激物识别测试的物质实例

物质	室温下水中浓度
咖啡因	0.27g/L
柠檬酸	0.60g/L
氯化钠	2g/L
蔗糖	12g/L
顺-3-己烯-1-醇	0.40ml/L

② 刺激物强度水平之间辨别测试：这些测试基于 ISO 8587—2006 所述的排序检验。测试中刺激物用于形成味道、气味（仅用非常小浓度进行测试）、质地（通过口和手来判断）和色彩。

在每次检验中，将四个具有不同特性强度的样品以随机顺序提供给候选评价员，要求他们以强度递增的顺序将样品排序。应以相同的顺序向所有候选评价员提供样品，以保证候选评价员排序结果的可比性，避免由于提供顺序的不同而造成影响。

此项测试的良好结果仅能说明候选评价员在所试物质特定强度下的辨别能力。

可用的产品实例见表 3 - 6。对于规定的浓度，候选评价员如果将顺序排错一个以上，则认为其不适合作为该类分析的优选评价员。

表 3 - 6　可用于辨别测试的产品实例

测试	产品[a]	室温下水溶液浓度
味觉辨别	柠檬酸	0.1g/L，0.15g/L，0.22g/L，0.34g/L
气味辨别	乙酸异戊酯	5mg/kg，10mg/kg，20mg/kg，40mg/kg
质地辨别	适合有关产业（例如奶油、干酪、果泥、明胶）	—
颜色辨别	布，颜色标度等	同一种颜色强度的排序，例如由深红至浅红

注：[a] 也可以使用其他有等级特征的适宜产品。

（5）候选评价员描述能力测试　描述能力测试的目的是检验候选评价员描述感官感觉的能力。提供两种测试，一种是气味刺激，另一种是质地刺激。本测试应通过评价和面试综合实施。

①气味描述测试：用来检验候选评价员描述气味刺激的能力。

向候选评价员提供 5~10 种不同的嗅觉刺激样品，这些刺激样品最好与最终评价的产品相关。样品系列应包括比较容易识别的和一些不太常见的样品。刺激强度应在识别阈值以上，但是不要显著高出其在实际产品中的可能水平。

样品准备可用直接法或鼻后法。直接法是使用包含气味的瓶子、嗅条或胶丸。鼻后法是从气体介质中评价气味，例如通过放置在口腔中的嗅条或含在嘴中的水溶液评价气味。

最常用的方法仍然是通过瓶子评价气味。具体操作：将样品吸收在无气味的石蜡或棉绒中，再置于深色无气味的 50~100ml 旋盖细口玻璃瓶内，使之有足够的样品材料可挥发在瓶子上部。组织者应在将样品提供给评价员之前检查其强度。也可将样品吸收在嗅条上。

每次提供一个样品，要求候选评价员描述或记录其感受。初次评价后，组织者可以组织对样品的感官特性进行讨论，以便引出更多的评论以充分显露候选评价员描述刺激的能力。可用的嗅觉物质实例见表3-7。

表3-7　气味描述测试用嗅觉物质实例

物质	通常与该气味相联的物品名称	物质	通常与该气味相联的物品名称
苯甲醛	苦杏仁、樱桃	茴香脑	茴香
辛烯-3-醇	蘑菇	香草醛	香子兰
苯-2-乙酸乙酯	花卉	紫罗酮	紫罗兰、悬钩子
烯丙基硫醚	大蒜	丁酸	酸败的奶油
樟脑	樟脑、药物	乙酸	醋
薄荷醇	薄荷	乙酸异戊酯	酸水果糖、梨
丁子香酚	丁香	二甲基噻吩	烤洋葱

试验结束后，根据下列标准对候选人表现分类：3分，能正确识别或做出确切描述；2分，能大体上描述；1分，讨论之后能识别或做出合适描述；0分，描述不出的。

应根据所使用的不同材料规定出合格操作水平。气味描述测试的候选评价员的得分至少达到满分的65%，否则不宜做此类检验。

② 质地描述测试：用来检验候选评价员描述质地刺激的能力。

随机提供给候选评价员一系列样品，要求描述其质地特征。固体样品应加工成大小一致的块状，液体样品则使用不透明的容器盛放。可以应用的产品实例见表3-8。

表3-8　质地描述测试用产品实例

材料	通常与该产品相关的质地	材料	通常与该产品相关的质地
橙子	多汁、汁胞粒……	二次分离稀奶油	油腻的
早餐谷物（玉米片）	酥脆的	食用明胶	黏的
梨	砂粒结晶质的、硬而粗糙	玉米松饼	易粉碎的
砂糖	透明的、粗糙的	太妃糖	胶黏的
药用蜀葵调料	黏、有韧性	枪乌贼（墨鱼）	弹性、有弹力、似橡胶
栗子泥	面糊状	芹菜	纤维质
粗面粉	有细粒的	生胡萝卜	易碎的、硬的

试验结束后，根据表现按下列标准对候选评价员分类：3分，能正确识别或做出确切描述；2分，能大体上描述；1分，经讨论后能识别或做出合适描述；0分，描述不出的。

应根据所使用的不同材料规定出合格操作水平。质地描述测试的候选评价员的得分至少应达到满分的65%，否则不适合做此类检验。

三、感官检验人员的培训

想得到可靠有效的试验结果，感官评价员还要参加特定的培训才能真正适合感官评定的要求。通过培训，可以发现有的人对某种食物或者制品具有特殊的挑拣能力和描述其特点的能力，这种能力是通过培训得到启迪后具备的，培训还可以使品评员更加熟悉产品和品评技术，增强辨别能力。

1. 培训目的　培训是向评价员提供感官检验程序的基本知识，提高他们觉察、识别和描述感官刺激的能力。培训评价员感官评价的专门知识，并能熟练应用于特定产品的感官评价。对感官评价员进行培训的目的主要有以下几项。

（1）提高和稳定感官评价员的感官灵敏度　通过精心选择的感官培训方法，可以增加感官评价员在各种感官试验中运用感官的能力，减少各种因素对感官灵敏度的影响，使感官经常保持在一定的水平之上。

（2）降低感官评价员之间及感官评定结果之间的偏差　通过特定的培训，可以保证感官评价员对他们所要评定物质的特性、评价标准、评价系统、感官刺激量和强度间关系等有一致的认识。特别是在用描述性词汇作为分度值的评分试验中，培训的效果更加明显。通过培训可以使感官评价员对评分系统所用描述性词汇所代表的分度值有统一认识，减少感官评价员之间在评分上的差别及误差方差。

（3）降低外界因素对鉴评结果的影响　经过培训后，感官评价员能增强抵抗外界干扰的能力，并将注意力集中于试验中。感官评定组织者在培训中不仅要选择适当的感官评定试验以达到培训的目的，也要向受培训的人员讲解感官评定的基本概念、感官分析程度和感官评定基本用语的定义和内涵，从基本感官知识和试验技能两方面对感官评价员进行培训。

2. 培训基本要求

（1）人数　参加培训的人数一般应是实际需要评价员人数的 1.5～2 倍，以防止因疾病、度假或因工作繁忙造成人员调配困难。

（2）培训场所　所有的培训都应在 GB/T 13868—2009、ISO 8589—2014《感官分析　建立感官分析实验室的一般导则》规定的适宜环境中进行。

（3）培训时间　根据不同产品、所使用的检验程序以及培训对象的知识与技能确定适宜的培训时间。对于没有接受太多培训的评价人员，最好安排在该产品通常被食用的时间进行试验，要避免在刚刚用餐、喝过咖啡后进行试验。

3. 培训内容　根据试验目的和方法的不同，评价员所接受的培训也不相同，通常包括感官分析技术的培训、感官分析方法的培训和产品知识的培训。

（1）感官分析技术的培训

① 认识感官特性的培训：认识感官特性的培训是要使评价员能认识并熟悉各有关感官特性，如颜色、质地、气味、味道、声响等。

② 接受感官刺激的培训：接受感官刺激的培训是培训候选评价员正确接受感官刺激的方法，例如在评价气味时，应告知评价员吸气要浅吸，吸的次数不要过多，以免嗅觉混乱和疲劳。对液体和固体样品，应告诉评价员样品用量的重要性（用口评价的样品），样品在口中停留时间和咀嚼后是否可以咽下。另外还应使评价员了解评价样品之间的标准间隔时间，清楚地标明每一步骤以便使评价员用同一方式评价产品。

③ 使用感官检验设备的培训：使用感官检验设备的培训是培训候选评价员正确并熟练使用有关感官检验的设备。

（2）感官分析方法的培训

① 味道和气味的测试与识别培训：差别检验方法的培训可提高评价员对各种气味刺激物的敏感性。刺激物最初仅给出水溶液，在有一定经验后可用实际的食品或饮料替代，也可用两种或多种成分按不同比例混合的样品。在评价气味和味道差别时变换与样品的味道和气味无关的样品的外观有助于增加评价的客观性。用于培训和测试的样品应具有其固有的特性、类型和质量，并且具有市场代表性。提供的样品数量和所处温度一般要与交易或使用时相符。应注意确保评价员不会因为测试过量的样品而出现感官疲劳。

表 3-9 给出了可用于该培训阶段的物质。如果条件允许，刺激物应与最终要评定的物质相关。

表3-9　测试和识别培训物质举例

序号	测试和识别培训用物质
1	表3-4中物质
2	表3-6中产品
3	糖精（100mg/L）
4	硫酸奎宁（0.20g/L）
5	葡萄柚汁
6	苹果汁
7	野李汁
8	冷茶汁
9	蔗糖（10g/L、5g/L、1g/L、0.1g/L）
10	己烯醇（15mg/L）
11	乙醇苄酯（10mg/L）
12	4~7项加不同蔗糖含量（参照第9条）
13	酒石酸（0.3g/L）加己烯醇（30mg/L）；酒石酸（0.7g/L）加己烯醇（15mg/L）
14	黄色橙味饮料；橙黄色桔味饮料；黄色柠檬味饮料
15	依次加咖啡因（0.8g/L）、酒石酸（0.4g/L）和蔗糖（5g/L）
16	依次加咖啡因（0.8g/L）、蔗糖（5g/L）、咖啡因（1.6g/L）和蔗糖（1.5g/L）

② 标度使用的培训：运用一些实物作为参照物，向品评人员介绍标度的概念、使用方法等。按样品某一特性的强度，用单一气味、单一味道和单一质地的刺激物的初始等级系列，给评价员介绍等级、分类、间距和比例标度的概念。使用各评估过程给样品赋予有意义的量值。表3-10给出了培训阶段可用的物质实例。如果条件允许，刺激物应与最终要评价的产品相关。

表3-10　标度的使用培训时可用的材料举例

序号	标度的使用培训时可用的材料
1	蔗糖10g/L、5g/L、1g/L、0.1g/L
2	咖啡因0.15g/L、0.22g/L、0.34g/L、0.51g/L
3	酒石酸0.05g/L、0.15g/L、0.4g/L、0.7g/L；乙酸己酯0.5mg/L、5mg/L、20mg/L、50mg/L
4	干乳酪：成熟的硬干酪，如Cheddar或Gruyere，成熟的软干酪，如Camembert
5	果胶凝胶
6	柠檬汁和稀释的柠檬汁10ml/L、50ml/L

③ 开发和使用描述词的培训：提供一系列简单样品并要求制订出描述其感官特性的术语或词汇，特别是那些能将样品进行区别的术语或词汇。向品评人员介绍这些描述性的词汇，包括外观、风味、口感和质地方面的词汇，并使用事先准备好的与这些词汇相对应的一系列参照物，要尽可能多地反映样品之间的差异。表3-11给出了可用于描述词培训的产品实例。同时向品评人员介绍一些感官特性在人体上产生感应的化学和物理原理，从而使品评人员有丰富的知识背景，让他们适应各种不同类型产品的感官特性。

表3-11　产品描述培训时可用产品的实例

序号	产品描述培训时可用的产品	序号	产品描述培训时可用的产品
1	市售果汁产品和混合物	3	干酪
2	面包	4	粉碎的水果或蔬菜

（3）产品知识的培训　通过讲解生产过程或到工厂参观，向评价员提供所需评价产品的基本知识。内容包括：商品学知识，特别是原料、配料和成品的一般和特殊的质量特征的知识；有关技术，特别是会改变产品质量特性的加工和贮藏技术。

四、感官检验人员的考核

进行了一个阶段的培训后，需要对评价员进行考核以确定优选评价员的资格，从事特定检验的评价小组成员就从具有优选评价员资格的人员中产生。考核主要是检验候选人操作的正确性、稳定性和一致性。正确性，即考察每个候选评价员是否能够正确地评价样品。例如是否能正确区别、正确分类、正确排序、正确评分等。稳定性，即考察每个候选评价员对同一组样品先后评价的再现度。一致性，即考察各候选评价员之间是否掌握统一标准做出一致的评价。

五、感官检验人员的再培训

已经接受过培训的优选评价员若一段时间内未参加感官评价工作，其评价水平可能会下降，因此对其操作水平应定期检查和考核，达不到规定要求的应重新培训。

评价员成为培训评价员、专家评价员以及具备专业知识的专家评价员，一般要遵循一定的选拔培训流程或步骤，如图3－1所示。

推荐程序如下。

（1）准评价员的招募和初步筛选。

（2）对将要成为初级评价员的准评价员进行培训。

（3）根据特定测试中的能力表现对初级评价员进行选拔，使之成为优选评价员。

（4）根据实际感官评价中的表现选择优选评价员（适用于描述分析）。

（5）对优选评价员进行适当的培训使之成为专家评价员。

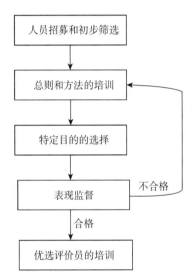

图3－1　感官评价员选拔培训流程图

六、感官检验人员的注意事项

1. 培训期间可以通过提供已知差异程度的样品做单向差异分析或通过评析与参考样品相同的试样特性了解感官评价员培训的效果，决定何时停止培训，开始实际的感官评定工作。

2. 参加培训的感官评价员应比实际需要的人数多。一般参加培训的人数应是实际需要评价员人数的1.5～2倍，以防因疾病、度假或因工作繁忙造成人员调配困难。

3. 已经接受过培训的感官评价员，若一段时间内未参加感官评定工作，要重新接受简单的培训，之后才能再参加感官评定工作。

4. 培训期间，每个参训人员至少应主持一次感官评定工作，负责样品制备、实验设计、数据收集整理和讨论会召集等，使每一位感官评价员都熟悉感官试验的整个程序和进行试验所应遵循的原则。

5. 除嗜好性感官试验外，在培训中应反复强调试验中客观评价样品的重要性，评价员在评析过程中不能掺杂个人情绪。所有参加培训的人员应明确集中注意力和独立完成试验的意义，试验中尽可能避免评价员之间谈话和讨论，使评价员能独立进行试验，从而理解整个试验，逐渐增强自信心。

6. 在培训期间，尤其是培训的开始阶段应严格要求感官评价员在试验前不接触或避免使用有气味化妆品及洗涤剂，避免味感受器官受到强烈刺激，如喝酒、咖啡、嚼口香糖、吸烟等；在试验前30分钟内不要接触食物或者有香味的物质；如果在试验中有过敏现象，应立即通知鉴评小组负责人；如果有感冒等疾病，则不应该参加试验。

7. 试验中应留意评价员的态度、情绪和行为的变化。这可能起因于评价员对试验过程的不理解，或者对试验失去兴趣，或者精力不集中。有些感官评定的结果不好，可能是由于评价员的状态不好，而试验组织者不能及时发现而造成的。

任务二　食品感官检验的环境条件

PPT

 情境导入

情境　某蛋糕店开发了一种新的蛋糕，请评价员对其产品进行感官评价。当评价员进入蛋糕店时，就看到了师傅正在制作蛋糕，并且闻到了蛋糕的香味，大家评价的时候，灯光非常亮，凸显了蛋糕的主题，大家围在一起品尝蛋糕并且填写评价表，最后由蛋糕店人员收集评价表并进行统计分析。

思考　1. 蛋糕店的感官检验环境是否满足食品感官评价要求？

2. 感官检验实验室的环境条件对食品感官评定有哪些影响？

3. 如何建立规范化、标准化的食品感官检验实验室？

在食品感官评定中，环境条件会对鉴评人员心理和生理上以及样品的品质产生影响，食品感官检验通常是在感官检验实验室中进行，因此，对于感官检验实验室的环境、光线与照明、空气、出入口等环境控制可减少对鉴评人员的干扰以及对样品品质的影响。

感官检验实验室主要有两种类型。一是分析研究型实验室：企业和研究机构用于对食品原料、产品等的感官品质进行分析评价并指导产品配方、工艺的确定或改进等；二是教学研究型实验室：高等院校或教育培训机构，用于食品专业学生及感官品评从业人员的培训，兼具分析研究型实验室的部分功能。

一、食品感官检验实验室的设置

食品感官检验的实验室内有两个基本核心组成：试验区和样品制备区。在条件允许的情况下，理想的感官检验室还应该包括休息室、办公室、更衣室等部分，其中各个区、室都应该具备相应的各种设施和控制装置，目的在于保证减少环境对评定人员和样品质量的影响。通常情况下，感官检验实验室应建立在环境清静、交通便利的地区。实验室的设计应保证感官评价在抑制和最小干扰的可控条件下进行，减少生理因素和心理因素对评价员判断的影响。

1. 样品制备区　样品制备区是进行感官评价试验的准备场所，该区域应靠近试验区，在此完成选择相应试验器具、制备样品、样品与器具编码等工作，目的是为评价员提供一个符合检验要求、统一的样品及器具。样品制备区如图3-2所示。

2. 感官检验实验室的平面设计　食品感官检验实验室各个区的布置有各种类型，常见的形式如图3-3~图3-6所示。一般考虑的原则应是

图3-2　样品制备区

评价员最容易到达的地方，如果从外面请评价员，则最好建在建筑的入口处，检验室应与拥挤、嘈杂的地方隔一段距离，以避开噪音及其他方面的影响。检验区和制备区以不同的路径进入，而制备好的样品只能通过检验隔档上带活动门的窗口送入到检验工作台上。

3. 评价小间 许多感官检验要求评价员独立进行评价，当需要评价员独立评价时，通常使用独立评价小间以在评价过程中减少干扰和避免相互交流。评价小间是每个评价员在互相隔离的空间完成检验工作的场所，通常评价小间内可用隔档隔开多个空间，面积约为 0.9m×0.9m，只能容纳一名感官评价员进行独立工作。每个评价小间内要有一个小的窗口，用来传递检验所用的样品。隔档的数目应根据检验区实际空间的大小和通常进行检验的类型而定，一般为 5~10 个，但不得少于 3 个。每个小间内应设有工作台、座椅、漱口池和自来水等。如图 3-7~图 3-11 所示。

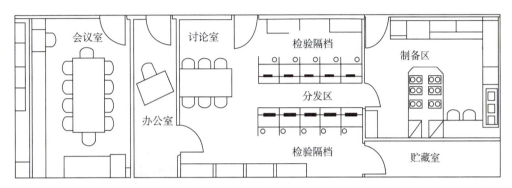

图 3-3 感官检验实验室平面图例 1

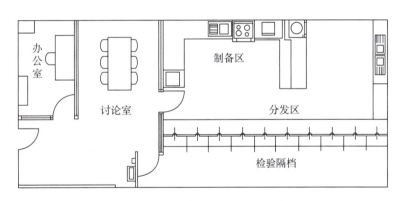

图 3-4 感官检验实验室平面图例 2

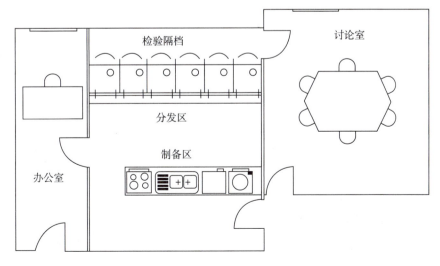

图 3-5 感官检验实验室平面图例 3

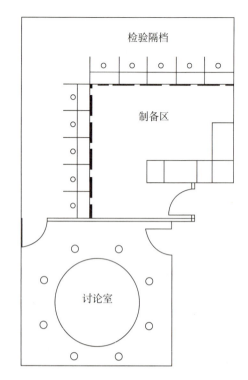

图 3 – 6 感官检验实验室平面图例 4

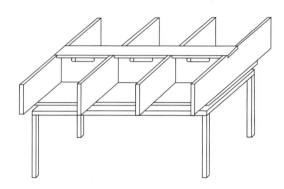

图 3 – 7 简易感官评价室

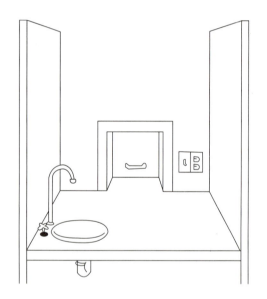

图 3 – 8 评价隔间平面图

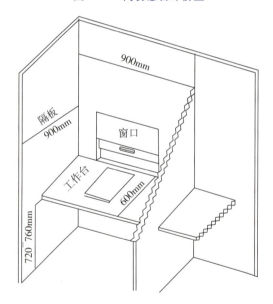

图 3 – 9 评价隔间的尺寸设计

图 3 – 10 评价隔间的实景图

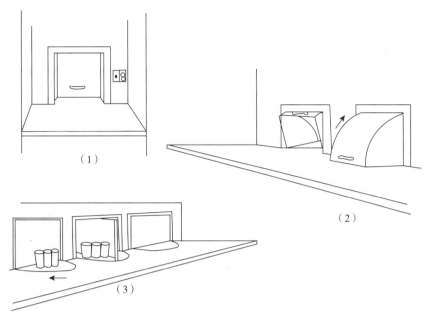

图 3 – 11　传递样品窗口的式样 (1) ~(3)

4. 集体工作区　感官检验实验室常设有一个集体工作区，可满足评价员之间以及与检验主持人之间的讨论，进行人员培训和试验前讲解的场所。讨论室应足够宽大，能摆放一张桌子及配置舒适的椅子供参加检验的所有评价员同时使用。如图 3 – 12 所示。

图 3 – 12　集体工作区

二、检验区环境条件

1. 温度和湿度　人的味觉和对食品的喜好通常会受到环境中的温度和湿度的影响。当处于不适当的温度和湿度环境中时，由于感官在不舒适的环境中，感觉能力就会受到环境条件的影响而发挥失常，如果条件进一步恶劣，还会生成一些生理上的反应。所以试验区内应有空气调节装置，使得样品检验区内的温度和湿度能够恒定在规定范围内，一般将温度设置在 21 ~25℃，湿度设置在 50% ~60%。

2. 空气纯净度和换气速度　检验区应安装带有活性炭过滤器的换气系统，用以清除异味。允许在检验区增大一定大气压强以减少外界气味的侵入。活性炭过滤器每隔 2 ~3 个月应更换一次，并定时检查以免活性炭失效或产生臭味。检验区的建筑材料和内部设施均应无味，不吸附和不散发气味。

有些食品本身带有挥发性气味，加上试验人员的活动，加重了室内空气的污染。试验区内应有足够的换气，换气速度以半分钟左右置换一次室内空气为宜。

3. 光线和照明 所有检验场所都应该有适宜和足够的灯光照明。感官评价中照明的来源、类型和强度非常重要。应注意所有房间的普通照明及评价小间的特殊照明。检验区的照明应是可调控的、无影的和均匀的。推荐灯的色温为6500K，能提供良好、中性的照明。

在做消费者检验时，通常选用日常使用产品时类似的照明。进行产品或材料的颜色评价时，特殊照明尤其重要。为掩蔽样品不必要的、非检验变量的颜色或视觉差异，可能需要特殊照明设施，可使用的照明设施包括：调光器、彩色光源、滤光器、黑光灯、单色光源如钠光灯。大多数感官检验室检验区的适宜照度在200～400lx，分析样品外观或色泽的试验，需要增加检验区亮度，使样品表面光亮度达到1000lx为宜。

4. 颜色 室内色彩不仅与人的视觉有关，也与人的情绪有关。检验区墙壁和内部设施的颜色应为中性色，用乳白色或中性浅灰色，目的在于不影响对被检样品颜色的评价。试验台不能使用颜色过于鲜艳的颜色，例如红色或黄色等，一般宜选用中性浅灰色或白色等，地板和椅子可适当使用暗色。

5. 噪声 试验区应避开大楼门厅、楼梯、走廊等地。噪声会引起评价员听力障碍，血压上升，呼吸困难，焦躁，注意力分散，工作效率低等不良影响，试验区噪声控制一般要求在40dB以下，检验期间应控制噪声，宜使用降噪地板，最大限度地降低因步行或移动物体等产生的噪声。

三、样品制备区的环境条件、常用设施和工作人员

1. 制备区的环境条件 样品制备区是准备感官品评样品的场所，该区域应靠近试验区，以便于提供样品。避免感官检验人员进入样品检验区时经过制备区看到所制备的各种样品，嗅到样品气味后产生影响。防止制备样品时的气味传入样品检验区，并有合适的上下水装置。内部布局应合理，并留有余地，通风性能要好，能快速排除异味，以避免对检验结果带来偏差。

2. 常用设施和用具 样品准备区需配备的设施取决于要准备的产品类型。通常主要有：①工作台；②洗涤用水池和其他供应洗涤用水的设施；③必要设备，包括用于样品的储存、样品的准备和准备过程中可控的电器设备，以及用于提供样品的用具（如：容器、器皿、器具等），设备应合理摆放，需校准的设备应于检验前校准；④清洗设施；⑤收集废物的容器；⑥储藏设施；⑦其他必需的设施。用于准备和储存样品的容器以及使用的烹饪器具和餐具，应采用不会给样品带来任何气味或滋味的材料制成，以避免污染样品。

3. 样品制备区工作人员 样品制备区工作人员应是经过一定培训，具有常规化学实验室工作能力、熟悉食品感官检验有关要求和规定的人员。

四、办公室

办公室是评价表的设置、分类，分析资料的收集、处理，以及发布报告，与评价员就试验过程和试验结果进行个别讨论的场所，应靠近检验区并与之隔开。办公室应有适当的空间，也能进行检验方案的设计、问卷表的设计、问答表的处理、数据的统计分析、检验报告的撰写等工作，需要时也能用于与客户讨论检验方案和检验结论。

根据办公室内需进行的具体工作，可配置以下设施：办公桌、书架、椅子、电话、档案柜、计算机等，也可配置复印机和文件柜，但不一定放置在办公室中。

五、辅助区

食品感官检验实验室的一些附属部分包括休息室、更衣室、盥洗室等。

休息室是供试验人员在样品试验前等候以及多个样品试验时中间休息的地方，有时也可用做宣布一些规定或传达有关通知的场所。如果作为多功能考虑，兼作讨论室也是可行的。

盥洗室是用于清洗在试验前有清洗需求的样品，试验器具在评价员使用后也应及时洗涤。

PPT

任务三　食品感官检验实验室人员和职责

情境导入

情境　某糕点生产厂为了扩大生产，决定增加奶油供应商，即增加原料采购渠道以保障产品生产，但是为了保障产品的一致性，希望新采购的奶油与原采购奶油感官上一致，现在要通过感官评价试验进行原料的确定。

思考　1. 食品感官评价试验的开展需要有哪些人参与？

　　　　2. 参与食品感官评价试验人员的职责分别是什么？

　　　　3. 食品感官评价试验中样品如何制备和呈送？

一、感官检验管理人员

感官检验管理人员是感官检验实验室中高层或中层管理人员，负责行政管理和经济预算。该类人员负责制定感官检验活动中涉及到培训、技术、科研和质量管理制度等。感官检验实验室管理人员要与其他部门广泛合作，应具有产品科学（如食品科学）、心理学和其他相关学科（如化学、技术、工程以及生物学）的专业背景，具有良好的人际沟通能力、管理能力、科研和技术能力、感官分析能力、口头与书面表达能力。

感官检验实验管理人员承担的职责有：与所有使用感官信息的其他部门保持联系；组织和管理部门的各项活动；规划和开发资源；质量管理制度和方针的制定并监督实施；对感官检验要求的可行性提出建议；监督感官检验过程；提供项目进展报告；设计和实施新方法的研究；策划和管理研究活动；维护和改善标准操作程序。

二、感官科研技术人员

1. 感官分析师　感官检验师是感官检验实验室中履行专业技术职能的人员，负责监管一个或若干评价小组组长，设计和实施感官研究、分析和解释感官分析数据。

2. 评价小组组长　评价小组组长是感官检验实验室中负责组织、管理评价小组的活动，招聘、培训和监管评价员的人员。评价小组组长可策划和指导感官检验，并分析和解释感官检验数据，可在一位或多位评价小组技术员的协助下完成任务。

3. 职位与能力要求　感官检验实验室的科研和技术人员宜为组织中的中层管理人员。该岗位的人员至少应具有相关产品科学（如食品科学）和心理学的专业背景。该资质可通过短期的感官科学的理论培训与实践获得。感官科研技术人员要具备管理能力、科研和技术能力、感官分析能力和领导能力。

科研和技术人员应承担的职责有：完成管理人员分派的任务；选择感官检验的程序、进行实验设计与分析；筛选新评价员并协调其定位；招聘、选拔和培训评价员；协助新资源的规划和开发；与组织内部人员良好合作；确定评价小组的特殊需要；制定感官检验程序表；监督从样品准备到感官检验的所有阶段；培训下属独立完成日常工作；分析数据和提交报告；撰写公开发表的文章；制定和更新计划；设计和实施新方法的研究。

三、感官操作员

感官操作员又叫评价小组技术员，是感官检验过程中协助评价小组组长或感官分析师进行具体操作的人员，负责感官检验前的样品准备到检验后的后续工作（如废弃物处理）等。该岗位人员要具备相关知识背景和技能，如接受过基本的化学实验安全培训，掌握正确准备溶液的实验方法等。

操作人员应承担的职责有：实验室的准备；待测样品的制备和安排；样品的编码；评价员的通知和考勤；感官检验问答表的准备和分发；感官检验过程中对评价人员的服务工作；感官检验的准备和实施；数据的录入；感官检验样品及其他材料的备份；废弃物的处理。

四、感官检验评价员的能力划分

1. 评价员级别划分　感官评价员根据开展的感官评价活动不同，可分为消费者类型评价员和分析型评价员。消费者类型评价员开展消费偏爱和接受性测试，主要是经常使用或可能使用某产品的消费者，即产品的目标消费者，感官评价前无须经过培训，也无严格的能力要求与级别划分。分析型评价员则是分析型感官分析技术（差别检验、标度检验和描述性分析）需要的经过专门训练的专业性人员。

感官评价员根据其所能达到的感官评价能力，分为评价员、优选评价员和专家评价员，级别依次递增。不同级别的评价员能力要求不同，所能参与的感官检验难度也不同。一般规定：初级评价员只能参加差别检验，而优选评价员和专家评价员可参加标度检验和描述性分析。

2. 评价员能力要求　评价员级别的划分主要依据其感官评价的能力。感官评价能力即运用感官对产品刺激进行感觉测量的能力，包括定性的能力和定量的能力。

（1）评价员　评价员可以是尚未完全满足判断准则的准评价员和已经参与过感官评价的初级评价员。准评价员是指经过感官功能测试和综合考虑初筛出来，但尚未经过感官分析基础培训与考核的评价员。初级评价员是指具有一般感官评价能力的评价员。初级评价员应具有差别检验的能力。

（2）优选评价员　优选评价员指挑选出的具有较高感官评价能力的评价员，是经过选拔并受过培训的评价员。优选评价员应具备较好的差别检验能力、量值能力、描述能力。此外，还应具备一定嗅觉和味觉的生理学知识，具有连续 1～2 年的感官分析经历，掌握有无差别与差别大小感官检验中的一系列方法，有能力运用差别方向检验中的描述性分析方法对产品特性进行分解并评价。

（3）专家评价员　指具有高度的感官敏感性和丰富的感官分析方法经验，并能对所涉及领域内的各种产品做出一致的、可重复的感官评价的优选评价员。这是食品感官评价员中层次最高的一类，专门从事产品质量控制、评估产品特定属性与记忆中该属性标准之间的差别和评选优质产品等工作。

专家评价员需具备中等水平以上的感官记忆能力。此外，专家评价员一般还应具有连续 5 年以上的感官分析经历，熟练掌握有无差别、差别大小和差别方向检验中的三大类感官分析方法，对相关产品及行业有深层理解，掌握不同产品以及同一产品不同等级的关键感官特征，能评价或预测原材料、配方、加工、储藏、老化等方面相关变化对产品感官质量的影响，并能将感官分析试验的结论运用于产品改进、质量控制以及新产品研发。

五、样品制备和呈送

样品是感官评定的对象，样品制备的方式及制备好的样品呈送至评价员的方式对感官评定试验是否获得准确而可靠的结果有重要影响。

1. 样品的制备

（1）均一性　要获得可重复、再现的结果，样品均一性十分关键，所谓均一性就是指制备的样品除所要评价的特性外，其他特性应完全相同，包括每份样品的量、颜色、外观、形态、温度等。样品在其他感官质量上的差别会造成对所要评价特性的影响，甚至会使评定结果完全失去意义。在样品制备中要达到均一目的，除精心选择适当的制备方式以减少出现特性差别的可能性外，还应选择一定的方法以掩盖样品间的某些明显的差别。对不希望出现差别的特性，采用不同方法消除样品间该特性上的差别。例如，在品评某样品的风味时，可使用无味的色素物质来掩盖样品间的色差，使检验人员在品评样品风味时，不受样品颜色差异的干扰。样品的均一性，除受样品本身性质的影响外，也会受到摆放顺序或呈送顺序的影响。

（2）样品量　样品量是感官评价人员在一次试验中所能评价的样品个数及试验中可供每个评价人员分析的样品数量。样品量中应考虑的因素有评价样品数、每次评价的样品量，以及评价所需要的样品总量。

评价样品数一般每轮控制在 4~8 份样品，一次试验连续进行 3~5 轮。通常对于气味重、油脂高的样品，每次只能提供 1~2 个样品；对于含酒精饮料和带有强刺激感官特性的样品，评价样品数限制在3~4个；若只评价产品的外观，每次可提供的样品数为 20~30 个。

每次评价的样品量，首先应一致，以保证不同轮次试验以及不同评价员之间感官评价的可比性。此外，应考虑到评价员的感官响应、感官疲劳以及样品的经济性等来确定每次评价适宜的提供量。若过少，则不能保证样品与感官之间充分作用而降低判断的灵敏性；若过多，则会增加感官负担，容易疲劳。一般，液体、半固体样品每份 15~30ml，固体样品的大小、尺寸、质量由预实验确定。

评价所需要的样品总量则根据实验设计中参加的评价员人数、评价的轮次数进行估算并留有富裕。稳定性好的样品应在其保质期内留样以便对感官评价的结果存疑时可复检。

（3）器具要求　根据样品的数量、形状、大小、食用温度、湿润度选择相应数量、形状及性能的器具盛装。同一个试验内所用器皿最好外形、颜色和大小相同，器皿本身应无气味或异味。大多数塑料器具、包装袋等都不适用于食品、饮料等的制备，因为这些材料中挥发性物质较多，其气味与食物气味之间的相互转移将影响样品本身的气味或风味特性。样品容器通常采用玻璃或陶瓷器皿，但应经过清洗和消毒。需使用洗涤剂时，洗涤剂应安全、无味。洗涤后，在 93℃ 下烘烤数小时，以除去不良气味。也可采用一次性塑料或纸塑杯、盘作为感官评价试验用器皿。木质材料不能用作切肉板、和面板、混合器具等，因为木材多孔，易于渗水和吸水，易沾油，并会将油转移至与其接触的样品上。

因此，用于样品的储藏、制备、呈送的器具最好是玻璃器具、光滑的陶瓷器具或不锈钢器具，因为这些材料中挥发性物质较少。另外，经过试验，低挥发性物质且不易转移的塑料器具也可使用，但必须保证被测样品在器具中的呈放时间（从制备到评定过程）不超过 10 分钟。

试验器皿和用具的清洗应慎重选择洗涤剂。不应使用会遗留气味的洗涤剂。清洗时应小心清洗干净并用不会给器皿留下毛屑的布或毛巾擦拭干净，以免影响下次使用。在实验前 2 小时，应将评价容器提前准备好，经过初步挑选和清理，除去某些残次品后待用。

（4）样品加热或冻藏的方式　若需要数台微波炉、烤箱、烤炉或煎锅等加热样品时，应注意选择同一品牌、型号和输出功率的装置，同时打开运行，预实验校准后，将样品正面朝上放置炉内同一位置进行加热、烘焙或煎炸。在使用以上仪器对样品进行加热时，要选择重量、尺寸、形状相同的样品以确保加热均匀；有时，完全相同的加热时间不一定能达到相同的最终温度，可首先通过预实验确定加热时间。采用同一装置制备多个样品时，要确保产品变量相互间不受影响。对于油炸食品，在食品放入油锅之前保证油液面恒定，通过预实验确定食物在油炸过程中是否翻动或搅动，保证其受热均匀。为避免滋生微生物，所有需冻藏样品必须保存在4℃以下，同时要注意空气流通，以防样品吸收设备或其他产品的不良气味。

（5）不能直接感官评价样品的制备　有些样品由于风味浓郁或物理状态（黏度、颜色、粉状度等）等原因而不能直接进行感官评价，如黄油、香精、调味料、糖浆等。为此，需根据检查目的进行适当稀释，或与化学组分确定的某一物质进行混合，或将样品添加到中性的食品载体中，按照直接感官评价的样品制备方法进行制备。

与化学组分确定的物质混合。将均匀定量的样品用一种化学组分确定的物质（水、乳糖、糊精等）稀释或在这些物质中分散样品，每个实验系列的每种样品使用相同的稀释倍数或分散比例。稀释会改变样品的原始风味，因此配制时应避免改变其所测特性。当确定风味剖面时，对于相同样品推荐使用增加稀释倍数和分散比例的方法。

添加到中性的食品载体中。在选择载体时，应避免二者之间的拮抗或协同效应。将样品定量地混入选用的载体（牛奶、油）中或放在载体（面条、大米饭、馒头、菜泥、面包、乳化剂和奶油等）上面，样品混入载体所展示的香气、味道、质感、外表应一致，任何的不一致将与产品本身产生偏差。在检验系列中，被评价的每种样品应使用相同的样品/载体比例。

2. 样品的呈送

（1）样品的温度　在食品感官评价检验中，只有以恒定和适当的温度提供样品才能获得稳定的检验结果。样品温度的控制应以最容易感受样品间所评价特性为基础，通常是将样品温度保持在该种产品日常食用的温度。

温度对样品的影响，除过冷、过热的刺激造成感官不适、感觉迟钝和日常饮食习惯会限制温度变化外，还包括温度升高后，挥发性气味物质挥发速度加快，会影响其他的感觉，以及食品的品质及多汁性随温度变化所产生的相应变化也会影响感官评价。在试验中，可事先制备好样品保存在恒温箱内，然后统一呈送，保证样品温度的恒定和均一性。表3-12列出了几种样品在感官检验时的最佳温度。

表3-12　几种样品在感官检验时的最佳温度

食品种类	最佳温度/℃	食品种类	最佳温度/℃
啤酒	11～15	食用油	55
白葡萄酒	13～16	肉饼、热蔬菜	60～65
乳制品	18～20	汤	68
红葡萄酒	15	面包、糖果	室温
冷冻橙汁	10～13	鲜水果、咸肉	室温

（2）样品编号　所有呈送给评价员的样品都应适当编号，但样品编号时代码不能太特殊，以免提供给评价员任何相关信息。样品编号工作应由试验组织者或样品制备工作人员进行，试验前不能告知评价员编号的含义或给予任何暗示。样品编号可采用字母编号、数字编号及其组合等多种方式。以字母编号时，避免使用字母表中相邻字母或开头与结尾字母，以双字母为最好，防止产生记号效应。使用数字编号时，最好使用三位随机数。同次试验中，提供给每位评价员的样品，其编号应位数相同而数字不相同，避免使用重复编号，以免评价员相互讨论与猜测。而且，每轮试验提供给同一评价员的样品编号也要求不同，以避免评价员短期记忆的影响。此外，不要选择评价员忌讳或喜好的数字，如中国人不喜欢250，欧美人不喜欢4、9等。在使用记号笔给样品编号时应注意其味道并做好消除味道的准备。

样品编码的基本原则如下。

①编码方式推荐采取随机三位数字；

②字母编号要避免按顺序编写，编号关键是不带任何相关信息；

③同次试验编号位数应一致；

④所用样品在所有轮次中可编多个不同号码或样品使用同一号码但是轮次出现顺序不同；

⑤同一品评员拿到的样品不能有相同编号。

（3）样品的摆放顺序　呈送给每一位评价员样品的顺序、编号、数量都要经过合理的设置，避免所提供的样品呈现一定的规律，而被评价员猜测。当每个评价员需要评价多个样品时，所有样品应采用不同组合使得样品在每个位置上出现的概率相同以达到平衡，而提供给评价员时这些组合是随机的（随机不完全平衡），或让每位评价员评价所有组合的样品组（随机完全平衡）。必要时可以设计摆放成圆形，打破日常生活中从左到右或从右到左的顺序思维，或采用一一上样的方式以避免颜色细微差异的影响，减小预期误差。评价时，样品提供顺序一般遵循由易到难的方式，如从无色到有色，酒精度由低到高，香气有淡到浓，品质由低到高等。

任务四　感官检验方法的分类与标度

PPT

情境　某乳品公司开发了几款新产品，需要进行感官分析，这就需要选择合适的感官检验方法。

思考　1. 感官检验的方法分为哪些？

　　　　2. 标度的方法有哪些？

一、分类

食品感官检验是一种建立在人的感官基础上的统计学分析方法，感官检验的方法按照应用目的可分为分析型感官评定和嗜好型感官评定，按照方法的性质可分为差别检验、标度和类别检验、分析或描述性检验。

1. 按照应用目的分类

（1）分析型感官检验方法　指把人的感觉作为测量分析仪器，来测定食物的特性或检验其差异。例如检验改变产品配方后人们是否能识别出它们之间的差异；评价产品的优劣等。分析型感官评定方法是通过感觉对食品的可接受性作出判断，并根据判断结果设计必要的理化检测及微生物检测项目。

（2）嗜好型感官检验方法　以目标产品为工具，了解人们的感官反应及其倾向性，可以用来调查不同消费者对于产品的嗜好程度。嗜好型感官检验主要依赖人们生理和心理上的总综合感觉作出判断，人的感觉程度和主观判断起着决定性作用。因此，其分析结果受到饮食习惯、个人喜好、生活环境等多种因素影响。在检验过程中，不需要较为严格、统一的评定标准和条件。

在进行试验设计时，首先要确定感官分析的目的，是测定检验样品的特性还是人们的嗜好。

2. 按检验方法的性质分类　按照具体感官检验试验方法的性质不同，可以分为差别检验、标度与类别试验、分析或描述试验。

（1）差别检验　差别检验指在试验中要求评价员评定两个或两个以上样品中是否存在感官差异（或偏爱其一）。其评价结果以每一类别的评定员数量为基础，一般不允许回答"无差异"（即强迫选择）。例如，有多少人选择 A 样品，多少人选择 B 样品，或多少人回答正确，主要利用二项分布的统计学原理进行结果检验，根据能够正确挑选出产品差别的评价员比率来判断产品间是否存在显著差异。

差别检验中常用的方法有：两点检验法、三点检验法、二－三点检验法、"A"－"非A"检验法、五中取二检验法等。

（2）标度与类别试验　标度和类别试验用于估计差异的次序或大小，或者样品应归属的类别和等级。感官分析中的测量方法可能是用于判定样品在类别、规格或等级中应处的位置，也可能是用于对样品特性大小或样品间的差异进行数值估计。通过标度和类别检验，可将感官体验进行量化，即数字化处理，使得感官评定成为基于统计分析、模型、预测等理论的定量科学。标度和类别检验广泛用于需要量化感觉、态度或喜好倾向的场合。

标度和类别检验中常用的方法有：排序检验法、分类检验法、评估法、评分法、分等法等。

（3）分析或描述试验　分析或描述性检验要求评价员评价产品的所有感官特性，如外观、嗅觉、风味（味觉、嗅觉和口腔中的冷、热、收敛等知觉和余味）、组织状态和几何特性。可适用于一个或多个样品，以便同时定性和定量地表征一个或多个感官特性。

分析或描述性检验中常用的方法有：简单描述检验、感官剖面和描述性分析方法、自由选择剖面等。

二、标度

在食品的感官评价中，主要利用人的五官感觉来评定食品感官质量特征。标度是指报告评定结果所使用的尺度，这些值可以是图形、描述或数字的形式。在实际的感官评价工作中，标度方法即感官体验的量化方式，将人的感觉、态度或喜好等用特定的数值表示出来。通过这种方法，感官评价可以成为基于统计分析、模型、预测等理论的定量科学。

感官评价标度包括两个基本过程：第一个过程是心理物理学过程，即人的感官接受刺激产生感觉的过程，这一过程实际是感受体产生的生理变化；第二个过程是评价员对感官产生的感觉进行数字化的过程，这一过程受标度的方法、评价时的指令及评价员自身的条件所影响。

（一）标度的分类

常见的标度赋值方法，包含名义标度、序级标度、等距标度和比率标度4种，随着标度测量从名义到比率水平的顺序，适用于各个水平的多类别统计分析和不同的建模水平。

1. 名义标度　名义标度，是用数字对产品类别进行标记的一种方法。名义标度中，数字仅仅作为便于记忆或处理的标记，并不能反映其顺序特征。如在统计中我们用数字表示产品的类别：1代表肉制品，2代表乳制品，3代表粮油制品，……这里数字仅仅是用于分析的一个标记、一个类型，利用这一标度进行各单项间的比较，可以说明它们是属于同一类别还是不同类别，而无法比较关于顺序、强度、比率或差异的大小。

2. 序级标度　序级标度是对产品的一些特性、品质或观点标示排列顺序的一种标度方法。该方法赋给产品的数值表示的是感官感觉的数量或强度，如可以用数字对饮料的酸甜适口性进行排序，或对某种食品的喜好程度进行排序。使用序级标度得到的数据并不能说明产品间的相对差别，如对4种饮料的甜度进行排序后，排在第四位的产品甜度并不一定是排第一位的1/4或4倍，它与排在第三的产品间的差别与排在第三与第二的产品的差别不一定相同。通过序级标度，我们不能得到产品的差别程度，也不能得到差别的比率或数量。

序级标度常用于偏爱检验中，很多数值标度中产生的数据是序级数据。在这些标度方法中，选项间的间距在主观上并不是相等的。如在评价产品的风味时可采用"很好、好、一般、差、很差"等形容词来进行描述，但这些形容词之间的主观间距是不均匀的。如通常评价为"好"与"很好"的两个产品的差别比评价为"一般"和"差"的产品间的差异要小得多。但在统计分析时，我们经常试图将通常会用1～5表示产品风味的"很好、好、一般、差、很差"，而这些数据是等距的，然后按等间距进行统计。序级数据分析的结果可以判断产品的某种趋势，或者得出不同情况的百分比。

3. 等距标度 等距标度是当主观间距相等时可以使用的一种标度方法。在该标度水平下，标度数值表示的是实际的差别程度，其差别程度是可以比较的，称为等距水平测量。在所有的感官检验中，几乎没有完全满足等距标度的检验，明确支持这种水平的一种标度方法是9点快感标度。这是一个平衡的标度法，所表明的反应选项有大致相等的间距。等距标度的优点是可以采用参数分析法如方差分析、t检验等对评价结果进行分析解释，通过检验不仅可以判断样品的好坏，而且能比较样品间差异的大小。

4. 比率标度 比率标度是采用相对的比例对感官感觉到的强度进行标度的方法。这种方法假设主观的刺激强度（感觉）和数值之间是一种线性关系，如一种产品的甜度数据是10，则2倍甜度的产品的甜度数值就是20。在实际应用中由于标度过程中容易产生前后效应和数值使用上的偏见，这种线性关系就会受到很大的影响。通常，比率数值反映了待评样品和参比样品R之间感觉强度的比率。例如，如果给参比样品R 20分，感觉到编号为375的橙汁酸度是样品R的3倍，则橙汁评分为60；若编号为658的橙汁酸度为样品的1/5，则这种橙汁评分为4。

（二）常用的标度方法

在食品感官评价领域，常用的标度方法有三种。第一种是最古老也是最常用的标度方法即类项标度，评价员根据特定而有限的反应，将觉察到的感官刺激用数值表示出来；第二种方法与第一种相对应，是量值标度，评价员可用任何数值来反映感觉的比率；第三种常用方法是线性标度法，评价员在一条线上做标记来评价感觉强度或喜好程度。

1. 类项标度 类项标度是提供一组不连续的类项来表示感官强度的升高或偏爱程度的增加，评价员根据感觉到的强度或对样品的偏爱程度选择相应的选项。这种标度与线性标度的差别在于评价员的选择受到很大的限制。在实际应用中，典型的类项标度一般提供7~15类项，类项的多少取决于实际需要和评价员对产品能够区别出来的级别数，随着评价经验的积累或训练程度的提高，对强度水平可感知差别的分辨能力会得到提高，类项的数量也可适当增加，这样有利于提高试验的准确性。

常见的类项标度有整数标度、语言类标度、端点标示的15点方格标度、相对于参照的类项标度、整体差异类项标度和快感标度等。

（1）整数标度 用1到9的整数来表示感觉强度。如

强度： 1 2 3 4 5 6 7 8 9
　　　　弱　　　　　　　　　　　强

（2）语言类标度 用特定的语言来表示产品中异味、氧化味、腐败味等感官质量的强度。如产品异味可用下列的语言类标度表示。

异味：无感觉、痕量、极微量、微量、少量、中等、一定量、强、很强。

（3）端点标示的15点方格标度 用15个方格来标度产品感官强度，评价员评价样品后根据感觉到的强度在相应的位置进行标注。如饮料中的甜度可用下列的标度进行标示。

甜味： ☐ ☐ ☐ ☐ ☐ ☐ ☐ ☐ ☐ ☐ ☐ ☐ ☐ ☐ ☐
　　　不甜　　　　　　　　　　　　　　　　　　　很甜

（4）相对于参照的类项标度 在方格标度的基础上，中间用参照样品的感官强度进行标记。

甜度： ☐ ☐ ☐ ☐ ☐ ☐ ☐ ☐ ☐
　　　弱　　　　　参照　　　　强

（5）整体差异类项标度 即先评价对照样品，然后再评价其他样品，并比较其感官强度与对照样品的差异大小。具体用下列标度表示。

与参照的差别：

无差别　差别极小　差别很小　差别中等　差别较大　差别极大

（6）快感标度　在情感检验中通常要评价消费者对产品的喜好程度或者要比较不同样品风味的好坏，在这种情况下通常会采用9点快感标度（图3-13、表3-13）。从9点标度中去掉非常不喜欢和非常喜欢就变为7点快感标度；在此基础上再去掉不太喜欢和稍喜欢就变成了5点快感标度。

图3-13　9点快感标度

表3-13　9点快感标度

用于评估风味的9点快感标度	用于评估好恶的9点快感标度	
9. 极令人愉快的	非常喜欢 -4	非常不喜欢1
8. 很令人愉快的	很喜欢 -3	很不喜欢2
7. 令人愉快的	一般喜欢 -2	不喜欢3
6. 有点令人愉快的	轻微喜欢 -1	不太喜欢4
5. 不令人愉快也不令人讨厌的	无好恶0	一般5
4. 有点令人讨厌的	轻微好恶1	稍喜欢6
3. 令人讨厌的	一般厌恶2	喜欢7
2. 很令人讨厌的	很厌恶3	很喜欢8
1. 极令人讨厌的	非常厌恶4	非常喜欢9

（7）适合儿童的快感标度　由于儿童参评者很难用言语来准确表达感觉强度的大小，对其他的标度方法理解也较为困难。因此，研究人员尝试利用简单的面部表情图示作为标度的方法，如图3-14所示。

太好了　很好　好　可能好或不好　差　很差　太差了

图3-14　儿童使用快感标度示意图

2. 量值标度（又称量值估计）　量值估计是一种心理物理学标度方法，是通过评价员对某一感官特性进行评分的一种评定方法。在评价过程中，评价员允许使用任意正数并按照所接收到的指令给出感觉定值，各数值间的比率反映了感觉强度大小的比例。如某饮料产品 A 的甜度值为10，产品 B 的甜度是它的 2 倍，那么产品 B 的甜度则为20。应用这种方法需要注意对受试者的指令以及数据分析技术。

量值估计有两种形式：给予评价员标准刺激，或不给标准刺激。

当赋予评价员标准刺激时，其他刺激则应与参照刺激相比较而得到标示。在这种量值估计中，评价员接收到的指令为"请评价参照样的甜度，其甜度值为10。根据参照样品的甜度来评价待测样品，并与参照样品的甜度进行比较，给出每个样品的甜度与参照样品甜度的比率。若经评价后某样品的甜度为参照样的1.5倍，则该样品甜度为15；若样品甜度为参照样品的1/2，则该样品甜度值为5。评价中，可使用任意正数，包括分数和小数。"

另一种形式是不给予标准刺激。评价员可以选择任意数值来标度第一个样品，然后其余样品与第一个样品的强度进行比较而得到标示。接收到的评价指令可以为："请评价第一个样品的甜度，并根据该样品来评价其他样品，与第一个样品的甜度进行比较，给出每个样品单甜度与第一个样品的比率。若样品的甜度为第一个样品甜度的 2 倍，则该样品的甜度值为第一个样品的 2 倍；若样品的甜度为第一个样品的一半，那么样品的甜度值为第一个样品的 1/2。评价中，可使用任意正数，包括分数和小数。"

在感官实践过程中，量值估计可应用于专业的感官评价小组，也可以用于消费者甚至儿童。与受限度的标度方法相比，量值估计所涉及的数值变化范围更大，尤其是当评价员没有经过培训时所产生的评价结果。

如果在试验过程中，允许评价员选择数字范围，则在进行数据统计分析前有必要进行再标度，使每个评价员的数据落在一个正常范围内。

再标度方法如下：①计算每位评价员全部数据的几何平均值；②计算所有评价员数据的几何平均值；③计算总平均值与每位评价员平均值的比率，得到评价员的再标度因子；④将每位评价员的数据与标度因子相乘，得到再标度后的数据，然后进行统计分析。

由于评价数据趋向于对数常态分布，或正偏离，量值估计的数据通常要转化为对数后再进行统计分析。

PPT

任务五　感官检验中的基本统计学知识

情境导入

情境　感官检验，尤其是描述型分析将会获得大量的数据。我们怎么处理这些海量的数据？统计学是感官研究的一个重要组成部分，要成为一名专业感官研究人员，必须具备一定的统计学知识。

思考　1. 什么是二项分布？

2. 什么是 t 检验？

3. 什么是卡方检验法？

4. 什么是方差分析？

一、二项分布

二项分布就是重复 n 次独立的伯努利试验。在每次试验中只有两种可能的结果，而且两种结果发生与否互相对立，并且相互独立，与其他各次试验结果无关，事件发生与否的概率在每一次独立试验中都保持不变，则这一系列试验总称为 n 重伯努利试验。在概率论和统计学中，二项分布是 n 个独立的是/非试验中成功次数的离散概率分布，其中每次试验的成功概率为 p。当试验次数 $n=1$ 时，二项分布就是伯努利分布，二项分布是显著性差异的二项试验的基础。

在 n 次独立重复试验中，ξ 表示事件 A 发生的次数。如果事件 A 发生的概率是 p，则不发生的概率 $q=1-p$，n 次独立重复试验中，事件 A 发生 k 次的概率是：

$$P(\xi=k)=C_n^k \times p^k \times q^{n-k} \quad (k=0,1,2,3\cdots n)$$

那么就说 ξ 服从参数 p 的二项分布，其中 p 称为成功概率。

二项分布 ξ 的期望：$E\xi=np$。

二项分布 ξ 的方差：$D\xi=npq$。

二、t 检验

t 检验是用 t 分布理论来推论差异发生的概率，从而比较两个平均数的差异是否显著。它与 f 检验、卡方检验并列。t 检验主要用于样本含量较小（例如 $n<30$），总体标准差 σ 未知的正态分布。t 检验分为单总体检验和双总体检验。

1. 单总体 t 检验 单总体 t 检验是检验一个样本平均数与一个已知的总体平均数的差异是否显著。当总体分布是正态分布，如总体标准差未知且样本容量小于 30，那么样本平均数与总体平均数的离差统计量呈 t 分布。

单总体 t 检验公式如下。

$$t = \frac{\bar{x} - \mu}{\frac{\sigma_x}{\sqrt{n-1}}}$$

式中，$i=1\cdots n$；$\bar{x} = \frac{\sum_{i=1}^{n} x_i}{n}$ 为样本平均数；$s = \sqrt{\frac{\sum_{i=1}^{n}(x_i-x)^2}{n-1}}$ 为样本标准偏差；n 为样本数。

2. 双总体 t 检验 双总体 t 检验是检验两个样本平均数与其各自所代表总体的差异是否显著。双总体 t 检验又分为两种情况，一是独立样本 t 检验，一是配对样本 t 检验。

独立样本 t 检验公式如下。

$$t = \frac{\bar{x}_1 - \bar{x}_2}{\sqrt{\frac{(n_1-1)s_1^2 + (n_2-1)s_2^2}{n_1+n_2-2}\left(\frac{1}{n_1}+\frac{1}{n_2}\right)}}$$

式中，s_1^2 和 s_2^2 为两样本方差；n_1 和 n_2 为两样本容量。

配对样本 t 检验可视为单样本 t 检验的扩展，不过检验的对象由一群来自常态分配独立样本更改为二群配对样本的观测值之差。

若二群配对样本 x_{1i} 与 x_{2i} 之差为 $d_i = x_{1i} - x_{2i}$，d_i 独立且来自常态分配，则 d_i 之母体期望值 μ 是否为 μ_0 可利用以下公式得出。

$$t = \frac{\bar{d} - \mu_0}{\frac{s_d}{\sqrt{n}}}$$

式中，$i=1\cdots n$，$\bar{d} = \frac{\sum_{i=1}^{n} d_i}{n}$ 为配对样本差值之平均数；$s_d = \sqrt{\frac{\sum_{i=1}^{n}(d_i-\bar{d})^2}{n-1}}$ 为配对样本差值之标准偏差；n 为配对样本数。

三、卡方检验法

χ^2 检验法广泛用于各类统计资料的检验，用来推断统计样本的实际观测值与推测值的偏离程度。χ^2 值越大，代表两者偏离程度越大，反之则两者偏差越小，越趋于符合。卡方值等于 0，意味着两者完全相等，表明实测值与理论值完全符合。

实际观察次数(f_0)与理论次数(f_e)之差的平方再除以理论次数所得的统计量，近似服从 χ^2 分布，可表示如下。

$$\chi^2 = \sum \frac{(f_0-f_e)^2}{f_e} \sim \chi^2$$

上式为 χ^2 检验的原始公式，当其中 f_e 越大（$f_e \geq 5$），近似得越好。f_0 与 f_e 相差越大，χ^2 越大；f_0 与 f_e 相差越小，χ^2 越小。因此可利用 χ^2 值表示 f_0、f_e 相差的程度。根据此公式，可认为 χ^2 检验的一般问题是要检验名义型变量的实际观测次数和理论观测次数之间是否存在显著性差异。

四、方差分析方法

方差分析又称"变异数分析"，是 R. A. Fisher 发明的，用于两个及两个以上样本均数差别的显著性检验。由于各种因素的影响，研究所得的数据呈现波动状。造成波动的原因可分成两类，一是不可控的随机因素，另一是研究中施加的对结果形成影响的可控因素。如果在试验中只有一个因素在变化，其他可控制的条件不变，称它为单因素试验；若试验中变化的因素有两个或两个以上，则称为双因素或多因素试验。

通常用方差表示偏差程度的量，先求某一群体的平均值与实际值差数的平方和，再用自由度除平方和所得之数即为方差（普通自由度为实测值的总数减1）。组群间的方差除以误差的方差称方差比，以发明者 R. A. Fisher 的第一字母 F 表示。将 F 值查对 F 分布表，即可判明试验中组群之差是仅仅偶然性的原因，还是很难用偶然性来解释。换言之，即判明试验所得之差数在统计学上是否显著。方差分析也适用于包含多因子的试验，处理方法也有多种。在根据试验设计所进行的试验中，方差分析法尤为有效。

答案解析

思 考 题

1. 简述感官评价员的基本条件和要求。
2. 详细说明食品感官检验对环境条件的要求。
3. 样品呈送的过程中应注意哪些问题？
4. 评价员按感官检验能力划分成几个等级？
5. 影响样品制备的外部影响因素有哪些？

书网融合……

本章小结

题库

项目四

差别检验

 学习目标

知识目标

1. 掌握 差别检验常用方法的基本概念、特点和操作程序。

2. 熟悉 差别检验常用方法的基本原理、应用领域和范围。

3. 了解 差别检验的设计理论，选择方法。

能力目标

1. 会设计常用差别检验方法的准备工作表、问答卷以及工作方案。

2. 能够根据感官试验案例选择合适的感官差别检验方法。

3. 能够采用差别检验方法对试验样品进行比较，并对试验结果进行分析。

素质目标

1. 树立食品安全的社会责任感。

2. 培养严谨细致、精益求精的工匠精神。

3. 培养团结协作、爱岗敬业的职业精神。

【国家标准】

GB/T 16291.1—2012《感官分析　选拔、培训与管理评价员一般导则　第1部分：优选评价员》

GB/T 16291.2—2010《感官分析　选拔、培训和管理评价员一般导则　第2部分：专家评价员》

GB/T 12310—2012《感官分析方法　成对比较检验》

GB/T 17321—2012《感官分析方法　二－三点检验》

GB/T 12311—2012《食品感官分析　三点检验法》

GB/T 12316—1990《食品感官分析方法"A"－"非A"检验法》

GB/T 10220—2012《食品感官分析方法学　总论》

 情境导入

情境 某糕点生产厂为了扩大生产，决定增加奶油供应商，增加原料采购渠道以保障产品生产，但是为了保障产品的一致性，希望新采购的奶油与原采购奶油感官上一致，这就需要差别检验进行原料确定。

思考 1. 什么是差别检验？

2. 差别检验法分为几类？包含哪些方法？如何实施？

3. 怎么选择差别检验方法？

差别检验是感官分析中经常使用的方法之一。它的分析是基于频率和比率的统计学原理。根据能够正确挑选出产品差别的受试者的比率来推算出两种产品是否存在差异。差别检验方法广泛应用于食品配方设计、产品优化、成本降低、质量控制、包装研究、货架寿命、原料选择等方面的感官评价。

任务一　认识差别检验

PPT

一、差别检验概述

差别检验的目的是确定两种产品之间是否存在感官差别。在差别检验中，对给出的两个或两个以上样品，要求评价员必须给出是否存在感官差异的回答，一般不允许评价员回答"无差异"。

差别检验法主要包括：成对比较法、三点检验法、二 – 三点检验法、五中取二检验法、"A" – "非A"检验法、选择检验法和配偶检验法等。

差别检验法可用于实际生产中的成品检验、新产品开发、品质控制和检查仿冒制品等，也可用于对评价员的挑选、培训和考核评价。

差别检验的方法可以分为两大类：一是总体差别检验，用于评定样品之间是否存在总体上的感官差异；二是单项差别检验，用于测定两个或多个样品之间某单一感官特征的差异以及差异的大小，例如甜度、酸度。如果样品之间的差异较大，所有评价员都能察觉出不同，这种情况下，总体差别检验的意义就不大，应通过单项差别检验来检测样品间差异的确切程度。

二、差别检验相关参数

试验者进行差别检验，其目的通常分为两种：一是确定两种样品是否不同（差别检验）；二是研究两种样品是否相似到可以相互替换的地步（相似检验）。以上两种情况，需要通过选择合适的试验敏感参数，如 α、β 和 P_d，借助专用表来确定合理的参评者人数。

α，也叫作 α-风险（alpha – risk），是指错误地估计两者之间的差别存在的可能性，即当感官差别不存在时，推断感官差别存在的概率，也被称为第 I 类错误、显著水平或假阳性率。

β，也叫作 β-风险（bata – risk），是指错误地估计两者之间的差别不存在的可能性，即当感官差别存在时，推断感官差别不存在的概率，也被称为第 II 类错误或假阴性率。

P_d，（proportion of distinguisher），指能够分辨出差异人数的比例。

在以寻找样品之间的相似性为目的的差别检验中，试验者的目的是想确定两个样品是否相似，是否可以互相替换。一般为了降低成本而选用其他替代原料来生产原有产品时，要进行这种感官检验。比如，某果汁饮料生产商为了降低成本，想用一种便宜的橘子风味物质代替原有的价格较高的橘子风味物质，但又不希望消费者能够觉察出取代以后产品的不同，这时，就要进行一次差别检验，来降低公司在进行风味物质替换时所要承担的风险。在这种检验中，试验者要选择一个合理的 P_d 值，然后确定一个较小的 β 值，α 值可以大一些。

一般情况下，以寻找差异为目的的差别检验，α 值通常要选得比较小，一般为 5% ~ 1%（0.05 ~ 0.01），统计学上表明存在显著性差异；选择合理的 β 和 P_d 值，通过查表确定参评者的人数。以寻找样品之间相似性（即是否可以替换）为目的的差别检验，需要选择一个合理的 P_d 值和一个较小的 β 值。例如 P_d 值 <25% 表示比例较小，即能够分辨出差异的人的比例较小；β 值一般在 1% ~ 5%（0.01 ~ 0.05）。α 值可以稍微大一些，例如在 10% ~ 20%（0.1 ~ 0.2）。

某些情况下，试验者要综合考虑 α、β 和 P_d 值，这样才能保证参与评定的人数在可能的范围之内。α、β 和 P_d 值的范围在统计学上，有如下的含义。

α 值在 $10\% \sim 5\%$（$0.1 \sim 0.05$），表明存在差异的程度是中等；

α 值在 $5\% \sim 1\%$（$0.05 \sim 0.01$），表明存在差异的程度是显著；

α 值在 $1\% \sim 0.1\%$（$0.01 \sim 0.001$），表明存在差异的程度是非常显著；

α 值低于 0.1%（< 0.001），表明存在差异的程度是特别显著。

β 值的范围在表明差异不存在的程度上，同 α 值有着同样的规定。

P_d 值的范围含义如下。

P_d 值 $< 25\%$ 表示比例较小，即能够分辨出差异的人的比例较小；

$25\% < P_d$ 值 $< 35\%$ 表示比例中等；

P_d 值 $> 35\%$ 表示比例较大。

任务二　成对比较检验法

PPT

 ——————————————————————— 情境导入 ———————————————————————

情境　某牛肉干生产企业准备更换牛肉干生产中需要添加的某一种调味料，以降低成本。但销售经理担心调味料的改变可能会影响到牛肉干的风味，因此该公司准备针对这两种牛肉干进行一次感官检验，以确定改变调味料后牛肉干的风味与原来相比是否存在感官差异。

要求：请根据以上案例，选择合适的感官检验方法，设计检验工作准备表、问答卷，确定所需的品评员人数并简要写明操作步骤及结果分析方法。

思考　1. 什么是成对比较检验法？

　　　　2. 如何实施成对比较检验？

一、成对比较检验法特点

1. 基本概念　成对比较试验法（paired comparison test），是指试验者连续或同时呈送一对样品给评价员，要求其对这两个样品进行比较，评价员判定两个样品间感官特性强度是否相似或存在可感觉到的感官差别，并被要求回答它们是相同还是不同的一种评价方法，也称为差别成对比较检验法。有两种形式：一种是差别成对比较，也称简单差别检验、两点检验法和异同试验，或者称作双边检验（two - sided test），即检验监督员预先不知道涉及的差别范围的检验；另一种是定向成对比较试验，也称作单边试验（one - sided test），即检验监督员预先知道差别范围的检验。

差别成对比较（简单差别检验，异同试验）：试验者每次得到两个（一对）样品，被要求回答它们是相同还是不同。在呈送给试验者的样品中，相同和不同的样品的对数是一样的。通过比较观察的频率和期望（假设）的频率，根据 χ^2 分布检验分析结果。

2. 应用领域和范围　当试验的目的是要确定产品之间是否存在感官上的差异，但产品有一个延迟效应或者不能同时呈送两个或更多样品时应用本试验，比如三点检验和二 - 三检验都不便应用的时候。在比较一些味道很浓或延续时间较长的样品时，通常使用差别成对比较试验。

定向成对比较试验：定向成对比较试验也是要求评价员比较两个样品是否相同，但定向成对比较试验更加侧重于两个产品在某一特性上是否存在差异，比如甜度、苦味、黏度和颜色等。

3. 品评人员

（1）评价员资格　所有评价员应具有相同资格等级，该等级根据检验目的确定（具体要求参见 GB/T 16291.1 和 GB/T 16291.2）。对产品的经验和熟悉程度可以改善一个评价员的成绩，并因此增加发现显著差别的可能性。所有评价员应熟悉成对检验过程（评分表、任务和评价程序）。此外，所有评价员应具备识别检验依据的感官特性的能力。这种特性可通过参照物质或通过呈送检验中具有不同特性强度水平的几个样品进行口头明确。

（2）评价员数量　评价员数量的选择应达到检验所需的敏感性要求（表4–1和表4–2）。使用大量评价员可以增加产品之间微小差别的可能性，但实际上，评价员数通常决定于具体条件（如试验周期、可利用评价员人数、产品数量）。实施差别检验时，具有代表性的评价员数在24～30位之间，实施相似检验时，为达到相当的敏感性需要两倍的评价员数（即大约60位）。检验相似时，同一位评价员不应作重复评价，对于差别检验，可以考虑重复回答，但应尽量避免。若需要重复评价以得出产品足够数量的总评价，应尽量使每一位评价员评价次数相同。

表4 – 1　单边成对检验所需评价员数

α	P_d	β					
		0.50	0.20	0.10	0.05	0.01	0.001
0.50		–	–	–	9	22	33
0.20		–	12	19	26	39	58
0.10	$P_d = 50\%$	–	19	26	33	48	70
0.05		13	23	33	42	58	82
0.01		35	40	50	59	80	107
0.001		38	61	71	83	107	140
0.50		–	–	9	20	33	55
0.20		–	19	30	39	60	94
0.10	$P_d = 40\%$	14	28	39	53	79	113
0.05		18	37	53	67	93	132
0.01		35	64	80	96	130	174
0.001		61	95	117	135	176	228
0.50		–	–	23	33	59	108
0.20		–	32	49	68	110	166
0.10	$P_d = 30\%$	21	53	72	96	145	208
0.05		30	69	93	119	173	243
0.01		64	112	143	174	235	319
0.001		107	172	210	246	318	412
0.50		–	23	45	67	133	237
0.20		21	77	112	158	253	384
0.10	$P_d = 20\%$	46	115	168	214	322	471
0.05		71	158	213	268	392	554
0.01		141	252	325	391	535	726
0.001		241	386	479	556	731	944
0.50		–	75	167	271	539	951
0.20		81	294	451	618	1006	1555
0.10	$P_d = 10\%$	170	461	658	861	1310	1905
0.05		281	620	866	1092	1583	2237
0.01		550	1007	1301	1582	2170	2927
0.001		961	1551	1908	2248	2937	3812

注：本表不叙述低于 $n/2$ 的正确答案数值，用符号"–"标明。

表4-2　双边成对检验所需评价员数

α	P_d	β					
		0.50	0.20	0.10	0.05	0.01	0.001
0.50		–	–	–	23	33	52
0.20		–	19	26	33	48	70
0.10	$P_d=50\%$	–	23	33	42	58	82
0.05		17	30	42	49	67	92
0.01		26	44	57	66	87	117
0.001		42	56	78	90	117	149
0.50		–	–	25	33	54	86
0.20		–	28	39	53	79	113
0.10	$P_d=40\%$	18	37	53	67	93	132
0.05		25	49	65	79	110	149
0.01		44	73	92	108	144	191
0.001		48	102	126	147	188	240
0.50		–	29	44	63	98	156
0.20		21	53	72	96	145	208
0.10	$P_d=30\%$	30	69	93	119	173	243
0.05		44	90	114	145	199	276
0.01		73	131	164	195	261	345
0.001		121	188	229	267	342	440
0.50		–	63	98	135	230	352
0.20		46	115	168	214	322	471
0.10	$P_d=20\%$	71	158	213	268	392	554
0.05		101	199	263	327	455	635
0.01		171	291	373	446	596	796
0.001		276	425	520	604	781	1010
0.50		–	240	393	543	910	1423
0.20		170	461	658	861	1310	1905
0.10	$P_d=10\%$	281	620	866	1092	1583	2237
0.05		390	801	1055	1302	1833	2544
0.01		670	1167	1493	1782	2408	3203
0.001		1090	1707	2094	2440	3152	4063

注：本表不叙述低于 $n/2$ 的正确答案数值，用符号 "–" 标明。

二、问答表的设计和做法

差别成对比较检验法要求问答表的设计应和产品特性及实验目的相结合。呈送给品评人的两个带有编号的样品，必须是 A、B 两种样品的四种可能的样品组合（A/A，B/B，A/B，B/A），并等量随机呈送给品评人员，要求品评人从左到右尝试样品。然后填写问卷。

常用的准备工作表、问答表、问卷如表4-3、4-4、4-5所示。

表4-3　差别成对比较检验准备工作表

差别成对比较试验准备工作表

日期：_____

样品类型：

试验类型：异同试验

样品情况

A	B

将用来盛放样品的容器用3位随机号码编号，并将容器分为两排，一排装样品A，另一排装样品B。每位参评人员都会得到一个托盘，里面有两个样品和一张问答卷。

准备托盘时，将样品从左向右按以下顺序排列

品评人员编号	样品顺序
1	A–A（用3位数字的编号）
2	A–B
3	B–A
4	B–B
5	A–A
…	…
依次类推直到所需的品评人员总数	

表4–4　差别成对比较检验问答表

异同试验

姓名：_____　　　　　　　　日期：_____

样品类型：_____

试验指令：

1. 从左到右品尝你面前的两个样品。
2. 确定这两个样品是相同的还是不同的。
3. 在以下相应的答案前画√

_____两个样品相同

_____两个样品不同

评语：

表4–5　差别成对比较检验常用问卷

姓名：_____　　　日期：_____

检验须知：

检验开始之前，请用清水漱口，两组差别成对比较试验中各有两个样品需要评价。请按照呈送的顺序品尝各组中的编码样品，从左到右，从第一组开始。将全部样品放入口中，请勿再次品尝。回答各组中的样品是相同还是不同，圈出相应的词。在两种样品品尝之间请用清水漱口，并吐出所有的样品和水。然后进行下一组的试验，重复品尝程序

组别

1.　　　相同　　　不同

2.　　　相同　　　不同

三、结果分析与判断

差别成对检验有两种结果分析与判断方法，一种是国标方法，即比较一致答案与相应表中的数值（对应评价员数和检验选择的 α 风险水平），推断样品之间存在感官差异；另一种方法是计算检验结果的卡方（即 χ^2），并与相应风险水平的数值相比较，得出样品之间是否存在感官差异。

1. 国标方法（GB/T 12310—2012《感官分析方法　成对比较检验》）

（1）进行差别检验

①单边检验：用表4–6分析由成对检验获得的数据。若正确答案数大于或等于表中给出的数字（对应评价员数和检验选择的 α-风险水平），则推断样品之间存在感官差别；如果正确答案小于表中给

出的数值，则推断样品之间不存在感官差别；如果正确答案数低于评价员人数一半时表中对应的最大正确答案数，则不应推断出结论。

②双边检验：用表4-7分析由成对检验获得的数据。若一致答案数大于或等于表中给出的数字（对应评价员数和检验选择的 α -风险水平），则推断样品之间存在感官差别；如果正确答案小于表中给出的数值，则推断样品之间不存在感官差别。

表4-6　根据单边成对检验推断出感官差别存在所需最少正确答案数

n	α					n	α				
	0.20	0.10	0.05	0.01	0.001		0.20	0.10	0.05	0.01	0.001
10	7	8	9	10	10	36	22	23	24	26	28
11	8	9	9	10	11	37	22	23	24	27	29
12	8	9	10	11	12	38	23	24	25	27	29
13	9	10	10	12	13	39	23	24	26	28	30
14	10	10	11	12	13	40	24	25	26	28	31
15	10	11	12	13	14	44	26	27	28	31	33
16	11	12	12	14	15	48	28	29	31	33	36
17	11	12	13	14	16	52	30	32	33	35	38
18	12	13	13	15	16	56	32	34	35	38	40
19	12	13	14	15	17	60	34	36	37	40	43
20	13	14	15	16	18	64	36	38	40	42	45
21	13	14	15	17	18	68	38	40	42	45	48
22	14	15	16	17	19	72	41	42	44	47	50
23	15	16	16	18	20	76	43	45	46	49	52
24	15	16	17	19	20	80	45	47	48	51	55
25	16	17	18	19	21	84	47	49	51	54	57
26	16	17	18	20	22	88	49	51	53	56	59
27	17	18	19	20	22	92	51	53	55	58	62
28	17	18	19	21	23	96	53	55	57	60	64
29	18	19	20	22	24	100	55	57	59	63	66
30	18	20	20	22	24	104	57	59	61	65	69
31	19	20	21	23	25	108	59	61	64	67	71
32	19	21	22	24	26	112	61	64	66	69	73
33	20	21	22	24	26	116	64	66	68	71	76
34	20	22	23	25	27	120	66	68	70	74	78
35	21	22	23	25	27						

注：1. 因为表中的数值根据二项式分布求得，因此是准确的。对于不包括在表中的 n 值，以下述方法得到遗漏项的近似值。

最少正确答案数 (x) =大于下式中最近似的整数： $x = (n+1) + z\sqrt{n/4}$

其中 z 随下列显著性水平变化而异： $\alpha = 0.20$ 时， $z = 0.84$ ； $\alpha = 0.10$ 时， $z = 1.28$ ； $\alpha = 0.05$ 时， $z = 1.64$ ； $\alpha = 0.01$ 时， $z = 2.33$ ； $\alpha = 0.001$ 时， $z = 3.09$ 。

2. 当 $n < 18$ 时，通常不推荐用成对差别检验。

表4-7　根据双边成对检验推断出感官差别存在所需最少一致答案数

n	α					n	α				
	0.20	0.10	0.05	0.01	0.001		0.20	0.10	0.05	0.01	0.001
10	8	9	9	10	–	36	23	24	25	27	29
11	9	9	10	11	11	37	23	24	25	27	29
12	9	10	10	11	12	38	24	25	26	28	30
13	10	10	11	12	13	39	24	26	27	28	31
14	10	11	12	13	14	40	25	26	27	29	31
15	11	12	12	13	14	44	27	28	29	31	34
16	12	12	13	14	15	48	29	31	32	34	36
17	12	13	13	15	16	52	32	33	34	36	39
18	13	13	14	15	17	56	34	35	36	39	41
19	13	14	15	16	17	60	36	37	39	41	44
20	14	15	15	17	18	64	38	40	41	43	46
21	14	15	16	17	19	68	40	42	43	46	48
22	15	16	17	18	19	72	42	44	45	48	51
23	16	16	17	19	20	76	45	46	48	50	53
24	16	17	18	19	21	80	47	48	50	52	56
25	17	18	18	20	21	84	49	51	52	55	58
26	17	18	19	20	22	88	51	53	54	57	60
27	18	19	20	21	23	92	53	55	56	59	63
28	18	19	20	22	23	96	55	57	59	62	65
29	19	20	21	22	24	100	57	59	61	64	67
30	20	20	21	23	25	104	60	61	63	66	70
31	20	21	22	24	25	108	62	64	65	68	72
32	21	22	23	24	26	112	64	66	67	71	74
33	21	22	23	25	27	116	66	68	70	73	77
34	22	23	24	25	27	120	68	70	72	75	79
35	22	23	24	26	28						

注：1. 因为表中的数值根据二项式分布求得，因此是准确的。对于不包括在表中的 n 值，以下述方法得到遗漏项的近似值。

最少正确答案数(x) = 大于下式中最近似的整数：$x = (n+1) + z\sqrt{n/4}$

其中 z 随下列显著性水平变化而异：$\alpha = 0.20$ 时，$z = 0.84$；$\alpha = 0.10$ 时，$z = 1.28$；$\alpha = 0.05$ 时，$z = 1.64$；$\alpha = 0.01$ 时，$z = 2.33$；$\alpha = 0.001$ 时，$z = 3.09$。

2. 当 $n < 18$ 时，通常不推荐用成对差别检验。

（2）进行相似检验

①单边检验：用表4-8分析由成对检验获得的数据。若正确答案数小于或等于表中给出的数字（对应评价员数和检验选择的 β-风险水平和 P_d 值），则推断样品之间不存在有意义的感官差别；如果正确答案大于表中给出的数值，则推断样品之间存在感官差别；如果正确答案数低于评价员人数一半时表中对应的最大正确答案数，则不应推断出结论。

②双边检验：用表4-8分析由成对检验获得的数据。若一致答案数小于或等于表中给出的数字（对应评价员数和检验选择的 β-风险水平和 P_d 值），则推断样品之间不存在有意义的感官差别；如果正确答案大于表中给出的数值，则推断样品之间存在感官差别。

表4-8 根据成对检验推断两个样品相似所需最大正确或一致答案数

n	β	Pd 10%	20%	30%	40%	50%	n	β	Pd 10%	20%	30%	40%	50%
18	0.001	–	–	–	–	–	54	0.001	–	–	–	–	29
	0.01	–	–	–	–	–		0.01	–	–	–	29	32
	0.05	–	–	–	–	9		0.05	–	–	28	31	34
	0.10	–	–	–	9	10		0.10	–	27	30	32	35
	0.20	–	–	9	10	11		0.20	–	28	31	34	37
24	0.001	–	–	–	–	–	60	0.001	–	–	–	–	33
	0.01	–	–	–	–	12		0.01	–	–	–	33	36
	0.05	–	–	–	12	13		0.05	–	–	32	35	38
	0.10	–	–	12	13	14		0.10	–	30	33	36	40
	0.20	–	–	13	14	15		0.20	–	32	35	38	41
30	0.001	–	–	–	–	–	66	0.001	–	–	–	–	37
	0.01	–	–	–	–	16		0.01	–	–	33	36	40
	0.05	–	–	–	16	17		0.05	–	–	35	39	43
	0.10	–	–	15	17	18		0.10	–	34	37	40	44
	0.20	–	15	16	18	20		0.20	–	35	39	42	46
36	0.001	–	–	–	–	–	72	0.001	–	–	–	37	40
	0.01	–	–	–	18	20		0.01	–	–	36	40	44
	0.05	–	–	18	20	22		0.05	–	–	39	43	47
	0.10	–	–	19	21	23		0.10	–	37	41	44	48
	0.20	–	18	20	22	24		0.20	–	39	42	46	50
42	0.001	–	–	–	–	21	78	0.001	–	–	–	40	44
	0.01	–	–	–	21	24		0.01	–	–	40	44	48
	0.05	–	–	21	23	26		0.05	–	39	43	47	51
	0.10	–	–	22	25	27		0.10	–	40	44	48	53
	0.20	–	22	24	26	28		0.20	–	42	46	50	54
48	0.001	–	–	–	–	25	84	0.001	–	–	–	44	48
	0.01	–	–	–	25	28		0.01	–	–	43	48	53
	0.05	–	–	25	27	30		0.05	–	42	46	51	55
	0.10	–	–	26	28	31		0.10	–	44	48	52	57
	0.20	–	25	27	30	33		0.20	–	46	50	54	59
90	0.001	–	–	–	48	53	114	0.001	–	–	57	63	69
	0.01	–	–	47	52	57		0.01	–	–	61	67	73
	0.05	–	45	50	55	60		0.05	–	59	65	71	77
	0.10	–	47	52	56	61		0.10	–	61	67	72	79
	0.20	45	49	54	58	63		0.20	57	63	69	75	81
96	0.001	–	–	–	52	57	120	0.001	–	–	61	67	73
	0.01	–	–	50	56	61		0.01	–	–	65	71	78
	0.05	–	49	54	59	64		0.05	–	62	68	75	81
	0.10	–	50	55	60	66		0.10	–	64	70	77	83
	0.20	48	53	58	62	68		0.20	60	67	73	79	85

续表

n	β	P_d					n	β	P_d				
		10%	20%	30%	40%	50%			10%	20%	30%	40%	50%
102	0.001	–	–	–	55	61	126	0.001	–	–	64	70	77
	0.01	–	–	54	59	65		0.01	–	–	68	75	82
	0.05	–	52	57	63	68		0.05	–	66	72	79	85
	0.10	–	54	59	64	70		0.10	–	68	74	81	87
	0.20	51	56	61	67	72		0.20	64	70	76	83	89
108	0.001	–	–	54	59	65	132	0.001	–	–	67	74	81
	0.01	–	–	57	63	69		0.01	–	65	72	79	86
	0.05	–	55	61	67	72		0.05	–	69	76	83	90
	0.10	–	57	63	68	74		0.10	–	71	78	85	92
	0.20	54	60	65	71	76		0.20	67	73	80	87	94

注：1. 因为表中的数值根据二项式分布求得，因此是准确的。对于不包括在表中的 n 值，根据的正常近似值计算 $100(1-\beta)\%$ 置信上限 P_d 近似值：

$$[2(x/n)-1]+2\times z_\beta\sqrt{/n^3}$$

式中，x 为正确或一致答案数；n 为评价员数。z_β 随下列显著性水平变化而异：$\beta=0.20$ 时，0.84；$\beta=0.10$ 时，1.28；$\beta=0.05$ 时，1.64；$\beta=0.01$ 时，2.33；$\beta=0.001$ 时，3.09。

2. 当 n 值 <30 时，通常不推荐用于成对差别检验。

3. 本表不叙述低于 $n/2$ 的正确答案数值，用符号"–"标明。

2. 卡方（即 χ^2）比较法　将经过差别成对检验后得到的某两种样品的品评结果收集整理，统计方法参照表 4-9 进行。

表 4-9　两种样品的品评结果

评价员的回答	评价员得到的样品		总计
	相同的样品	不同的样品	
	AA 或 BB	AB 或 BA	
相同	C_1	D_1	C_1+D_1
不同	C_2	D_2	C_2+D_2
总计	F	F	$2F$

其计算公式为：

$$\chi^2=\sum(O_{ij}-E_{ij})/E_{ij}$$

式中，O 为观察值；E 为期望值；E_{ij} 为（i 行的总和）（j 列的总和）/总和。

相同产品 AA/BB 的期望值：

$$E_1=(C_1+D_1)\times F/2F$$

不同样品 AB/BA 的期望值：

$$E_2=(C_2+D_2)\times F/2F$$

$$\chi^2=\frac{(C_1-C_2)^2}{C_2}+\frac{(D_1-C_2)^2}{C_2}+\frac{(C_2-C_1)^2}{C_1}+\frac{(D_2-C_1)^2}{C_1}$$

设 $\alpha=0.05$，由 χ^2 分布表（附录二），$df=1$（df 为自由度，因为两种样品，自由度为样品数减去1）查到 χ_0^2，比较 χ^2 和 χ_0^2，得出两个样品之间是否存在差异。

☆差别成对比较检验法要点总结如下。

（1）进行成对比较检验时，从一开始就应分清是差别成对比较还是定向成对比较。如果检验目的只是关心两个样品是否不同，则是差别成对比较检验；如果想具体知道样品的特性，比如哪一个更好，更受欢迎，则是定向成对比较。

（2）差别成对比较检验法具有强制性。在差别成对比较检验法中有可能出现"无差异"的结果，通常是不允许的，因而要求评价员"强制选择"，以促进鉴评员仔细观察分析，从而得出正确结论。尽管两者反差不强烈，但没有给你下"没有差异"结论的权力，故必须下一个结论。在评价员中可能会出现"无差异"的反应，有这类人员时，用强制选择可以增加有效结论的机会，即"显著结果的机会"。这个方法的缺点是鼓励人们去猜测，不利于评定人员诚实地记录"无差异"的结果，出现这种情况时，实际上是减少了评价员的人数。因此，要对评价员进行培训，以增强其对样品的鉴别能力，减少这种错误的发生。

（3）因为该检验方法容易操作，因此，没有受过培训的人都可以参加，但是他必须熟悉要评价的感官特性。如果要评价的是某项特殊特性，则要用受过培训的人员。因为这种检验方法猜对的概率是50%，因此，需要参加人员的数量要多一点。一般要求20～50名评价员来进行试验，最多可以用200人，或者100人，每人品尝2次。试验人员要么都接受过培训，要么都没接受过培训，但在同一个试验中，参评人员不能既有受过培训的又有没受过培训的。

（4）检验相似时，同一评价员不应做重复评价。对于差别检验，可考虑重复回答，但应尽量避免。若需要重复评价以得出足够的评价总数；应尽量使每一评价员的评价次数相同。例如，仅有10位评价员可利用，应使每位评价员评价三对检验以得到30个总评价数。

（5）每张评分表仅用于一对样品。如果在一场检验中一个评价员进行一次以上的检验，在呈送随后的一对样品之前，应收走填好的评分表和未用的样品。评价员不应取回先前样品或更改先前的检验结论。

（6）不要对选择的最强样品询问有关偏爱、接受或差别的任何问题。对任何附加问题的回答可能影响到评价员做出的选择。这些问题的答案可通过独立的偏爱、接受、差别程度检验等获得。询问为何做出选择的"陈述"部分可包括评价员的陈述。

案例分析

【案例4-1】 差别成对比较试验——单边试验：推断饼干是否更脆

问题：某饼干厂根据消费者反馈对饼干生产工艺做了改进，生产出一种比原产品更酥的饼干，研发部门想知道新产品是否比原产品更酥脆。

检验目的：确定新产品是否更脆。因此是一项单边检验案例。

评价员数：为防止研发部门错误推断出不存在的风味差别，感官分析监督员建议 α 值为0.05，检出差别的评价员百分数 $P_d = 30\%$、$\beta = 0.50$，因此参考表4-1发现至少需要30位评价员。

试验设计：30个样品盘内盛放饼干"A"（控制样），30个样品盘内盛放饼干"B"（试验样），用唯一性随机数字编码。按顺序AB将产品呈送给15位评价员，按顺序BA呈送给其他15位评价员。问答表见表4-10。

表4-10 饼干差别成对比较试验问答卷

成对试验问答卷

姓名：_____ 评价员编号：_____ 日期：_____

说明：

从左到右依次品尝两个样品，在以下位置指明最脆的样品编码，若不确定，请猜测一个；并在"陈述"的开头指明这是猜测的。

最脆的样品编码：_____

可能的陈述：_____

结果分析与表述:假设有21位评价员指明样品B更脆,在表4-6中 $n=30$ 的相应行和 $\alpha=0.05$ 的列内可找到期望范围内为20个答案,由于 $21>20$,因此表明两个样品差别显著。

报告与结论:感官分析人员为评价小组报告在5%($n=30$, $x=21$)显著水平显示新产品更脆。

【案例4-2】酱菜的差别成对比较试验(卡方检验)

问题:某酱菜厂由于成本原因,准备更换生产酱菜的某一种调味料,该工厂的经理想知道,更换了调味料后生产出的酱菜和原来的酱菜相比,是否存在感官差异。

项目目标:确定新调味料是否可以替换原有调味料。

试验目标:确定用两种调味料生产出来的酱菜是否在味道上存在不同。

试验设计:感官评价员选择用60名。一共准备60对样品,30对完全相同,另外30对不同。准备工作表见表4-11,问答卷同表4-4。

表4-11 酱菜差别成对比较检验准备工作表

准备工作表

日期:_____

样品类型:酱菜

试验类型:差别成对检验(异同试验)

样品情况

| A(原调味料生产的酱菜) | B(新调味料生产的酱菜) |

将用来盛放样品的 $60\times2=120$ 个容器用三位随机号码编号,并将容器分为2排,一排装样品A,另一排装样品B。每位参评人员都会得到一个托盘,里面有两个样品和一张问答卷。

准备托盘时,将样品从左向右按以下顺序排列

品评人员编号	样品顺序
1	A-A(用3位数字的编号)
2	A-B
3	B-A
4	B-B

依次类推直到60…

结果分析:假设试验结果见表4-12。

表4-12 试验结果

评价员的回答	评价员得到的样品		总计
	相同的样品	不同的样品	
	AA 或 BB	AB 或 BA	
相同	17	9	26
不同	13	21	34
总计	30	30	60

利用式4-1计算可得到以下数据。

相同产品 AA/BB 的期望值: $E_1=26\times30/60=13$

不同产品 AB/BA 的期望值: $E_2=34\times30/60=17$

$$\chi^2=\frac{(17-13)^2}{13}+\frac{(9-13)^2}{13}+\frac{(13-17)^2}{17}+\frac{(21-17)^2}{17}=4.34$$

设 $\alpha = 0.05$，由表 4 – 10，$df = 1$（因为 2 个样品，自由度为样品数减去 1）查到 χ^2 的临界值为 3.84，计算结果 $\chi^2 = 4.34 > 3.84$，所以得出两个样品之间存在显著差异。

结果解释：由于两个样品之间存在显著差异，所以感官分析人员可以告知该经理，使用新的调味料生产出来的酱菜和原来的产品是不同的，如果真的想降低成本更换新的调味料，建议经理可以将两种产品进行消费者试验，以确定消费者是否愿意接受新调味料生产出来的产品。

PPT

任务三　二 – 三点检验法

情境导入

情境　某厂家生产采用了一种新的制作糖果的工艺，新的生产工艺的加香方式与旧的加香方式不同，但成本更低。该厂经理想要知道这种新的制作工艺加工的糖果在保质期（6 个月）内是否与旧生产工艺的糖果在香气上有无差异。请你利用二 – 三点检验法——平衡参照试验的方法设计检验工作准备表、问答表，确定品评员人数并简要说明如何进行结果分析。

思考　1. 什么是二 – 三点检验法？
　　　　2. 如何实施二 – 三点检验法？

一、二 – 三点检验法特点

1. 基本概念　二 – 三点检验法是由 Peryam 和 Swartz 于 1950 年提出的方法。在检验中，先提供给评价员一个对照样品，接着提供两个样品，其中一个与对照样品相同或者相似。要求评价员在熟悉对照样品后，从后提供的两个样品中挑选出与对照样品相同或不同的样品，这种方法也被称为一 – 二点检验法。二 – 三点检验法有两种形式：一种是固定参照模式；另一种是平衡参照形式。在固定参照模型中，总是以正常生产的产品为参照样；而在平衡参照模型中，正常生产的样品和要进行检验的样品被随机用作参照样品。在参评人员是受过培训的，他们对参照样品很熟悉的情况下，使用固定参照模式；当参评人员对两种样品都不熟悉，而他们又没有接受过培训时，使用平衡参照模型。

2. 应用领域和范围　二 – 三点检验从统计学上来讲不如三点检验具有说服力，因为它是从两个样品中选出一个。而另一方面，这种方法比较简单，容易理解。当试验目的是确定两种样品之间是否存在感官上的不同时，常常应用这种方法，特别是比较的两种样品中有一个是标准样品或者对照样品时，本方法更适合。具体来讲，可以应用在以下三个方面。

（1）确定产品之间的差别是否来自原料、加工工艺、包装或者储存条件的改变。

（2）在无法确定某些具体性质的差异时，确定两种产品之间是否存在总体差异。

（3）也可以用于对评价员的考核、培训。

3. 参评人员

（1）评价员资格　所有评价员应具有相同资格等级，该等级根据检验目的确定（具体要求参见 GB/T 16291.1 和 GB/T 16291.2）。对产品的经验和熟悉程度可以改善一个评价员的成绩，因而增加发现显著差别的可能性。

（2）评价员数量　评价员数量的选择应达到检验所需的敏感性要求。一般来说，参加评定的最少人数是 16 个，对于少于 28 人的试验，β 型错误可能要高。如果人数在 32 ~ 40 人或者更多，试验效果会更好。使用大量评价员可以增加产品之间微小差别的可能性，但实际上，评价员数通常决定于具体条件（如试验周期、可利用评价员人数、产品数量）。但检验差别时，具有代表性的评价员数在 32 ~ 36 位之间。当检验无合理差别时（即相似），为达到相当的敏感性需要两倍的评价员数（即大约 72 位）。

尽量避免同一位评价员的重复评价。若需要重复评价以得出产品足够数量的总评价，应尽量使每一位评价员评价次数相同。二 – 三点检验所需人数参见表 4 – 13。

表 4 – 13 二 – 三点检验所需最少参加人数表

α	β							
	0.50	0.40	0.30	0.20	0.10	0.05	0.01	0.001
	$P_d = 50\%$			$P_{max} = 75\%$				
0.40	2	4	4	6	10	14	27	41
0.30	2	5	7	9	13	20	30	47
0.20	5	5	10	12	19	26	39	58
0.10	9	9	14	19	26	33	48	70
0.05	13	16	18	23	33	42	58	82
0.01	22	27	33	40	50	59	80	107
0.001	38	43	51	61	71	83	107	140
	$P_d = 40\%$			$P_{max} = 70\%$				
0.40	4	4	6	8	14	25	41	70
0.30	5	7	9	13	22	28	49	78
0.20	5	10	12	19	30	39	60	94
0.10	14	19	21	28	39	53	79	113
0.05	18	23	30	37	53	67	93	132
0.01	35	42	52	64	80	96	130	174
0.001	61	71	81	95	117	135	176	228
	$P_d = 30\%$			$P_{max} = 65\%$				
0.40	4	6	8	14	29	41	76	120
0.30	7	9	13	24	39	53	88	144
0.20	10	17	21	32	49	68	110	166
0.10	21	28	37	53	72	96	145	208
0.05	30	42	53	69	93	119	173	243
0.01	64	78	89	112	143	174	235	319
0.001	107	126	144	172	210	246	318	412
	$P_d = 20\%$			$P_{max} = 60\%$				
0.40	6	10	23	35	59	94	171	282
0.30	11	22	30	49	84	119	205	327
0.20	21	32	49	77	112	158	253	384
0.10	46	66	85	115	168	214	322	471
0.05	71	93	119	158	213	268	392	554
0.01	141	167	207	252	325	391	535	726
0.001	241	281	327	386	479	556	731	944

α	β							
	0.50	0.40	0.30	0.20	0.10	0.05	0.01	0.001
	$P_d = 10\%$							
0.40	10	35	61	124	237	362	672	1124
0.30	30	72	117	199	333	479	810	1302
0.20	81	129	193	294	451	618	1006	1555
0.10	170	239	337	461	658	861	1310	1905
0.05	281	369	475	620	866	1092	1583	2237
0.01	550	665	820	1007	1301	1582	2170	2927
0.001	961	1125	1309	1551	1908	2248	2937	3812

表中数据为给定 α，β 和 P_d 下，二 – 三点检验所需最少参加人数。

二、问答表设计与做法

二 – 三点检验虽然有两种形式，但从评价员的角度来讲，这两种检验的形式是一致的，只是所使用的作为参照物的样品是不同的。二 – 三点检验准备工作表和问答卷的一般形式见表 4 – 14 和表 4 – 15。

表 4 – 14　样品准备工作表

日期：＿＿＿＿＿＿＿＿＿　　　　　　检验员编号：＿＿＿＿＿＿＿＿＿

二 – 三点检验样品顺序和呈送计划
在样品托盘准备区贴本表，提前将评分表和呈送容器编码准备好

样品类型：＿＿＿＿＿＿＿
实验类型：二—三点检验（平衡参照模型）

产品情况	含有 2 个 A 的号码	含有 2 个 B 的号码
A：新产品	959　257	448
B：原产品（对比）	723	539　661
呈送容器标记情况	号码顺序	代表类型
品评员编号		
1	AAB	R – 257 – 723
2	BBA	R – 661 – 448
3	ABA	R – 723 – 257
4	BAB	R – 448 – 661
5	BAA	R – 723 – 257
6	ABB	R – 661 – 448
7	AAB	R – 959 – 723
8	BBA	R – 539 – 338
9	ABA	R – 723 – 959
10	BAB	R – 448 – 539
11	BAA	R – 723 – 959
12	ABB	R – 448 – 661

注：1. R 为参照，将以上顺序依次重复，直到所需数量。
　　2. 在一个呈送盘内呈送，放置样品和一份编码评分表。
　　3. 无论回答正确与否都回传涉及的工作表。

表 4 – 15　二 – 三点检验问答卷的一般形式

二 – 三点检验

评价员编号 _____　　　姓名 _____　　　日期 _____

试验指令：

在你面前有 3 个样品，其中一个表明"参照"，另外两个标有编号。从左到右品尝 3 个样品，先是参照样，然后是两个样品。品尝之后，请在与参照相同的那个样品的编号上画圈。如果你认为带有编号的两个样品非常相近，没有什么区别，你也必须在其中选择一个，必须有答案。

参照　　　编号 1　　　编号 2

三、结果分析与判断

在进行差别检验时，若正确答案数大于或等于表 4 – 16 中给出的数（对应评价员数和检验选择的 α – 风险水平），推断样品之间存在感官差别。在进行相似检验时，若正确答案数小于或等于表 4 – 17 中给出的数（对应评价员数、检验选择的 β – 风险水平和 P_d 值），则推断出样品之间不存在有意义的感官差别。

表 4 – 16　二 – 三点检验法确定存在显著性差异所需最少正确答案数

n	α 0.40	0.30	0.20	0.10	0.05	0.01	0.001	n	α 0.40	0.30	0.20	0.10	0.05	0.01	0.001
2	2	2						25	14	15	16	17	18	19	21
3	3	3	3	–	–	–	–	26	15	15	16	17	18	20	22
4	3	4	4	4	–	–	–	27	15	16	17	18	19	20	22
5	4	4	4	5	5	–	–	28	16	16	17	18	19	21	23
6	4	5	5	6	6	–	–	29	16	17	18	19	20	22	24
7	5	5	6	6	7	7	–	30	17	17	18	20	20	22	24
8	5	6	6	7	7	8	–	31	17	18	19	20	21	23	25
9	6	6	7	7	8	9	–	32	18	18	19	21	22	24	26
10	6	7	7	8	9	10	10	33	18	19	20	21	22	24	26
11	7	7	8	9	9	10	11	34	19	20	20	22	23	25	27
12	7	8	8	9	10	11	12	35	19	20	21	22	23	25	27
13	8	8	9	10	10	12	13	36	20	21	22	23	24	26	28
14	8	9	10	10	11	12	13	40	22	23	24	25	26	28	31
15	9	10	10	11	12	13	14	44	24	25	26	27	28	31	33
16	10	10	11	12	12	14	15	48	26	27	28	29	31	33	36
17	10	11	11	12	13	14	16	52	28	29	30	32	33	35	38
18	11	11	12	13	13	15	16	56	30	31	32	34	35	38	40
19	11	12	12	13	14	15	17	60	32	33	34	36	37	40	43
20	12	12	13	14	15	16	18	64	34	35	36	38	40	42	45
21	12	13	13	14	15	16	18	68	36	37	38	40	42	45	48
22	13	13	14	15	15	17	19	72	38	39	41	42	44	47	50
23	13	14	15	16	16	18	20	76	40	41	43	45	46	49	52
24	14	14	15	16	17	19	20	80	42	43	45	47	48	51	55

n	α							n	α						
	0.40	0.30	0.20	0.10	0.05	0.01	0.001		0.40	0.30	0.20	0.10	0.05	0.01	0.001
84	44	45	47	49	51	54	57	112	58	60	61	64	66	69	73
88	46	47	49	51	53	56	59	116	60	62	64	66	68	71	76
92	48	50	51	53	55	58	62	122	63	65	67	69	71	75	79
96	50	52	53	55	57	60	64	128	66	68	70	72	74	78	82
100	52	54	55	57	59	63	66	134	69	71	73	75	78	81	86
104	54	56	57	60	61	65	69	140	72	74	76	79	81	85	89
108	56	58	59	62	64	67	71								

注：1. 因为表中的数值根据二项式分布求得，因此是准确的。对于表中未设的 n 值，根据下列二项式的近似值计算其近似值。

最小答案数 (x) = 大于下式中最近似的整数：$x = (n/2) + z\sqrt{n/4}$

其中 z 随下列显著性水平变化而异：$\alpha = 0.20$ 时，$z = 0.84$；$\alpha = 0.10$ 时，$z = 1.28$；$\alpha = 0.05$ 时，$z = 1.64$；$\alpha = 0.01$ 时，$z = 2.33$；$\alpha = 0.001$ 时，$z = 3.09$。

2. 当 n 值 < 24 时，通常不宜用三点检验差别。

表 4 – 17　根据二 – 三点检验确定两个样品相似所允许的最大正确答案数

n	β	P_d					n	β	P_d				
		10%	20%	30%	40%	50%			10%	20%	30%	40%	50%
20	0.001	3	4	5	6	8	40	0.001	11	13	15	18	20
	0.01	5	6	7	8	9		0.01	14	16	18	20	22
	0.05	6	7	8	10	11		0.05	16	18	20	22	24
	0.10	7	8	9	10	11		0.10	17	19	21	23	25
	0.20	8	9	10	11	12		0.20	18	20	22	25	27
24	0.001	5	6	7	9	10	44	0.001	13	15	18	20	23
	0.01	7	8	9	10	12		0.01	16	18	20	23	25
	0.05	8	9	11	12	13		0.05	18	20	22	25	27
	0.10	9	10	12	13	14		0.10	19	21	24	26	28
	0.20	10	11	13	14	15		0.20	20	23	25	27	30
28	0.001	6	8	9	11	12	48	0.001	15	17	20	22	25
	0.01	8	10	11	13	14		0.01	17	20	22	25	28
	0.05	10	12	13	15	16		0.05	20	22	25	27	30
	0.10	11	12	14	15	17		0.10	21	23	26	28	31
	0.20	12	14	15	17	18		0.20	23	25	27	30	33
32	0.001	8	10	11	13	15	52	0.001	17	19	22	25	28
	0.01	10	12	13	15	17		0.01	19	22	25	27	30
	0.05	12	14	15	17	19		0.05	22	24	27	30	33
	0.10	13	15	16	18	20		0.10	23	26	28	31	34
	0.20	14	16	18	19	21		0.20	25	27	30	33	35
36	0.001	10	11	13	15	17	56	0.001	18	21	24	27	30
	0.01	12	14	16	18	20		0.01	21	24	27	30	33
	0.05	14	16	18	20	22		0.05	24	27	29	32	36
	0.10	15	17	19	21	23		0.10	25	28	31	34	37
	0.20	16	18	20	22	24		0.20	27	30	32	35	38

续表

n	β	Pd					n	β	Pd				
		10%	20%	30%	40%	50%			10%	20%	30%	40%	50%
60	0.001	20	23	26	30	33	88	0.001	33	37	42	47	52
	0.01	23	26	29	33	36		0.01	37	41	46	50	55
	0.05	26	29	32	35	38		0.05	40	44	49	53	58
	0.10	27	30	33	36	40		0.10	41	46	50	55	60
	0.20	29	32	35	38	41		0.20	43	48	52	57	62
64	0.001	22	25	29	32	36	92	0.001	35	40	44	49	55
	0.01	25	28	32	35	39		0.01	38	43	48	53	58
	0.05	28	31	3	38	41		0.05	42	46	51	56	61
	0.10	39	32	36	39	43		0.10	43	48	53	58	63
	0.20	31	34	37	41	44		0.20	46	50	55	60	65
68	0.001	24	27	31	34	38	96	0.001	37	42	47	52	57
	0.01	27	30	34	38	41		0.01	40	45	50	56	61
	0.05	30	33	37	40	44		0.05	44	49	54	59	64
	0.10	31	35	38	42	45		0.10	46	50	55	60	66
	0.20	33	36	40	43	47		0.20	48	53	57	62	67
72	0.001	26	29	33	37	41	100	0.001	39	44	49	54	60
	0.01	29	32	36	40	44		0.01	42	47	53	58	64
	0.05	32	35	39	43	47		0.05	46	51	56	61	67
	0.10	33	37	41	44	48		0.10	48	53	58	63	68
	0.20	35	39	42	46	50		0.20	50	55	60	65	70
76	0.001	27	31	35	39	44	104	0.001	40	46	51	57	63
	0.01	31	35	39	43	47		0.01	44	50	55	61	66
	0.05	34	38	41	45	50		0.05	48	53	59	64	70
	0.10	35	39	43	47	51		0.10	50	55	60	66	71
	0.20	37	41	45	49	53		0.20	52	57	63	68	73
80	0.001	29	33	38	42	46	108	0.001	42	48	54	59	65
	0.01	33	37	40	45	50		0.01	46	52	57	63	69
	0.05	36	40	41	48	53		0.05	50	55	61	67	72
	0.10	37	41	46	50	54		0.10	52	57	63	68	74
	0.20	39	43	47	52	56		0.20	54	60	65	71	76
84	0.001	31	35	40	44	49	112	0.001	44	50	56	62	68
	0.01	35	39	43	48	52		0.01	48	54	60	66	72
	0.05	38	42	46	51	55		0.05	52	58	63	69	75
	0.10	39	44	48	52	57		0.10	54	60	65	71	77
	0.20	41	46	50	54	59		0.20	56	62	68	73	79

注：1. 表中的数值根据二项式分布求得，是准确的。对于表中没有的 n 值，根据以下二项式的近似值计算 P_d 在 $100(1-\beta)\%$ 水平的置信上限：

$$\left[2\left(\frac{x}{n}\right)-1\right]+2z_\beta\sqrt{\frac{(nx-x^2)}{n^3}}$$

式中，x 为正确答案数；n 为评价员数；Z_β 的变化如下：$\beta=0.20$ 时，$Z_\beta=0.84$；$\beta=0.10$ 时，$Z_\beta=1.28$；$\beta=0.05$ 时，$Z_\beta=1.64$；$\beta=0.01$ 时，$Z_\beta=2.33$；$\beta=0.001$ 时，$Z_\beta=3.09$。如果计算小于选定的 P_d 值，则表明样品在 β 显著性水平上相似。

2. 当 $n<36$ 时，不宜用二 – 三点检验法检验相似。

☆二–三点检验法要点总结如下。

（1）此方法是常用的三点检验法的一种替代法。在样品相对具有浓厚的味道、强烈的气味或者其他冲动效应时，会使人的敏感性受到抑制。这时可使用这种方法。

（2）该方法比较简单，容易理解。但从统计学上来讲，不如三点检验法具有说服力。精度较差（猜对率为50%），故此方法常用于风味较强、刺激性较强烈和产生余味持久的产品检验，以降低鉴评次数，避免味觉和嗅觉疲劳。另外，外观有明显差别的样品不适宜此法。

（3）二–三点检验法也具有强制性。该试验中已经确定知道两种样品是不同的，这样当两种样品区别不大时，不必像三点检验法那样去猜测。然而，差异不大的情况依然是存在的。当区别的确不大时，评价员必须去猜测，哪一个是特别一些的。这样，它的正确答案的机会是一半。为了提高检验的准确性，二–三点检验法要求有25组样品。如果这项检验非常重要，样品组数应当增加，在正常情况下，组数一般不超过50个。

（4）这种方法在做品尝时，要特别强调漱口。在样品的风味很强烈的情况下，在做第二个试验之前，必须彻底地洗漱口腔，不得有残留物和残留味。做完一批样品后，如果后面还有一批同类的样品检验。最好是稍微离开现场一定时间，或回到品尝室饮用一些白开水等。

（5）固定参照三点检验中，样品有两种可能的呈送顺序，为$R_A BA$、$R_A AB$，应在所有的评价员中交叉平衡。而在平衡参照三点检验中，样品有4种可能的呈送顺序，如$R_A BA$、$R_A AB$、$R_B AB$、$R_B BA$，一半的评价员得到一种样品类型作为参照，而另一半的评价员得到另一种样品类型作为参照。样品在所有的评价员中交叉平衡。当评价员对两种样品都不熟悉，或者没有足够的数量时，可运用平衡参照三点检验。样品采用唯一随机编码。

（6）根据试验所需的敏感性，即根据试验敏感参数α、β和P_d选择评价员数最（表4–13）。使用大量评价员可增加辨别产品之间微小差别的可能性。但实际上，评价员数通常决定于具体条件（如试验周期、可利用评价员人数、产品数量）。当检验差别时，α值要设定得保守些，具有代表性的评价员人数在32~36位之间。当检验无合理差别（即相似），β值要设定得保守些，为达到相当的敏感性需要两倍评价员人数（即大约72位）。

（7）尽量避免同一评价员的重复评价。但是如果需要重复评价以产生足够的评价总数，应尽量使每位评价员重复评价的次数相同。例如，如果只有12位评价员，为得到36次评价总数，应让每位评价员评价3组组合。注意，进行相似检验时，将12名评价员做的3次评价作为36次独立评价是无效的。但是，进行差别检验时，即使进行重复评价也是有效的。

案例分析

【案例4–3】 二–三点检验法——平衡参照模型

问题：一个薯片生产厂家想要知道，两种不同的番茄香精添加到薯片中是否会在薯片的质量和香味浓度上产生能够察觉的差异。

检验目的：确定两种不同番茄香精的薯片是否存在可以察觉的差异。

试验设计：评定人数、α、β和P_d值的确定。根据以往经验，如果只有不超过50%的评定人员能够觉察出产品的不同（即$P_d = 50\%$），那么就可以认为在市场上是没有什么风险的。厂家更关心的是两种不同成本的香精是否会引起薯片风味的改变，所以将β值定得保守一些，为0.05，也就是说厂家愿意有95%的把握确定产品之间的相似性。将α值定为0.1，根据表4–13，需要的评定人员是33人。此处决定采用36位评价员。样品用同样的容器在同一天准备。制备样品54份A和54份B。其中18份样品"A"和18份样品"B"被标记为参照样。其余36份样品"A"和36份样品"B"用唯一随机三位数进行编码。然后，全部样品分为9个系列，每个系列由4组样品组成：$A_R AB$、$A_R BA$、$B_R AB$和$B_R BA$。每组样品内呈送的第一份为参照样，标明 A_R 或 B_R 样品。每 4 个三联样组合被呈送 9 次，以使平衡的随机顺序涉及 36 位评价员。准备工作表和试验问答卷见表 4 – 18 和表 4 – 19。

表 4 – 18 样品准备工作表

日期：　　　　　　　　　　　　　　　　检验员编号：

二 – 三点检验样品顺序和呈送计划
在样品托盘准备区贴本表，提前将评分表和呈送容器编码准备好。

样品类型：薯片

样品 A（一种香精薯片）　　　　　　　　　　样品 B（另一种香精薯片）

呈送容器编码如下：

评价员编号	样品编码		评价员编号	样品编码	
1	AR A – 862	B – 245	19	AR A – 653	B – 743
2	AR B – 458	A – 396	20	BR B – 749	A – 835
3	BR A – 522	B – 498	21	BR A – 824	B – 826
4	BR B – 298	A – 665	22	BR B – 721	A – 364
5	BR A – 635	A – 665	23	AR A – 259	B – 776
6	AR B – 113	B – 917	24	AR B – 986	A – 988
7	AR A – 365	B – 332	25	AR A – 612	B – 923
8	BR B – 896	A – 314	26	AR B – 464	A – 224
9	BR A – 688	B – 468	27	BR A – 393	B – 615
10	AR A – 663	B – 712	28	BR B – 847	A – 283
11	BR B – 585	A – 351	29	AR A – 226	B – 462
12	AR B – 847	A – 223	30	BR B – 392	A – 328
13	BR A – 398	B – 183	31	BR A – 137	B – 512
14	BR B – 765	A – 138	32	AR B – 674	A – 228
15	AR A – 369	B – 163	33	BR A – 915	B – 466
16	AR B – 743	A – 593	34	BR B – 851	A – 278
17	BR A – 252	B – 581	35	AR A – 789	B – 874
18	AR B – 355	A – 542	36	AR B – 543	A – 373

注：1. 用参量（R_{ef}）或随机三位数标记样品杯并按给每位评价员的呈送顺序排列；
　　2. 在一个呈送盘内呈送，放置样品和一份编码评分表；
　　3. 无论回答正确与否都回传涉及的工作表。

表 4 – 19 二 – 三点差别检验问答卷

二 – 三点检验

评价员编号：＿＿＿＿　　姓名：＿＿＿＿　　日期：＿＿＿＿

试验指令：
　　在你面前有 3 个样品，左侧样品为"参照"，其他两个标有编号的样品之一与参照相同。从左到右品尝样品，先是参照样，然后是两个样品。品尝之后，请在与参照相同的那个样品的"□"内画"√"。若不确定，标记最好的猜测，并在陈述栏注明自己是猜测的

参照　　□编号1　　□编号2
陈述：＿＿＿＿＿＿＿＿＿＿＿＿＿＿＿＿＿＿＿＿＿

　　结果分析：在进行试验的 36 人中，假设有 21 人做出了正确选择。根据表 4 – 16，在 $\alpha = 0.01$ 时，临界值是 26，得出两薯片之间不存在感官差别。而且，通过观察数据发现，以两种样品分别作为参照样，得到的正确答案分别是 10 和 11，这更说明这两种产品之间不存在差异。

【案例4-4】二-三点检验法——固定参照模型

问题：一个茶叶生产商现在有两个茶袋包装的供应商，A是他们已经使用多年的产品，B是另一种新产品，可以延长货架期。他想知道这两种包装对浸泡之后茶叶风味的影响是否不同。而且这个茶叶生产商觉得有必要在茶叶风味稍有改变和茶叶货架期的延长上做一些平衡，也就是说，他愿意为延长货架期而冒茶叶风味可能发生改变的风险。

检验目的：两种茶袋包装的茶包在室温存放6周后浸泡，在风味上是否相似。

试验设计：一般来说，如果只有不超过30%的评价员能够觉察出产品的不同，那么就可以认为在市场上是没有什么风险的。生产商更关心的是新包装是否会引起茶叶风味的改变。所以将β值定得相对保守些，为0.05。也就是说他愿意有95%的把握确定产品之间的相似性。将α值定为0.1，根据表4-13，需要的评价员为96人。对于这个试验来说，固定模型的二-三点检验法较合适，因为评价员对该公司的产品，用A中茶袋包装的茶包，比较熟悉。为了节省时间，试验可分为3组，每组32人，同时进行。以A为参照，每组都要准备32×2=64个A和32个B。准备工作表和试验问答卷与表4-14和表4-15类似。

结果分析：假设在3组中，分别有19、18、20个人做出了正确选择，因此，做出正确选择的总数是57，从相关表中得出临界值是54。将3个小组合并起来考虑，A和B在$\beta=5\%$水平上不相似，即存在差异。如果需要进一步确定哪一种产品更好，可以检查评价员是否写下了关于两种产品之间的评语；如果没有，可将样品送给描述分析小组。经过描述检验之后，若仍不能确定哪一种产品更好，则可以进行消费者试验，来确定哪一种包装的茶包更被接受。

PPT

任务四　三点检验法

情境导入

情境　某葡萄酒生产厂家由于产量增加，导致原来使用的葡萄品种供应量不足，采购经理建议采购另一种葡萄品种以满足生产，但销售经理担心使用另外的葡萄品种会导致葡萄酒的品质和原来相比会有差异。针对这一问题，销售经理决定对这两种品种葡萄生产的葡萄酒进行一次感官评价，评价使用两种葡萄生产的葡萄酒的品质有无差异，以确定能否采购新品种的葡萄进行生产。如果销售经理委托你负责本次感官评价，请你选择合适的感官检验方法，设计检验工作准备表、问答表，确定品评员人数并简要说明操作步骤，并对试验结果做简要分析。

思考　1. 什么是三点检验法？

　　　　2. 如何实施三点检验法？

一、三点检验法特点

1. 基本概念　三点检验法又称三角检验（triangle test），是差别检验当中最常用的一种，是由美国的Bengtson及其同事一起发明的。在检验中，将3个样品同时呈送给品评人员，并告知参评人员其中两个样品是一样的，另外一个样品与其他两个样品不同，请品评人员品尝后，挑出不同的那一个样品。

2. 应用领域和范围　三点检验法的主要应用领域有以下几个方面。

（1）在原料、加工工艺、包装或贮藏条件发生变化，确定产品的感官特征是否发生变化，而且差异是否来自成分、工艺、包装及储存期的改变时，三点检验法是一种有效的方法。

（2）三点检验法可使用在产品的开发、工艺开发、产品匹配、质量控制等过程中，以确定两种产品之间是否存在整体差异。

（3）三点检验法也可以用于筛选和培训检验人员，以锻炼其发现产品差别的能力。

三点检验法适用于确定两种样品之间是否有可觉察的差别，这种差异可能涉及一个或多个感官性质的差异，但三点检验法不能辨别有差异的产品在哪些感官性质上有差异，也不能评价差异的程度。

3. 评价员人数　一般来说，三点检验要求品评人员的人数在 20~40 之间，如果产品之间的差异非常大，很容易被发现时，12 个品评人员就足够了。而如果试验目的是检验两种产品是否相似时（是否可以互相替换），要求的参评人数则为 50~100。具体试验所需的评价员数量见表 4 − 20。

表 4 − 20　三点检验所需的评价员数

α	P_d	β							
		0.50	0.40	0.30	0.20	0.10	0.05	0.01	0.001
0.40	50%	3	3	3	6	8	9	15	26
0.30		3	3	3	8	11	16	19	30
0.20		4	6	7	7	12	16	25	36
0.10		7	8	8	12	15	20	30	43
0.05		7	9	11	16	20	23	35	48
0.01		13	15	19	25	30	35	47	62
0.001		22	26	30	36	43	48	62	81
0.40	40%	3	3	6	6	9	15	26	41
0.30		3	3	7	8	11	19	30	47
0.20		6	7	7	12	17	25	36	97
0.10		8	10	15	17	25	30	46	67
0.05		11	15	16	23	30	40	57	79
0.01		21	26	30	35	47	56	76	102
0.001		36	39	48	55	68	76	102	130
0.40	30%	3	6	6	9	15	26	44	73
0.30		3	8	8	16	22	30	53	84
0.20		7	12	17	20	28	39	64	97
0.10		15	15	20	30	43	54	81	119
0.05		16	23	30	40	53	66	98	136
0.01		33	40	52	62	82	97	131	181
0.001		61	69	81	93	120	138	181	233
0.40	20%	6	9	12	18	35	50	94	153
0.30		8	11	19	30	47	67	116	183
0.20		12	20	28	39	64	86	140	212
0.10		25	33	46	62	89	119	178	260
0.05		40	48	66	87	117	147	213	305
0.01		72	92	110	136	176	211	292	397
0.001		130	148	176	207	257	302	396	513
0.40	10%	9	18	38	70	132	197	360	598
0.30		19	36	64	102	180	256	430	690
0.20		39	64	103	149	238	325	529	819
0.10		89	125	175	240	348	457	683	1011
0.05		144	191	249	325	447	572	828	1181
0.01		284	350	425	525	680	824	1132	1539
0.001		494	579	681	803	996	1165	1530	1992

二、问答表设计与做法

三点检验法要求每次随机提供给评价员 3 个样品，两个相同，一个不同。这两种样品可能的组合是 ABB、BAA、BBA、BAB、AAB、ABA，要求每种组合被呈送的机会相等，每个样品均有唯一随机编码号。三点检验的工作准备表见表 4 - 21。

表 4 - 21　样品准备工作表

日期：				检验员编号：		

三点检验样品顺序和呈送计划
在样品托盘准备区贴本表，提前将评分表和呈送容器编码准备好

样品类型：
样品编码：
样品 A　　　　　　　　样品 B

呈送容器编码如下：

评价员编号	样品编码			评价员编号	样品编码		
1	A - ×××	B - ×××	B - ×××	7	A - ×××	B - ×××	B - ×××
2	B - ×××	A - ×××	A - ×××	8	B - ×××	A - ×××	A - ×××
3	B - ×××	B - ×××	A - ×××	9	B - ×××	B - ×××	A - ×××
4	B - ×××	A - ×××	B - ×××	10	B - ×××	A - ×××	B - ×××
5	A - ×××	A - ×××	B - ×××	11	A - ×××	A - ×××	B - ×××
6	A - ×××	B - ×××	A - ×××	12	A - ×××	B - ×××	A - ×××

注：样品按照以上顺序重复排列，直到所需评价员数量，保证每种组合被呈送的机会相等。

在三点检验中，评价员按照从左到右的顺序品尝样品，然后找出与其他两个样品不同的那一个，如果找不出，可以猜一个答案，即不能没有答案。在问答表的设计过程中，当评价员必须告知该批检验的目的时，提示要简单明了，不能有暗示。常用的三点检验问答卷的一般形式见表 4 - 22。

表 4 - 22　三点检验问答表的一般形式

三点检验

评价员编号：	姓名：	日期：

说明：
　　从左到右品尝样品。两个样品相同，一个不同。在下面空白处写出与其他样品不同的样品编号。如果无法确定，记录你的最佳猜测；可以在陈述处注明你是猜测的
　　与其他两个样品不同的样品是：＿＿＿＿＿＿＿＿＿＿＿＿
　　陈述：＿＿＿＿＿＿＿＿＿＿＿＿

三、结果分析与判断

按三点检验法要求统计回答正确的问答表数，查表可得出两个样品之间有无差异。

例如：36 张评价表，有 21 张正确地选择出单个样品，表 4 - 23 中，$n = 36$。由于 21 大于 1% 显著水平的临界值 20，小于 0.1% 显著水平的临界值 22，则说明在 1% 显著水平处两样品间存在差异。

表 4 - 23　三点检验确定存在显著性差别所需最少正确答案数

n	α							n	α						
	0.40	0.30	0.20	0.10	0.05	0.01	0.001		0.40	0.30	0.20	0.10	0.05	0.01	0.001
3	2	2	3	3	3	-		5	3	3	4	4	4	5	-
4	3	3	3	4	4	-		6	3	4	4	5	5	6	-

n	0.40	0.30	0.20	α 0.10	0.05	0.01	0.001	n	0.40	0.30	0.20	α 0.10	0.05	0.01	0.001
7	4	4	4	5	5	6	7	34	13	14	15	16	17	19	21
8	4	4	5	5	6	7	8	35	13	14	15	16	17	19	22
9	4	5	5	6	6	7	8	36	14	14	15	17	18	20	22
10	5	5	6	6	7	8	9	42	16	17	18	19	20	22	25
11	5	5	6	7	7	8	10	48	18	19	20	21	22	25	27
12	5	6	6	7	8	9	10	54	20	21	22	24	25	27	30
13	6	6	7	8	8	9	11	60	22	23	24	26	27	30	33
14	6	7	7	8	9	10	11	66	24	25	26	28	29	32	35
15	6	7	8	8	9	10	12	72	26	27	28	30	32	34	38
16	7	7	8	9	9	11	12	78	28	29	30	32	34	37	40
17	7	8	8	9	10	11	13	84	30	31	33	35	36	39	43
18	7	8	9	10	10	12	13	90	32	33	35	37	38	42	45
19	8	8	9	10	11	12	14	96	34	35	37	39	41	44	48
20	8	9	9	10	11	13	14	102	36	37	39	41	43	46	50
21	8	9	10	11	12	13	15	108	38	40	41	43	45	49	53
22	9	9	10	11	12	14	15	114	40	42	43	45	47	51	55
23	9	10	11	12	12	14	16	120	42	44	45	48	50	53	57
24	10	10	11	12	13	15	16	126	44	46	47	50	52	56	60
25	10	11	11	12	13	15	17	132	46	48	50	52	54	58	62
26	10	11	12	13	14	15	17	138	48	50	52	54	56	60	64
27	11	11	12	13	14	16	18	144	50	52	54	56	58	624	67
28	11	12	12	14	15	16	18	150	52	54	56	58	61	65	69
29	11	12	13	14	15	17	19	156	54	56	58	61	63	67	72
30	12	12	13	14	15	17	19	162	56	58	60	63	65	69	74
31	12	13	14	15	16	18	20	168	58	60	62	65	67	71	76
32	12	13	14	15	16	18	20	174	61	62	64	67	69	74	79
33	13	13	14	15	17	18	21	180	63	64	66	69	71	76	81

注：1. 因为表中的数值根据二项式分布求得，因此是准确的。对于表中未设的 n 值，根据下列二项式的近似值计算其近似值。

最小答案数 (x) = 大于式中最近似的整数：$x = \left(\dfrac{n}{3}\right) + z_\alpha \sqrt{\dfrac{2n}{9}}$

式中，z 随下列显著性水平变化而异：$\alpha = 0.20$ 时，$z = 0.84$；$\alpha = 0.10$ 时，$z = 1.28$；$\alpha = 0.05$ 时，$z = 1.64$；$\alpha = 0.01$ 时，$z = 2.33$；$\alpha = 0.001$ 时，$z = 3.09$。

2. 当 $n < 18$ 时，不宜用三点检验差别。

☆三点检验法操作技术要点总结如下。

（1）在感官评定中，三点检验法是一种专门的方法，可用于两种产品的样品间的差异分析，而且适合于样品间细微差别的鉴定，如品质管制和仿制产品。其差别可能与样品的所有特征或者与样品的某一特征有关。

（2）三点检验中，每次随机呈送给评价员 3 个样品。其中两个样品是一样的，一个样品则不同。并要求在所有的评价员间交叉平衡。为了使 3 个样品的排列次序和出现次数的概率相同，这两种样品可能的组合是：BAA、ABA、AAB、ABB、BAB 和 BBA。在检验中，组合在六组中出现的概率也应是相同的，当评价员人数不足 6 的倍数时，可舍去多余样品组，或向每个评价员提供六组样品做重复检验。

（3）对三点检验的无差异假设规定：当样品间没有可察觉的差别时．做出正确选择的概率为1/3。因此，在检验中此法的猜对率为1/3，这要比差别成对比较检验法和二 - 三点检验法的1/2 的猜对率准确度低得多。

（4）在食品的三点检验中，所有评价员都应基本上具有同等的鉴别能力和水平，并且因食品的种类不同，评价员也应该是各具专业所长。参与评价的人数多少要因任务而异，可以在 5 人到上百人的很大范围内变动，并要求做差异显著性测定。三点检验通常要求评价员人数在 20 ～ 40 人，而如果试验目的是检验两种产品是否相似（是否可以互相替换），则要求的参评人员人数为 50 ～ 100 人。

（5）食品三点检验法要求的技术比较严格，每项检验的主持人都要亲自参与评定。为使检验取得理想的效果，主持人最好主持一次预备试验。以便熟悉可能出现的问题，以及先了解一下原料的情况。但要防止预备试验对后续的正规检验起诱导作用。

（6）三点检验是强迫选择程序，不允许评价员回答"无差别"。当评价员无法判断出差别时，应要求评价员随机选择一个样品，并且在评分表的陈述栏中注明，该选择仅是猜测。

（7）评价员进行检验时，每次都必须按从左到右的顺序品尝样品。评价过程中，允许评价员重新检验已经做过检验的那个样品。评价员找出与其他两个样品不同的样品或者相似的一个样品，然后对结果进行统计分析。

（8）尽量避免同一评价员的重复评价。但是，如果需要重复评价以产生足够的评价总数，应尽量使每位评价员重复评价的次数相同。例如，如果只有 10 位评价员，为得到 30 次评价总数，应让每位评价员评价 3 组三联样。注意，进行相似检验时，将 10 名评价员做的 3 次评价作为 30 次独立评价是无效的，但是进行差别检验时，即使进行重复评价也是有效的。

（9）每张评分表仅用于一组三联样。如果在一场检验中一个评价员进行一次以上的检验，在呈送后续的三联样之前，应收走填好的评分表和未用的样品。评价员不应取回先前的样品或更改先前的检验结论。

（10）评价员做出选择后，不要问其有关偏好、接受或差别程度的问题。任何附加问题的答案都可能影响评价员刚做出的选择。这些问题的答案可通过独立的偏好、接受、差别程度检验等获得。询问为何做出选择的陈述部分可以包含评价员的解释。

📋 案例分析

【案例 4 - 5】三点检验法——差别检验

问题：某啤酒厂开发了一项工艺，以降低无醇啤酒中不良谷物风味。该工艺需投资新设备，厂长想要确定研制的无醇啤酒与公司目前生产无醇啤酒的不同。

检验目的：确定新工艺生产的无醇啤酒能否区别于原无醇啤酒。

试验设计：因为试验目的是检验两种产品之间的差异，可将 α 值设为 $0.05（5\%）$，β 值设为 0.05，保证检验中检出差别的机会为 95%，即 $100(1 - \beta)\%$，且 50% 的评价员能检出样品间的差别（即 P_d 值为 50%）。将 $\alpha = 0.05$，$\beta = 0.05$ 和 $P_d = 50\%$ 代入表 4 - 20，查得 $n = 23$。为了平衡样品的呈送顺序，公司分析员决定用 24 个评价员。因为每人所需的样品是 3 个，所以一共准备 72 个样品，新、老产品各 36 个。用唯一随机数给样品（36 杯 "A" 和 36 杯 "B"）编码。每组三联样 ABB、BAA、AAB、BBA、ABA 和 BAB 以平衡随机顺序，分四次发放，以涵盖 24 个评价员。样品工作准备表和问答表见表 4 - 24 和 4 - 25 所示。

表 4 – 24　样品准备工作表

日期：　　　　　　　　　　　　　　　　　检验员编号：					
三点检验样品顺序和呈送计划 在样品托盘准备区贴本表，提前将评分表和呈送容器编码准备好					
样品类型：啤酒 样品编码： 样品 A（旧工艺）　　　　　　　　样品 B（新工艺）					

呈送容器编码如下：					
评价员编号	样品编码		评价员编号	样品编码	
1	A – 108　B – 795	B – 140	13	A – 142　B – 325	B – 632
2	B – 189　A – 168	A – 733	14	B – 472　A – 762	A – 330
3	A – 718　A – 437	B – 488	15	A – 965　A – 641	B – 300
4	B – 535　B – 231	A – 243	16	B – 582　B – 659	A – 486
5	A – 839　B – 402	A – 619	17	A – 429　B – 884	A – 499
6	B – 145　A – 296	B – 992	18	B – 879　A – 891	B – 404
7	A – 792　B – 280	B – 319	19	A – 745　B – 247	B – 724
8	B – 167　B – 936	A – 180	20	B – 344　A – 370	A – 355
9	B – 589　A – 743	A – 956	21	A – 629　A – 543	B – 951
10	B – 442　B – 720	A – 213	22	B – 482　B – 120	A – 219
11	A – 253　B – 444	A – 505	23	B – 259　A – 384	B – 225
12	B – 204　A – 159	B – 556	24	A – 293　B – 459	A – 681

表 4 – 25　啤酒检验问答表

三点检验

评价员编号：＿＿＿＿＿＿＿　姓名：＿＿＿＿＿＿＿＿＿　日期：＿＿＿＿＿＿＿＿＿

说明：

　　从左到右品尝样品。两个样品相同，一个不同。在下面空白处写出与其他样品不同的样品编号。如果无法确定，记录你的最佳猜测；可以在陈述处注明你是猜测的

　　与其他两个样品不同的样品是：＿＿＿＿＿＿＿＿＿＿＿＿＿＿＿

　　陈述：＿＿＿＿＿＿＿＿＿＿＿＿＿

　　结果分析：假设总共 15 位评价员正确地识别了不同样品。在表 4 – 23 中，由 $n = 24$ 个评价员对应的行和 $\alpha = 0.05$ 对应的列，可以查到对应的临界值是 13，然后与统计答对人数比较，得出两啤酒间存在感官差别，做出这个结论的置信度是 95%，即错误估计两者之间的差别存在的可能性是 5%，即正确的可能性是 95%。

【案例 4 – 6】三点检验法——相似检验

　　问题：某方便面的生产商最近得知他的一个调料包的供应商要提高其调料价格，而此时有另外一家调料公司向他提供类似产品，而且价格比较适当。该公司的感官品评研究室的任务就是对这两种调料包进行评价，一种是以前的生产商的调料包，另一种则是用新供应商提供的调料包，以决定是否使用新的供应商的产品。

　　检验目的：确定两种调料包的风味是否相似，新调料是否可以取代旧调料。

　　试验设计：感官分析员和生产商一起确定适于本检验的风险水平，确定能够区分产品评价的最大允许比例为 $P_d = 20\%$。生产商仅愿意冒 $\beta = 0.10$ 的风险来检测评价员。感官分析员选择 $\alpha = 0.20$，$\beta = 0.10$ 和 $P_d = 20\%$，在表 4 – 20 中查到需要评价员 $n = 64$ 个。感官分析员用表 4 – 26 所示的工作表和表 4 – 27 所示的问答表进行检验。分析员用六组可能的三联样：AAB、ABB、BAA、BBA、ABA 和 BAB 循环 10 次送给前 60 个评价员，然后，随机选择四组三联样送给 61 号至 64 号评价员。

表4-26 样品准备工作表

日期：　　　　　　　　　　　　　　　　　　　　检验员编号：

三点检验样品顺序和呈送计划
在样品托盘准备区贴本表，提前将评分表和呈送容器编码准备好

样品类型：
样品编码：
样品A（旧包装）　　　　　　　　　样品B（新包装）

呈送容器编码如下：

评价员编号	样品编码			评价员编号	样品编码		
1	A-108	A-795	B-140	33	B-360	A-303	A-415
2	A-189	B-168	A-733	34	B-134	B-401	A-305
3	B-718	A-437	A-488	35	B-185	A-651	B-307
4	B-535	B-231	A-243	36	A-508	B-271	B-465
5	B-839	B-402	A-619	37	A-216	A-941	B-321
6	A-145	B-296	B-992	38	A-494	B-783	A-414
7	A-792	A-280	B-319	39	B-151	A-786	A-943
8	A-167	B-936	A-180	40	B-432	B-477	A-164
9	B-589	A-743	A-956	41	B-570	A-772	B-887
10	B-442	B-720	A-213	42	A-398	B-946	B-764
11	B-253	A-444	B-505	43	A-747	A-286	B-913
12	A-204	B-159	B-556	44	A-580	B-558	A-114
13	A-142	A-325	B-632	45	B-345	A-562	A-955
14	A-472	B-762	A-330	46	B-385	B-660	A-856
15	B-965	A-641	A-300	47	B-754	A-210	B-864
16	B-582	B-659	A-486	48	A-574	B-393	B-753
17	B-429	A-884	B-499	49	A-793	A-308	B-742
18	A-879	B-891	B-404	50	A-147	B-395	A-434
19	A-745	A-247	B-724	51	B-396	B-629	A-957
20	A-344	B-370	A-355	52	A-147	B-395	A-434
21	B-629	A-543	A-951	53	B-525	A-172	B-917
22	B-482	B-120	A-219	54	A-325	B-993	B-736
23	B-259	A-384	B-225	55	A-771	A-566	B-377
24	A-293	B-459	B-681	56	A-585	B-628	A-284
25	B-849	A-382	A-390	57	B-354	A-526	A-595
26	A-294	B-729	A-390	58	B-358	B-606	A-586
27	B-165	A-661	A-336	59	B-548	A-201	B-684
28	B-281	B-409	A-126	60	A-475	B-339	B-573
29	B-434	A-384	B-948	61	A-739	A-380	B-472
30	A-819	B-231	B-674	62	A-417	B-935	A-784
31	A-740	A-397	B-514	63	B-127	B-692	A-597
32	A-354	B-578	A-815	64	A-157	B-315	A-594

表 4 – 27 三点检验法问答表

编号：　　　　　　　姓名：
样品：　　　　　　　时间：

试验指令：

在你面前有 3 个带有编号的样品，其中有两个是一样的，另一个和其他两个不同。请从左往右依次品尝 3 个样品，然后在不同于其他两个样品的编号上画"√"。

你可以多次品尝，但不能没有答案

样品编号：＿＿＿＿＿　＿＿＿＿＿＿　＿＿＿＿＿＿

描述差别：

结果分析：在 64 个评价员中，共有 24 位评价员正确辨认出样品不同。查表 4 – 28，分析员发现没有 $n = 64$ 的条目。因此分析员用表 4 – 28 的注 1 中的公式，来确定能否得出两个样品相似的结论。分析员算出：

$$[1.5 \times (24/64) - 0.5] + 1.5 \times 1.28 \sqrt{\frac{64 \times 24 - 24^3}{64^3}} = 0.1781$$

即分析员有 90% 的置信度，小于 18%（不超过 $P_d = 20\%$）的评价员能检出调料包之间的差别。因此，新调料可以代替原来的调料。

表 4 – 28 根据三点检验确定两个样品相似所允许的最大正确答案数字

n	β	P_d					n	β	P_d				
		10%	20%	30%	40%	50%			10%	20%	30%	40%	50%
18	0.001	0	1	2	3	5	48	0.001	8	11	14	17	21
	0.01	2	3	4	5	6		0.01	11	13	17	20	23
	0.05	3	4	5	6	8		0.05	13	16	19	22	26
	0.10	4	5	6	7	8		0.10	14	17	20	23	27
	0.20	4	6	7	8	9		0.20	15	18	22	25	28
24	0.001	2	3	4	6	8	54	0.001	10	13	17	20	24
	0.01	3	5	6	8	9		0.01	12	16	19	23	27
	0.05	5	6	8	9	11		0.05	15	18	22	25	29
	0.10	6	7	9	10	12		0.10	16	20	23	27	31
	0.20	7	8	10	11	13		0.20	18	21	25	28	32
30	0.001	5	7	9	11	14	60	0.001	12	15	19	23	27
	0.01	7	9	11	14	16		0.01	14	18	22	26	30
	0.05	9	11	13	16	18		0.05	17	21	25	29	34
	0.10	10	12	14	17	19		0.10	18	22	26	30	34
	0.20	11	13	16	18	21		0.20	20	24	28	32	36
36	0.001	5	7	9	11	14	66	0.001	14	18	22	26	31
	0.01	7	9	11	14	16		0.01	16	20	25	29	34
	0.05	9	11	13	16	18		0.05	19	23	28	32	37
	0.10	10	12	14	17	19		0.10	20	25	29	33	38
	0.20	11	13	16	18	21		0.20	22	26	31	35	40
42	0.001	6	9	11	14	17	72	0.001	15	20	24	29	34
	0.01	9	11	14	17	20		0.01	18	23	28	32	38
	0.05	11	13	16	19	23		0.05	21	26	30	35	40
	0.10	12	14	17	20	23		0.10	22	27	32	37	42
	0.20	13	16	19	22	24		0.20	24	29	34	39	44

续表

n	β	P_d					n	β	P_d				
		10%	20%	30%	40%	50%			10%	20%	30%	40%	50%
78	0.001	17	22	27	32	38	96	0.001	23	29	35	42	48
	0.01	20	25	30	36	41		0.01	26	33	39	45	52
	0.05	23	28	33	39	44		0.05	32	38	45	52	59
	0.10	25	30	35	40	46		0.10	31	38	44	50	57
	0.20	27	32	37	42	48		0.20	33	40	46	53	59
84	0.001	19	24	30	35	41	102	0.001	25	31	38	45	52
	0.01	22	28	33	39	45		0.01	28	35	42	49	56
	0.05	25	31	36	42	48		0.05	32	38	45	52	59
	0.10	27	32	38	44	49		0.10	33	40	47	54	61
	0.20	29	34	40	46	51		0.20	36	42	49	56	63
90	0.001	21	27	32	38	45	108	0.001	27	34	41	48	55
	0.01	24	30	36	42	48		0.01	31	37	45	52	59
	0.05	27	33	39	45	52		0.05	34	41	48	55	63
	0.10	29	35	41	47	53		0.10	36	43	50	57	65
	0.20	31	37	43	49	55		0.20	38	45	52	60	67

注：1. 表中的数值根据二项式分布求得，是准确的。对于表中没有的 n 值，根据以下二项式的近似值计算 P_d 在 $100(1-\beta)\%$ 水平的置信上限：

$$[1.5(x/n)-0.5]+1.5z_\beta\sqrt{(nx-x^2)/n^3}$$

式中，x 为正确答案数；n 为评价员数。z_β 的变化如下：$\beta=0.20$ 时，$z_\beta=0.84$；$\beta=0.10$ 时，$z_\beta=1.28$；$\beta=0.05$ 时，$z_\beta=1.64$；$\beta=0.01$ 时，$z_\beta=2.33$；$\beta=0.001$ 时，$z_\beta=3.09$。如果计算小于选定的 P_d 值，则表明样品在 β 显著性水平上相似。

2. 当 $n<30$ 时，不宜用三点检验法检验相似。

任务五 "A"–"非A" 检验法

PPT

 情境导入

情境 某食品厂生产甜味食品，以往是用蔗糖作为原料，现在市场上有一种新型甜味剂，价格较低，经理想知道是否可以用新型的甜味剂来代替原来的蔗糖原料，以降低成本。根据新型甜味剂的说明，它的甜度是蔗糖的5倍，而一般在生产时使用的蔗糖溶液的浓度是0.5%，请你利用"A"–非"A"检验法设计一个工作方案，来比较新型甜味剂和蔗糖的甜味相似度。要求写明试验目的、试验原理、样品及器具，设计出试验工作准备表、试验问答表以及结果统计表，简要说明结果分析的方法。

思考 1. 什么是"A"–"非A"检验法？

2. 如何实施"A"–"非A"检验法？

一、"A"–"非A"检验法特点

1. 基本概念 "A"–"非A"检验法，就是首先让感官评定人员熟悉样品"A"以后，再将一系列样品呈送给这些检验人员。样品中有"A"，也有非"A"。要求参评人员对每个样品作出判断：哪些是"A"，哪些是非"A"，最后通过 χ^2 检验分析结果。这种检验方法被称为"A"–非"A"检验法。这种是与否的检验法，也称为单项刺激检验。

2. 应用领域和范围　"A"-非"A"检验主要用于评价那些具有各种不同外观或有很浓的气味或者味道有延迟的样品。特别是不适用于三点检验或二-三点检验法的样品。这种方法特别适用于无法取得完全类似样品的差别检验。适用于确定由于原料、加工、处理、包装和贮藏等各环节的不同所造成的产品感官特性的差异。特别适用于检验具有不同外观或后味样品的差异检查。当两种产品中的一种非常重要，可作为标准品或者参考产品，并且评价员非常熟悉该样品，或者其他样品都必须和当前样品进行比较时，优先使用"A"-非"A"检验而不选择差别成对比较检验。"A"-非"A"检验也适用于敏感性检验，用于确定评价员能否辨别一种与已知刺激有关的新刺激或用于确定评价员对一种特殊刺激的敏感性。

3. 参评人员　通常需要10～50名品评人员，他们要经过一定的训练，做到对样品A和"非A"比较熟悉，在每次试验中，每个样品要被呈送20～50次。每个品评者可以只接受一个样品，也可以接受2个样品，一个A，一个非A，还可以连续品评10个样品。每次评定的样品数量视检验人员的生理疲劳和精神疲劳程度而定。需要强调的一点是，参加检验的人员一定要对样品A和非A非常熟悉，否则，没有标准或参照，结果将失去意义。

拓展阅读

"A"-非"A"检验在本质上是一种顺序差别成对比较检验或者简单差别检验。当试验不能使两种类型的产品有严格相同的颜色、形状或大小，但样品的颜色、形状或大小与研究目的不相关时，经常采用"A"-非"A"检验。但是颜色、形状或者大小的差别必须非常微小，而且只有当样品同时呈现时差别才比较明显。如果差别不是很小，评价员很可能将其记住，并根据这些外观差异做出他们的判断。

二、问答表设计与做法

"A"-非"A"检验的步骤一般为首先将对照样品"A"反复提供给评价员，直到评价员可以识别它为止。必要时也可以让评价员对非"A"也做体验。检验开始后，每次随机给出一个可能是"A"或者非"A"的样品，要求评价员辨别。提供样品应当有适当的时间间隔，并且一次评价的样品不宜过多，以免产生感官疲劳。

"A"-非"A"检验法问答表的一般形式见表4-29。

表4-29　"A"-非"A"检验法问答表

样品：	日期：	评价员：

1. 识别一下样品"A"和非"A"，并将其还给管理人员，取出编码的样品。
2. 由"A"和非"A"组成编码的系列样品的顺序是随机的，所有非"A"样品均为同类样品。两种样品的具体数目事先不告知。
3. 按顺序将样品——品尝并将判断记录在下面

样品编码	"A"	非"A"
____	□	□
____	□	□
____	□	□
...	...	...
____	□	□

评论：_____

注：事先给评价员分别出示样品"A"和非"A"

三、结果分析与判断

对评价表进行统计，并将结果汇总，并进行结果分析。用 χ^2 检验来进行解释。汇总表一般形式见表 4-30。

表 4-30 "A"-非"A"检验结果统计表

样品数	判断数	"A"和非"A"样品数		累计
		"A"	非"A"	
判断为"A"或非"A"的回答数	"A"	n_{11}	n_{12}	n_1
	非"A"	n_{21}	n_{22}	n_2
累计		$n_{.1}$	$n_{.2}$	$n_{..}$

注：n_{11} 为样品本身为"A"而评价员也认为是"A"的回答总数；n_{22} 为样品本身为非"A"而评价员也认为是非"A"的回答总数；n_{21} 为样品本身为"A"而评价员认为是非"A"的回答总数；n_{12} 为样品本身为非"A"而评价员认为是"A"的回答总数；n_1 为第一行回答数的总和，即评价员认为是"A"的总数；n_2 为第二行回答数的总和，即评价员认为是非"A"的总数；$n_{.1}$ 为第一列回答数的总和，即样品中"A"样品的总数；$n_{.2}$ 为第二列回答数的总和，即样品中非"A"样品的总数；$n_{..}$ 为所有回答数。

假设评价员的判断与样品本身的特性无关。

当回答总数为 $n_{..} \leqslant 40$ 或 $n_{ij}(i=1, 2; j=1, 2) \leqslant 5$ 时，χ^2 的统计量为

$$\chi^2 = [\,|n_{11} \times n_{22} - n_{12} \times n_{21}| - (n_{..}/2)\,]^2 \times n_{..}/(n_{.1} \times n_{.2} \times n_{1.} \times n_{2.})$$

当回答总数为 $n_{..} > 40$ 和 $n_{ij}(i=1,2; j=1,2) > 5$ 时，χ^2 的统计量为

$$\chi^2 = (\,|n_{11} \times n_{22} - n_{12} \times n_{21}|\,)^2 \times n_{..}/(n_{.1} \times n_{.2} \times n_{1.} \times n_{2.})$$

根据附录二，将 χ^2 统计量与 χ^2 分布临界值比较。

当 $\chi^2 \geqslant 3.84$ 时，为5%显著水平；

当 $\chi^2 \geqslant 6.63$ 时，为1%显著水平。

因此，在此选择的显著水平上拒绝原假设，即评价员的判断与样品特性有关，即认为样品"A"与非"A"有显著差异。

当 $\chi^2 < 3.84$ 时，为5%显著水平；

当 $\chi^2 < 6.63$ 时，为1%显著水平。

因此，在此选择的显著水平上接受原假设，即认为评价员的判断与样品本身的特性无关，即认为样品"A"与非"A"无显著差异。

"A"-非"A"检验法操作技术要点总结如下。

（1）此检验法本质上是一种顺序差别成对比较检验或简单差别检验。评价员先评价第一个样品，然后再评价第二个样品。要求评价员指明这些样品感觉是相同还是不同。此试验的结果只能表明评价员可察觉到样品的差异，但无法知道品质差异的方向。

（2）参加检验的所有评价员应具有相同的资格水平与检验能力。例如都是优选评价员或都是初级评价员等。需要7个以上专家或20个以上优选评价员或30个以上初级评价员。

（3）在检验中，样品有4种可能的呈送顺序，如 AA、BB、AB、BA。这些顺序要能够在评价员之间交叉随机化。在呈送给评价员的样品中，分发给每个评价员的样品数应相同，但样品"A"的数目与样品非"A"的数目不必相同。每次试验中，每个样品要被呈送20~50次。每个品评者可以只接受一个样品，也可以接受2个样品，一个"A"，一个非"A"，还可以连续品评10个样品。每次评定的样品数量视检验人员的生理疲劳程度而定，受检验的样品数量不能太多，应以品评人数较多来达到可靠的目的。

在检验中，每次样品出示的时间间隔很重要。一般是相隔2~5分钟。

案例分析

【**案例4-7**】评价员甜味敏感性测试——"A"-非"A"检验

问题：某公司欲进行评价员甜味敏感性测试，以筛选出合格的评价员。已知蔗糖的甜味（"A"刺激）与某种甜味剂（非"A"刺激）有显著性差别。

检验目的：确定某一评价员能否将甜味剂的甜味与蔗糖的甜味区别开。

试验设计：首先将对照样品"A"反复提供给评价员，直到评价员可以识别它为止。必要时也可让评价员对非"A"也做体验。检验开始后，每次随机给出一个可能是"A"或者非"A"的样品，要求评价员辨别。评价员评价的样品数：13个"A"和19个非"A"。检验调查问卷参见表4-29。

结果分析：评价员判别结果见表4-31。

表4-31　品评结果统计表

样品数	判断数	"A"和非"A"样品数		累计
		"A"	非"A"	
判断为"A"或非"A"的回答数	"A"	8	6	14
	非"A"	5	13	18
累计		13	19	32

由于 $n_{..}$ 小于40和 n_{21} 等于5，所以：

$$\chi^2 = \left[|n_{11} \times n_{22} - n_{12} \times n_{21}| - (n_{..}/2) \right]^2 \times n_{..} / (n_{.1} \times n_{.2} \times n_{1.} \times n_{2.})$$

$$= \left[|8 \times 13 - 6 \times 5| - (32/2) \right]^2 \times 32 / (13 \times 19 \times 14 \times 18)$$

$$= 1.73$$

因为 χ^2 统计量1.73小于3.84，得出结论：接受原假设，认为蔗糖的甜味与甜味剂的甜味没有显著性区别。或该评价员没能将甜味剂的甜味与蔗糖的甜味区别开。

任务六　五中取二检验法

PPT

情境导入

情境　某乳饮料生产商欲使用不同批次的草莓果酱生产草莓味乳饮料，两个批次的草莓果酱在颜色上存在细微差别，生产主管部门希望了解这两个批次生产的草莓味乳饮料在颜色上是否存在差别。请根据以上案例，选择五中取二检验方法，针对样品的外观进行评价。

思考　1. 什么是五中取二检验法？

2. 如何实施五中取二检验法？

一、五中取二检验法特点

1. 基本概念　五中取二检验法是评价员通过视觉、听觉和触觉等方面对样品进行检验，它是食品感官差别检验方法中主要方法之一。五中取二检验法，是指评价员同时得到5个以随机顺序排列的样品，其中2个是一种类型（A类型），另外3个是另外一种类型（B类型），要求评价员通过视觉、听觉、味觉等方法，将5个样品分成2个A类型样品和3个B类型样品两组。

2. 应用领域和范围 五中取二检验法是用来确定产品之间是否存在差异，其特点如下。

（1）从统计学上来讲，五中取二检验中单纯猜中的概率是1/10，而三点检验法单纯猜中的概率为1/3，二－三点检验单纯猜中的概率为1/2。由于单纯猜中的概率比较小，所以，五中取二检验的准确性更高。

（2）五中取二检验法由于要从5个样品中挑出2个相同的产品，这个试验受感官疲劳和记忆效果的影响比较大，一般只用于视觉、听觉和触觉方面的试验，而不用来进行气味或者味道的检验。

（3）由于五中取二检验方法准确率较高，所以需要的评价员人数相对较少，一般需要的人数是10～20人，当样品之间的差异较大，容易辨别时，5人也可以。所以当可用的评价员人数较少时，可以应用该方法。

3. 评价员 五中取二检验评价员的人数不要求很多，通常只需10人左右或稍多一些。当评价员人数少于10个时，多用此方法。当差别显而易见时，5～6个评价员也可以。所用评价员必须经过训练。所需最少参加人数由表4－32确定。

表4－32 五中取二检验所需最少参加人数表

α	β							
	0.50	0.40	0.30	0.20	0.10	0.05	0.01	0.001
$P_d=50\%$								
0.40	3	4	4	5	6	7	9	13
0.30	3	4	4	5	6	7	9	16
0.20	3	4	4	5	6	7	12	18
0.10	3	4	4	5	8	9	15	18
0.05	3	6	6	7	8	12	17	24
0.01	5	7	8	9	13	14	22	29
0.001	9	9	12	13	17	21	27	36
$P_d=40\%$								
0.40	4	4	5	6	7	9	12	20
0.30	4	4	5	6	7	9	15	23
0.20	4	4	5	6	7	12	15	23
0.10	4	4	5	9	10	15	18	30
0.05	6	7	7	11	13	18	24	33
0.01	8	9	12	14	18	23	30	42
0.001	12	13	17	21	26	31	41	54
$P_d=30\%$								
0.40	5	5	6	8	9	11	20	30
0.30	5	5	6	8	9	15	24	35
0.20	5	5	6	8	13	15	28	39
0.10	5	5	9	11	17	22	32	47
0.05	7	8	12	14	20	26	39	54
0.01	13	14	18	23	30	36	49	69
0.001	21	22	27	32	42	49	66	87
$P_d=20\%$								
0.40	6	7	8	10	13	21	38	59

α	β							
	0.50	0.40	0.30	0.20	0.10	0.05	0.01	0.001
0.30	6	7	8	10	18	26	43	69
0.20	6	7	8	15	22	30	53	79
0.10	10	11	17	23	31	40	62	94
0.05	13	19	24	27	40	53	76	108
0.01	24	30	36	43	57	70	99	136
0.001	38	48	55	67	81	99	129	172
$P_d = 10\%$								
0.40	9	11	13	22	40	60	108	184
0.30	9	16	19	34	54	80	128	212
0.20	14	22	31	47	73	99	161	245
0.10	25	38	54	70	103	130	206	297
0.05	41	55	70	94	127	167	244	349
0.01	77	98	121	145	192	233	330	449
0.001	135	156	187	224	278	332	438	572

注：表中数据为给定 α，β 和 P_d 下，五中取二检验所需最少参加人数。

二、问答表设计与做法

五中取二检验法是向评价员提供一组 5 个已经编码的样品，其中两个是一种类型，另外 3 个是一种类型，要求评价员将这些样品按类型分成两组。其平衡的排列方式有如下 20 种。

AAABB	BBBAA	AABAB	BBABA
ABAAB	BABBA	BAAAB	ABBBA
AABBA	BBAAB	ABABA	BABAB
BAABA	ABBAB	ABBAA	BAABB
BABAA	ABABB	BBAAA	AABBB

样品呈送的次序按照以上排列方式随机选取，如果参评人数低于 20 人，组合方式可以从以下组合中随机选取，但含有 3 个 A 和含有 3 个 B 的组合数要相同。评价员品尝之后，将 2 个相同的产品选出来。在五中取二检验法试验中，一般常用的问答表如表 4–33 所示。

表 4–33　五中取二检验问答表

五中取二检验

姓名：_____　　　　　　日期：_____

实验指令：

　按以下的顺序观察或感觉样品，其中有 2 个样品是同一种类型的，另外 3 个样品是另外一种

　请在你认为相同的两种样品的编码后面画"√"

编号	评语
862	_____
568	_____
689	_____
268	_____
436	_____

三、结果分析与判断

根据试验中正确作答的人数，查表4-34得出五中取二检验正确回答人数的临界值，最后作比较。假设有效鉴评表数为 n，回答正确的鉴评标数为 k，查表4-34中 n 栏的数值。若 k 小于这一数值，则说明在5%显著水平两种样品间无差异。若 k 大于或者等于这一数值，则说明在5%显著水平的两种样品有显著差异。

表4-34　五中取二试验正确回答人数的临界值

n	α							n	α						
	0.40	0.30	0.20	0.10	0.05	0.01	0.001		0.40	0.30	0.20	0.10	0.05	0.01	0.001
2				2	2	2	–	32	4	5	6	6	7	9	10
3	1	1	2	2	2	3	3	33	5	5	6	7	7	9	11
4	1	2	2	2	3	3	4	34	5	5	6	7	7	9	11
5	2	2	2	2	3	3	4	35	5	5	6	7	8	9	11
6	2	2	2	3	3	4	5	36	5	5	6	7	8	9	11
7	2	2	2	3	3	4	5	37	5	6	6	7	8	9	11
8	2	2	2	3	3	4	5	38	5	6	6	7	8	10	11
9	2	2	3	3	4	4	5	39	5	6	6	7	8	10	12
10	2	2	3	3	4	5	6	40	5	6	7	7	8	10	12
11	2	3	3	3	4	5	6	41	5	6	7	8	8	10	12
12	2	3	3	4	4	5	6	42	6	6	7	8	9	10	12
13	2	3	3	4	4	5	6	43	6	6	7	8	9	10	12
14	3	3	3	4	4	5	7	44	6	6	7	8	9	11	12
15	3	3	3	4	5	6	7	45	6	6	7	8	9	11	13
16	3	3	4	4	5	6	7	46	6	7	7	8	9	11	13
17	3	3	4	4	5	6	7	47	6	7	7	8	9	11	13
18	3	3	4	4	5	6	8	48	6	7	8	9	9	11	13
19	3	3	4	5	5	6	8	49	6	7	8	9	10	11	13
20	3	4	4	5	5	7	8	50	6	7	8	9	10	11	14
21	3	4	4	5	6	7	8	51	7	7	8	9	10	12	14
22	3	4	4	5	6	7	8	52	7	7	8	9	10	12	14
23	4	4	4	5	6	7	9	53	7	7	8	9	10	12	14
24	4	4	5	5	6	7	9	54	7	7	8	9	10	12	14
25	4	4	5	5	6	7	9	55	7	7	8	9	10	12	14
26	4	4	5	6	6	8	9	56	7	8	8	9	10	12	14
27	4	4	5	6	6	8	9	57	7	8	9	10	11	12	14
28	4	5	5	6	7	8	10	58	7	8	9	10	11	13	15
29	4	5	5	6	7	8	10	59	7	8	9	10	11	13	15
30	4	5	5	6	7	8	10	60	7	8	9	10	11	13	15
31	4	5	5	6	7	8	10								

注：1. 对于不在表中的 n 值，可以通过公式 $x = \dfrac{3}{10} \times z_a \sqrt{n} + \dfrac{(n+5)}{10}$ 进行计算，其中 n = 评价员数量；x = 正确判断的最小数，取整数；z 值可以按照公式 $z = (k - 0.1n)/\sqrt{0.09n}$，$k$ 为正确回答的人数。将 z 值同临界值 z_a 进行比较（$z_a = t_a, \infty$），$z_{0.05} = 1.64$，$z_{0.01} = 2.33$。

2. 有两种方法可以判定两类样品是否存在显著区别。一是将正确回答的人数与表中查到的人数进行比较，在表中 α 为显著水平，n 为参加试验的人数，如果正确回答的人数大于表中所查数据，则表明具有显著区别。第二种方法是根据评价员的人数和回答正确的人数查表，找出对应回答正确人数的 α 值（是指错误地估计两者之间的差别存在的可能性），对应的 α 值越小，证明错误地估计两类产品之间差别的可能性越小，两类产品存在显著差别的可能性越大。

☆五中取二检验法操作技术要点总结如下。

（1）此检验方法可识别出两样品间的细微感官差异。从统计学上讲，在这个试验中单纯猜中的概率是1/10，低于三点检验法的1/3和二-三点检验法的1/2，在统计上更具有可靠性。

（2）人数不要求很多，通常只需10人左右或稍多一些。当评价员人数少于10个时，多用此方法。当差别显而易见时，5~6个评价员也可以。所用评价员必须经过训练。

（3）在每次评定试验中，样品的呈送有一个排列顺序。其可能的组合有20个，如果评价员的人数不是正好20个，则呈送样品的顺序组合可从此20种组合中随机选择，但选取的组合中含3个A的组合数应与含3个B的组合数相同。

📖 **案例分析**

【案例4-8】麦麸纤维面包质感感官品评——五中取二检验法

问题：小麦麸皮为植物性膳食纤维的代表，其所含营养成分之高远远超过我们每日主食的面粉，但其不易消化吸收且口感粗糙，因此实际应用很少。某面包生产商欲生产麦麸纤维面包，并研究分析小麦麸皮的添加对面包口感的影响。因此，厂商决定用一次感官评定来比较未添加麸皮及添加50%麸皮面包的粗糙度，以决定是否在面包中添加麸皮。

检验目的：确定添加50%麸皮面包的粗糙度能否区别于未添加麸皮的面包。

试验设计：当感觉疲劳影响很小时，五中取二试验对评定差异是最有效的方法。假设选定$\alpha = 0.05$，$\beta = 0.05$，$P_d = 50\%$（分别表示错误地估计两者之间的差别存在的可能性为0.05，错误地估计两者之间的差别不存在的可能性为0.05，能够分辨出差异的人数比例为50%），查表4-32，可知只需要12人的鉴评小组就能够测试出微小的差异。随机抽取两种面包的12个组合。要求鉴评小组成员评定出哪两种样品的口感相同且与其他三个样品不同。设计工作准备表见表4-35。

表4-35 五中取二检验工作准备表

五中取二检验工作准备表

日期：			试验编号：			

样品种类：麦麸纤维面包
试验类型：五中取二试验

样品情况
A（未添加麸皮的面包）　　　　B（添加麸皮的面包）

将每个样品按下列顺序放置在评价员的前面

评价员编号	样品顺序					评价员编号	样品顺序				
1	A	A	B	B	B	7	B	B	A	A	A
2	A	B	B	A	B	8	B	A	B	A	A
3	B	A	A	B	B	9	A	B	B	A	A
4	B	B	A	B	A	10	A	B	B	A	A
5	B	B	A	B	A	11	A	B	A	A	B
6	A	B	B	B	A	12	A	A	B	A	B

试验时在品评员的正前方摆放一个托盘，将样品放在其中，要求品评员从左到右依次品尝样品。给每个样品编上一个随机三位数的编号。试验记录表见表4-36。

表 4-36　五中取二试验记录表

五中取二试验		

姓名：_____　　　日期：_____　　　试验编号：_____

样品类型：麦麸纤维面包
差异类型：五中取二试验

说明：
1. 按照以下顺序评定样品，2 种是同一种类型，另外 3 种是另一种类型。用手指或手掌轻轻抚摸其表面
2. 辨别出只有两个相同的类型，在相应的方框内画"√"

样品编号	符号√	注释
_____	☐	_____
_____	☐	_____
_____	☐	_____
_____	☐	_____
_____	☐	_____

结果分析：假设在 12 个评价员中，5 个能正确地把样品分开。厂商可接受的显著水平为 0.05，查表 4-34，在显著水平 $\alpha=0.05$，$n=12$ 时，临界值是 4，结果 5 > 临界值 4，因此两种样品的表面质感有显著差异。通过试验，厂商得知两种类型面包口感粗糙度的差异是很容易区分的，因此，该厂商还需对新产品进行改进。反之，如果仅有 3 个人能正确地把样品分开，即结果 3 < 4，则说明添加麸皮面包和不添加麸皮面包的表面质感没有显著差异。

PPT

任务七　选择试验法

情境导入

情境　企业把自己新开发出来的商品 A，与市场上销售的三个同类商品 X、Y、Z 进行比较。由若干评价员进行评价，并选出一个最好的产品。请根据以上案例，采用选择试验方法，对样品进行评价。

思考　1. 什么是选择试验法？
　　　　2. 如何实施选择试验法？

一、选择试验法特点

1. 基本概念　选择试验法是指从三个以上的样品中，选择出一个最喜欢或最不喜欢样品的检验方法。该方法常用于偏爱调查。

2. 方法特点

（1）试验简单易懂，不复杂，技术要求低。

（2）不适用于一些味道很浓或延缓时间较长的样品，这种方法在做品尝时，要特别强调漱口，在做第二试验之前，都必须彻底地洗漱口腔，不得有残留物和残留味的存在。

（3）对评定员没有硬性规定，但要求必须经过培训，一般在 5 人以上，多则 100 人以上。

（4）常用于嗜好调查，出示样品的顺序是随机的。方法比较简单。

二、问答表设计与做法

常用的选择试验法调查问答表见表 4 - 37。

表 4 - 37　选择试验法调查问答表样例

选择试验法	
姓名：	日期：

试验指令：
1. 从左到右依次品尝样品。
2. 品尝之后，请在你最喜欢的样品号码上画圈

样品编码 1	样品编码 2	样品编码 3

三、结果分析与判断

通过选择试验可以得出两个结果，一个结果是判定若干个样品间是否存在差异，另一个结果是判定多数人认为最好的样品与其他样品间是否存在差异。现分别叙述如下。

1. 求若干个样品间有无差异　数个样品间有无差异可以根据 χ^2 检验判断。x_0^2 按照如下公式计算得出。

$$x_0^2 = \sum_{i=1}^{m} \frac{\left(x_i - \frac{n}{m}\right)^2}{\frac{n}{m}}$$

式中，m 为样品数；n 为有效鉴评表数；x_i 为 m 个样品中，最喜好其中某个样品的人数。

计算出结果后，与 χ^2 分布表比较，若 $x_0^2 \geq \chi^2(df, \alpha)$（$df = m-1$，$\alpha$ 为显著水平）说明 m 个样品在 α 显著水平存在差异。反之，若 $x_0^2 \leq \chi^2(df, \alpha)$（$df = m-1$，$\alpha$ 为显著水平）说明 m 个样品在 α 显著水平无差异（df 为自由度，$df = m-1$）。

2. 求被多数人判断为最好的样品与其他样品间是否存在差异　被多数人判断为最好的样品与其他样品间是否存在差异用如下公式求 x_0^2。

$$x_0^2 = \left(x_i - \frac{n}{m}\right)^2 \times \frac{m^2}{(m-1) \times n}$$

计算出结果后，查 χ^2 分布表，若 $x_0^2 \geq \chi^2(f, \alpha)$（$f = m-1$，$\alpha$ 为显著水平）说明 m 个样品在 α 显著水平存在差异。否则，无差异。

📋 案例分析

【案例 4 - 9】产品比较

问题：某生产厂家把自己生产的商品 A，与市场上销售的 3 个同类商品 X、Y、Z 进行比较。由 80 位评价员进行评价，并选出一个最好的产品来，结果显示，分别嗜好 A、X、Y、Z 的人数为 26、32、16、6。

求 4 个商品的喜好度有无差异。

$$x_0^2 = \sum_{i=1}^{m} \frac{\left(x_i - \frac{n}{m}\right)^2}{\frac{n}{m}} = \frac{m}{n} \sum_{i=1}^{m} \left(x_i - \frac{n}{m}\right)^2$$

$$= \frac{4}{80} \times \left\{ \left(26 - \frac{80}{4}\right)^2 + \left(32 - \frac{80}{4}\right)^2 + \left(16 - \frac{80}{4}\right)^2 + \left(6 - \frac{80}{4}\right)^2 \right\} = 19.6$$

$df = 4 - 1 = 3$

查 χ^2 分布表可知：

$$\chi^2(3, 0.05) = 7.8 < x_0^2 = 19.6$$
$$\chi^2(3, 0.01) = 11.34 < x_0^2 = 19.6$$

所以，结论为4个商品间的喜好度在1%显著水平有显著差异。

求多数人判断为最好的商品与其他商品间是否有差异，计算如下。

$$x_0^2 = \left(x_i - \frac{n}{m}\right)^2 \times \frac{m^2}{(m-1) \times n}$$

$$= \left(32 - \frac{80}{4}\right)^2 \times \frac{4^2}{3 \times 80} = 9.6$$

查 χ^2 分布表可知：

$$\chi^2(1, 0.05) = 3.84 < x_0^2 = 9.6$$
$$\chi^2(1, 0.01) = 6.63 < x_0^2 = 9.6$$

所以，结论为被多数人判断为最好的商品 X 与其他商品间存在极显著差异，但与商品 A 相比，由于 $\chi_0^2 = \left(32 - \frac{58}{2}\right)^2 \times \frac{2^2}{(2-1) \times 58} = 0.62$，远远小于 $\chi^2(1, 0.05)$，故可以认为无差异。

任务八　配偶试验法

PPT

情境导入

情境　评价员提供蔗糖、食盐、酒石酸、谷氨酸钠、硫酸奎宁5种物质的溶液（质量分数分别为0.4%、0.13%、0.005%、0.05%、0.0064%）和2杯蒸馏水，共7杯试样。要求评价员选择出与甜、咸、酸、苦、鲜味对应的溶液。请根据以上案例，采用配偶试验法，对样品进行评价。

思考　1. 什么是配偶试验法？

　　　　2. 如何实施配偶试验法？

一、配偶试验法特点

1. 基本概念　把两组试样逐个取出各组的样品进行两两归类的方法叫作配偶试验法。

2. 方法特点

（1）此方法可应用于检验品评员的识别能力，也可用于识别样品间的差异。

（2）检验前，两种样品的顺序必须是随机的，但样品的数目可不尽相同，如 A 组有 m 个样品，B 组中可有 m 个样品，也可有 $m+1$ 或者 $m+2$ 个样品，但配对数只能是 m 对。

二、问答表设计与做法

配偶试验法问答表的一般形式见表4-38。

表4-38　配偶试验法问答表的一般形式

配偶试验法

姓名：　　　　　　　　评价员编号：　　　　　　　　　　　　日期：

试验指令：

1. 有两组样品，要求从左到右依次品尝。
2. 品尝之后，把A、B两组中两个相同的样品组成一对，并在下列空格中填入它们的样品号

A组	B组
编号1	编号5
编号2	编号6
编号3	编号7
编号4	编号8

归类结果：

_____和_____

_____和_____

_____和_____

_____和_____

三、结果分析与判断

检验结果的分析方法为，首先统计出正确配对数平均值，即S_0值，然后根据以下具体情况进行分析。

1. m对样品重复配对时，如果S_0大于或者等于表4-39中的相应值，则说明样品在5%显著水平上有差异。

2. m对样品与（$m+1$）或（$m+2$）个样品配对时，如果S_0大于或等于表4-40中的相应值，则说明样品在5%显著水平上有差异，或者是评价员在此显著水平上有识别能力。

表4-39　配偶试验检验表（$\alpha=5\%$）

n	S	n	S	n	S	n	S	n	S	n	S
1	4.00	4	2.25	7	1.83	10	1.64	13	1.54	20	1.43
2	3.00	5	1.90	8	1.75	11	1.60	14	1.52	25	1.36
3	2.33	6	1.86	9	1.67	12	1.58	15	1.50	30	1.33

表4-40　配偶试验检验表（$\alpha=5\%$）

m	S	
	$m+1$	$m+2$
3	3	3
4	3	3
5	3	3
6以上	4	3

注：本表适用于m个与（$m+1$）个或（$m+2$）个样品配对时。

案例分析

【案例4-10】加工食品检验—配偶检验法

问题：某食品厂用8种不同的加工方法加工出相应的8种食品，请4名评价员通过外观，对这8种食品进行配偶试验，以判断这8种食品是否有显著差异。

试验设计：配偶试验问答表见表4-38。

假设结果见表 4 – 41。

表 4 – 41 评价员配偶结果统计表

评价员	样品							
	A	B	C	D	E	F	G	H
1	B	C	E	D	A	F	G	B
2	A	B	C	E	D	F	G	H
3	A	B	F	C	E	D	H	C
4	B	F	C	D	E	C	A	H

4 人的平均正确配偶数 $\overline{S_0}$ = (3 + 6 + 3 + 4)/4 = 4，查表 4 – 39 中 n = 4 一栏，S = 2.25 < $\overline{S_0}$ = < 4，说明这 8 个样品在 5% 显著水平有差异，或这 4 名评价员有识别能力。

【案例 4 – 11】 评价员训练试验

向某个评价员提供砂糖、食盐、酒石酸、硫酸奎宁、谷氨酸钠五种味道的稀释溶液分别为 400、130、50、6.4mg/100ml 和两杯蒸馏水，共 7 杯试样。结果如下：甜—食盐、咸—砂糖、酸—酒石酸、苦—硫酸奎宁、鲜—蒸馏水，即该评价员判断出两种味道的试样，即 $\overline{S_0}$ = 2，而查表 4 – 40 中 m = 5，(m + 2) 栏的临界值为 3 > $\overline{S_0}$ = 2，说明该评价员在 5% 显著水平无判断味道的能力。

答案解析

1. 什么是差别成对比较检验法？简要说明其优点。
2. 简述二 – 三点检验法的应用领域和范围。
3. 差别成对比较检验法品评样品有哪些操作步骤？
4. 五中取二检验法对评价员的要求是什么？
5. 简要说明"A" – "非 A"检验法的特点、应用领域和范围。

书网融合……

本章小结　　　　　题库

项目五

排列试验

 学习目标

知识目标

1. **掌握** 排序检验法、分类试验法结果分析与判断。
2. **熟悉** 排序检验法、分类试验法问答表设计与试验组织流程。
3. **了解** 排序检验法、分类试验法的使用方法和设计原理。

能力目标

1. 会设计排序检验、分类试验法的准备工作表、问答卷以及工作方案。
2. 能够根据感官试验案例选择合适的排列试验检验方法。
3. 能够采用排列试验方法对试验样品进行比较，并对试验结果进行分析。

素质目标

1. 树立食品安全的社会责任感。
2. 培养严谨细致、精益求精的工匠精神。
3. 培养团结协作、爱岗敬业的职业精神。

【国家标准】

GB/T 16291.1—2012《感官分析 选拔、培训与管理评价员一般导则 第1部分：优选评价员》

GB/T 16291.2—2010《感官分析 选拔、培训和管理评价员一般导则 第2部分：专家评价员》

GB/T 12315—2008《感官分析 方法学 排序法》

GB/T 10220—2012《食品感官分析方法学 总论》

GB/T 18187—2000《酿造食醋》

PPT

任务一 排序检验法

 情境导入

情境 某休闲食品研发部门计划开发一款番茄口味的薯片。研发人员调整不同番茄复合调味料的添加比例，共设计出4款配方的薯片产品。现需采用排序检验法对这4款配方进行预选，以便确认质量最佳的配方。

思考 1. 什么是排序检验法？

2. 如何实施排序检验法？

一、排序检验法特点

1. 基本概念　差别检验在同一时间内只能比较两种样品，将数个样品（3 个或 3 个以上）按照其某项品质程度（如某特性的强度或嗜好程度等）的大小进行排序，计算序列和，然后对数据进行统计分析，这种方法称为排序检验法。该法只排出样品的次序，表明样品之间的相对大小、强弱、好坏等，属于程度上的差异，而不评价样品间的差异大小。此法的优点是可利用同一样品，对其各类特征进行全面检验，排出优劣，且方法较简单，结果可靠，即使样品间差别很小，只要评价员很认真，或者具有一定的检验能力，都能在相当精确的程度上排出顺序。

排序检验法设计方案包括随机完全区组设计、随机区组设计、平衡不完全区组设计。当要比较多个样品特定感官性质差异时，样品数量较少，如 3～8 个，且刺激不太强、不容易发生感官适应时，可以采用随机区组设计方案。此时，将评价员看成是区组，每个评价员评定所有的样品，各评价员得到的样品以随机或平衡的次序呈送，即是随机完全区组设计或随机区组设计。

如果要同时比较 6～16 个样品感官性质差异，并且容易产生适应，同时评价所有的样品会影响结果，此时可以采用平衡不完全区组设计方案。在该设计中，评价员同样被看作是区组，但每个评价员不评定所有的样品，仅评定其中的部分样品，这样可以有效地降低感官适应等对结果的影响。评价结果同样可以进行统计分析比较出各样品间的差异。

如对 2 个样品进行排序时，通常采用成对比较法。

2. 应用领域和范围　当试验目的是就某一项性质对多个产品进行比较时，比如，甜度、新鲜程度等，使用排序检验法是进行这种比较的最简单的方法。排序法比任何其他方法更节省时间。它常被用在以下工作。

（1）确定由于不同原料、加工、处理、包装和储藏等各环节而造成的产品感官特性差异。

（2）当样品需要为下一步的试验预筛或预分类，即对样品进行更精细的感官分析之前，可应用此方法。

（3）对消费者或市场经营者订购的产品进行可接受性调查。

（4）用于企业产品的精选过程。

（5）可用于评价员的选择和培训。

3. 参评人员

（1）评价员的基本条件和要求

①身体健康，不能有任何感觉方面的缺陷。

②各评价员之间及评价员本人要有一致的和正常的敏感性。

③具有从事感官评定的兴趣。

④个人卫生条件较好，无明显个人气味。

⑤具有所检验产品的专业知识并对所检验的产品无偏见。

为了保证评定质量，要求评价员在感官评定期间具有正常的生理状态。为此对评价员有相应的要求，比如要求评价员不能饥饿或过饱，在检验前 1 小时内不能抽烟，不吃东西，但可以喝水，评价员不能使用有气味的化妆品，身体不适时不能参加检验。

（2）评价员应具备的条件及人数的要求根据检验目的确定，见表 5 - 1。

表 5-1 根据检验目的选择参数

检验目的		评价员水平	评定人数	统计学方法		
				已知顺序比较（评价员工作）	产品顺序未知（产品比较）	
					两个产品	两个以上产品
评价员评估	个人表现评估	评价员或专家	无限制	Sprearman 检验	符号检验	Friedman 检验
	小组表现评估	评价员或专家	无限制	Page 检验		
产品评估	描述性检验	评价员或专家	12~15 人			
	偏好性检验	消费者	不同类型消费者组，每组至少 60 人			

所有参加检验的评价员均应符合 ISO 6658：2015、ISO 8586-1：2012《感官分析 选定的评估员和专业感官评估人员的选择、培训和监视的通用指南》和 ISO 8586-2：2008《感官分析 选拔、培训和管理评价员的一般导则 第2部分：专家感官评估员》的要求，并应接受关于排序检验法和所使用描述词的专门培训。

参加检验的所有评价员应尽可能地具有同等的资格水平，所需水平的高低由检验目的来决定。

如要开展以下三方面的工作，需要选择优选评价员或专家：①培训评价员；②进行描述性分析，确定由于原料、加工、包装、贮藏以及被检样品稀释顺序的不同，而造成的对产品一个或多个感官指标强度水平的影响；③测试评价员个人或小组的感官阈值。

如只进行偏爱性检验或者样品的初步筛选（即从大量的产品中挑选出部分产品做进一步更精细的感官评定），可选择未经培训的评价员或消费者，但要求他们接受过该方法的培训。

检验前应向评价员说明检验的目的。必要时，可在检验前演示整个排序法的操作程序，确保所有评价员对检验的准则有统一的理解。检验前的统一认识不应影响评价员的下一步评定。

4. 物理条件

（1）环境 感官评定应在专门的检验室进行，应给评价员创造一个安静的不受干扰的环境。检验室应与样品制备室分开。室内应保持舒适的温度与通风，避免无关气体污染检验环境。检验室空间环境不宜太小，以免评价员有压抑的感觉，座位应舒适，应限制音响，特别是尽量避免使评价员分心的谈话及其他干扰，应控制光的色彩和强度。

（2）器具与用水 与样品接触的容器应适合所盛样品。容器表面无吸收性并对检验结果无影响。应尽量使用已规定的标准化容器。应保证供水质量。为某些特殊目的，可使用蒸馏水、矿泉水、过滤水、凉开水等。

5. 样品的制备与呈送 样品的制备需按照相关的要求进行制备，保持于适宜的温度提供给评价员。评价样品总数一般不超过 8 个，需盛装在相同的容器中呈送给评价员，送交每个评价员检验的样品量应相等，并足以完成所要求的检验次数。检验中可使用参比样，参比样放入系列样品中不单独标示。

二、问答表设计与做法

排序检验法问答表设计需明确评价的指标和准则。问答表中需清晰注明是按照产品的一种特性进行排序，还是对产品的整体特性进行排序。比较的排列顺序是由强到弱还是由弱到强。排序检验法问答表的一般形式如表 5-2 所示。

【**案例 5-1**】以糕点甜度排序为例，现有 4 款糕点样品，要求 6 名评价员按甜度增加的顺序进行排序。

表5-2 排序法问答表示例

排序检验点检验

评价员编号：_____　　　姓名：_____　　　日期：_____

实验指令：
1. 请从左到右依次品尝样品。
2. 品尝后，在下面的表格中按甜度增加的顺序填写样品的编号。
3. 如实在无法区分两种样品甜度的差别，请在评价表中注明为同位级（样品编号间添加"＝"）

最不甜			最甜

三、结果分析与判断

1. 统计样品秩次和秩和　统计问答表结果，将上述案例中6名评价员对4种糕点样品的甜度排序评价汇集在表5-3中。

表5-3 评价员的排序结果

评价员	秩次			
	1	2	3	4
1	A	B	C	D
2	B ＝	C	A	D
3	A	B ＝	C ＝	D
4	A	B	D	C
5	A	B	C	D
6	A	C	B	D

统计样品秩次和秩和。在每名评价员对每个样品排出的秩次当中有相同的秩次时，则取平均秩次。即如果4个样品中，对中间两个的顺序无法确定时，则两个样品的排序相同，秩次计算为：$(2+3)/2=2.5$。以2号评价员评价结果为例，D样品秩次为4，A样品秩次为3，B、C样品排序相同，则计算B、C样品秩次为$(1+2)/2=1.5$。

秩次计算完成后，分别计算每种样品的秩和，见表5-4。

表5-4 评价员的排序结果秩次和秩和

评价员	样品				秩和
	1	2	3	4	
1	1	2	3	4	10
2	3	1.5	1.5	4	10
3	1	3	3	3	10
4	1	2	4	3	10
5	1	2	3	4	10
6	1	3	2	4	10
每种样品的秩和	8	13.5	16.5	22	60

2. 统计分析　使用Friedman检验和Page检验对被检验样品之间是否有显著性差异做出判断。

（1）Friedman检验　先用式（5-1）求出统计量F。

$$F = \frac{12}{JP(P+1)}(r_1^2 + r_2^2 + \cdots\cdots + r) - 3J(P+1) \tag{5-1}$$

式中，J 表示品评员数；P 表示样品（或产品）数；r_1^2，r_2^2，……，r_P^2，表示每种样品的秩和。

查附录四，若计算出的值大于或等于表中对应于 P、J、α 的临界值，则可以判定样品之间有显著差异；若小于相应临界值，则可以判定样品之间没有显著差异。

当品评员数 J 较大，或当样品数 P 大于 5 时，超出附录四的范围，可查 χ^2 分布表，F 值近似服从自由度为 $P-1$ 的 χ^2 值。

上例中（表5-4）的 F 值计算如下。

$$F = \frac{12}{6 \times 4 \times (4+1)}(8^2 + 13.5^2 + 16.5^2 + 22^2) - 3 \times 6 \times (4+1) = 10.25$$

当品评员实在分不出某两种样品之间的差异时，可以允许将这两种样品排定同一秩次，这时用 F' 代替 F：

$$F' = \frac{F}{1 - E/[JP(P^2 - 1)]} \tag{5-2}$$

式中，E 值通过下式得出。

令 n_1，n_2，……，n_k 为出现相同秩的样品数，若没有相同秩次，$n_k = 1$，则：

$$E = (n_1^3 - n_1) + (n_2^3 - n_2) + \cdots\cdots + (n_k^3 - n_k) \tag{5-3}$$

表5-4中，出现相同秩次的样品数有：$n_2 = 2$，$n_3 = 3$，其余均没有相同秩次，所以：

$$E = (2^3 - 2) + (2^3 - 2) + \cdots\cdots(1^3 - 1) = 6 + 24 = 30$$

故：

$$F' = \frac{F}{1 - 30/\{6 \times 4 \times [4^2 - 1]\}} = 1.09F = 11.17$$

用 F' 与 Friedman 检验临界值（附录四）或 χ^2 分布表（附录二）中的临界值比较，从而得出统计结论。

本例中，$F' = 11.17$，大于附录四中相应的 $P = 4$、$J = 6$、$\alpha = 0.01$ 的临界值 10.20，所以可以判定在 1% 显著水平下，样品之间有显著差异。

（2）Page 检验　有时样品有自然的顺序，例如样品成分的比例、温度、不同的贮藏时间等因素造成的自然顺序。为了检验该因素的效应，可以使用 Page 检验。该检验也是一种秩和检验，在样品有自然顺序的情况下，Page 检验比 Friedman 检验更有效。

如果 r_1，r_2，……，r_P 是以确定的顺序排列的 p 种样品的理论上的平均秩次，如果两种样品之间没有差别，则应 $r_1 = r_2 = \cdots = r_P$。否则，$r_1 \leqslant r_2 \leqslant \cdots \leqslant r_P$，其中至少一个不等式是成立的，也就是原假设不能成立，检验原假设能够成立，用下式计算统计量来确定。

①计算 Page 系数 L，验证该不等式是否成立。

$$L = r_1 + 2r_2 + \cdots + PR_P$$

若计算出的 L 值大于或等于附录七中的相应的临界值，则拒绝原假设而判定样品之间有显著差异。

如上例中，根据秩和顺序，可将样品初步排序为：$A \leqslant B \leqslant C \leqslant D$。

计算 L 值：$L = 1 \times 8 + 2 \times 13.5 + 3 \times 16.5 + 4 \times 22 = 172.5$

当 $P = 4$，$J = 6$，$\alpha = 0.01$，Page 检验的临界值为 167，因为 $L > 167$，所以可以判定在 1% 的显著性水平下，样品之间有显著性差异。

如若品评员人数 J 或样品数 P 超出附录四的范围，可用 L' 做检验，见下式。

$$L' = \frac{12L - 3JP(P+1)^2}{P(P+1)\sqrt{J(P-1)}}$$

当 $L' \geqslant 1.65$，$\alpha = 0.05$；$L' \geqslant 2.33$，$\alpha = 0.01$。以此判定样品之间有显著差异。

（3）多重比较与分组　当用 Friedman 检验或 Page 检验确定了样品之间存在显著差异之后，可采用下述方法进一步确定各样品之间的差异程度。

根据各样品的秩和 rp 从小到大将样品初步排序，上例的排序为：

$$r_A \quad\quad r_B \quad\quad r_C \quad\quad r_D$$
$$8 \quad\quad 13.5 \quad\quad 16.5 \quad\quad 22$$

计算临界值 $r(I, \alpha)$

$$r(I, \alpha) = q(I, \alpha)\sqrt{\frac{JP(P+1)}{12}}$$

式中，$q(I, a)$ 值可查表 5-5，其中，$I = 2$，3，……，p。

本例中，根据表 5-5，临界值 $r(I, a)$ 为：

$$r(I, \alpha) = q(I, \alpha)\sqrt{\frac{6 \times 4 \times (4+1)}{12}} = 3.16q(I, \alpha)$$

比较与分组：以下列的顺序检验这些秩和的差数：最大减最小，最大减次小……最大减次大；然后次大减最小，次大减次小依次减下去，一直到次小减最小。

$$r_{AP} - r_{A1} \text{ 与 } r(P, \alpha) \text{ 比较；}$$
$$r_{AP} - r_{A2} \text{ 与 } r(P-1, \alpha) \text{ 比较；}$$
$$\cdots\cdots$$
$$r_{AP} - r_{AP-1} \text{ 与 } r(2, \alpha) \text{ 比较；}$$
$$r_{AP-1} - r_{A1} \text{ 与 } r(P-1, \alpha) \text{ 比较；}$$
$$r_{AP-1} - r_{A2} \text{ 与 } r(P-2, \alpha) \text{ 比较；}$$
$$r_{A2} - r_{A1} \text{ 与 } r(2, \alpha) \text{ 比较；}$$
$$\cdots\cdots$$

若相互比较的两个样品 A_j 与 A_i 的秩和之差 $r_{Aj} - r_{Ai} (j > i)$ 小于相应的 r 值，则表示这两个样品以及秩和位于这两个样品之间的所有样品无显著差异，在这些样品以下可用一横线表示，即：$\underline{A_i \quad A_{i+1} \quad A_j}$ 横线内的样品不必再作比较。

若相互比较的两个样品 A_j 与 A_i 的秩和之差 $r_{Aj} - r_{Ai}$ 大于或等于相应的 r 值，则表示这两个样品有显著差异，其下面不划横线。

不同横线上面的样品表示不同的组，若有样品处于横线重叠处，应单独列为一组。查表 5-5 可得。

$$r(4, 0.05) = q(4, 0.05) \times 3.16 = 3.63 \times 3.16 = 11.47$$
$$r(3, 0.05) = q(3, 0.05) \times 3.16 = 3.31 \times 3.16 = 10,46$$
$$r(2, 0.05) = q(2, 0.05) \times 3.16 = 2.77 \times 3.16 = 8.75$$

由于：

$$r_4 - r_1 = 22 - 8 = 14 > r(4, 0.05) = 11.47，\text{ 不可划线。}$$
$$r_4 - r_2 = 22 - 13.5 = 8.5 < r(3, 0.05) = 10.46，\text{ 可划线。}$$
$$r_3 - r_1 = 16.5 - 8 = 8.5 < r(3, 0.05) = 10.46，\text{ 可划线。}$$

结果如下：

$\underline{A} \quad \underline{B \quad C \quad D}$

最后分为 3 组。

<u>A</u>　　<u>B</u>　　<u>C</u>　　<u>D</u>

结论:在5%的显著水平上,D样品最甜,C、B样品次之,A样品最不甜,C、B样品在甜度上无显著差异。

表5-5　$q(I, \alpha)$ 值

I	$\alpha = 0.01$	$\alpha = 0.05$	I	$\alpha = 0.01$	$\alpha = 0.05$
2	3.64	2.77	20	5.65	2.15
3	4.12	3.31	22	5.71	2.08
4	4.40	3.63	24	5.77	5.14
5	4.60	3.86	26	5.82	5.20
6	4.76	4.03	28	5.87	5.25
7	4.88	4.17	30	5.91	5.30
8	4.99	4.29	32	5.95	5.35
9	5.08	4.39	34	5.99	5.39
10	5.16	4.47	36	6.03	5.43
11	5.23	4.55	38	6.06	5.46
12	5.29	4.62	40	6.09	5.50
13	5.35	4.69	50	6.23	5.65
14	5.40	4.74	60	6.34	5.76
15	5.45	4.80	70	6.43	5.86
16	5.49	4.85	80	6.51	5.95
17	5.54	4.89	90	6.58	6.02
18	5.57	4.93	100	6.64	6.09
19	5.61	4.97			

(4) Kramer 检定法　首先列出表5-3与表5-4那样的统计表,查顺位检验法检验表(附录八、附录九)。得到检验表($\alpha = 5\%$,$\alpha = 1\%$)中的相应于品评员数 J 和样品数 P 的临界值,从而分析出检验的结果。

查附录八($\alpha = 5\%$)和附录九($\alpha = 1\%$),相应于 $J = 6$ 和 $P = 4$ 的临界值:

　　　　　　5%显著水平　　　　1%显著水平

上段　　　9~21　　　　　　8~22

下段　　　11~19　　　　　　9~21

首先通过上段来检验样品间是否有显著差异,把每个样品的位级和与上段的最大值 r_{imax} 和最小值 r_{imin} 相比较。若样品位级和的所有数值都在上段的范围内,说明样品间没有显著差异。若样品位级和不小于 r_{imax} 或不大于 r_{imin},则样品间有显著差异。根据表5-5,由于最大 $r_{imax} = 22 = R_D$,最小值 $r_{imax} = 8 = r_A$,所以说明在1%显著水平,4个样品之间有显著性差异。再通过下段检查样品间的差异程度,若样品 r_n 处在下段范围外,则可将其划为一组,表明其间无差异;若样品的位级和 r_n 落在下段的范围内之外,则落在上限之外和落在下限之外的样品就可分别组成一组。由于最大 $r_{imax} = 21 < r_D = 22$,最小 $r_{imin} = 9 > r_A = 8$,$r_{imin} = 9 < r_B = 13.5 < r_C = 16.5 < r_{imax} = 21$,所以 A、B、C、D 四个样品可划分为 3 个组:<u>D</u> <u>B C</u> <u>A</u>。

结论:在1%的显著水平上,D样品最甜,C、B样品次之,A样品最不甜,C、B样品在甜度上无显著差异。

☆排序检验法要点总结如下。

(1) 当评定少量样品的复杂特性时,选用此法是快速而又高效的。此时样品数一般小于6个。

(2) 但样品数量较大(如大于20个),且不是比较样品间的差别大小时,选用此法也具有一定优势。但其信息量却不如定级法大,此法可不设对照样,将两组结果直接进行对比。

（3）进行检验前，应由组织者对检验提出具体的规定，对被评价的指标和准则要有一定的理解，如对哪些特性进行排列；排列的顺序是从强到弱还是从弱到强；检验时操作要求如何；评价气味时是否需要摇晃等。

（4）排序检验只能按照一种特性进行，如要求对不同的特性进行排序，则按不同的特性安排不同的顺序。

（5）在检验中，每个评价员以事先确定的顺序检验编码的样品，并安排出一个初步顺序，然后进一步整理调整，最后确定整个系列的强弱顺序。对于不同的样品，一般不应排为同一位次，当实在无法区分两种样品，应在评价表中注明为同位级。

任务二 分类试验法

PPT

情境导入

情境 现有某产地采用不同的加工工艺生产的 4 种红茶产品，需通过分类实验法确定这四种红茶产品所分属的级别。请你利用分类试验法设计检验工作准备表、问答表，确定品评员人数并简要说明如何进行结果分析。

思考 1. 什么是分类试验法？
2. 如何实施分类试验法？

一、分类试验法特点

1. 基本概念 评价员品评样品后，划出样品应属的预先定义的类别，这种评价试验的方法称为分类试验法。它是先由专家根据某样品的一个或多个特征，确定出样品的质量或其他特征类别，再将样品归纳入相应类别的方法或等级的办法。

2. 应用领域和范围 该方法适用于以下情况。

（1）以过去积累的已知结果为根据，在归纳的基础上，进行产品分类。

（2）在评定样品质量时，如对样品评分比较困难，可用分类法评价出样品的好坏差异，得出样品的级别、好坏，也可以鉴定出样品的缺陷等。

二、问答表设计与做法

把样品以随机的顺序出示给鉴评员，要求鉴评员按顺序鉴评样品后，根据鉴评表中所规定的分类方法对样品进行分类。分类试验法问答表的一般形式如表5－6、表5－7所示。

表5－6 分类试验法问答表示例1

分类试验		
评价员编号：_____	姓名：_____	日期：_____
实验指令： 1. 从左到右依次品尝样品。 2. 品尝后，请填写样品编号并将其划入你认为应属的预先定义的类别		
试验结果：		

续表

样品编号	一级	二级	三级	四级
A				
B				
C				
D				
合计				

表5－7　分类试验法问答表示例2

分类试验

评价员编号：＿＿＿＿＿＿＿　　　姓名：＿＿＿＿＿　　　日期：＿＿＿＿＿＿

评定您面前的4个样品后，请按规定的级别定义，把它们分为4个级别，并在适当的级别下填上适当的样品编码。

级别1：……

级别2：……

级别3：……

级别4：……

＿＿＿＿＿＿＿样品为1级

＿＿＿＿＿＿＿样品为2级

＿＿＿＿＿＿＿样品为3级

＿＿＿＿＿＿＿样品为4级

三、结果分析与判断

根据评价员问答表填写情况，统计每一种产品分属每一类别的频数，填入表后，再计算每一类别的合计频数，从而计算各级别的期待值 E。最后用 χ^2 检验比较两种或多种产品落入不同类别的分布，从而得出每一种产品应属的级别。

案例分析

【案例5－2】有4种茶叶产品，通过检验分成三级，了解它们由于加工工艺的不同对产品质量所造成的影响。由30位评价员进行评价分级，各样品被划入各等级的次数统计填入表5－8。

表5－8　4种产品分类检验结果

样品	一级	二级	三级	合计
A	7	21	2	30
B	18	9	3	30
C	19	9	2	30
D	12	11	7	30
合计	56	50	14	120

假设各样品的级别各不相同，则各级别的期待值为

$$E = \frac{该等级次数}{120} \times 30 = \frac{该等级次数}{4}；即 E_1 = 56/4 = 14，E_2 = 50/4 = 12.5，E_3 = 14/4 = 3.5。$$

实际测定值 Q 与期待值之差 $Q_{ij} - E_{ij}$，列入表5－9。

表5－9　各级别期待值与实际值之差

样品	一级	二级	三级	合计
A	-7	8.5	-1.5	0
B	4	-3.5	-0.5	0
C	5	-3.5	-1.5	0

续表

样品	一级	二级	三级	合计
D	-2	-1.5	3.5	0
合计	0	0	0	

计算 $\chi^2 = \sum_{i=1}^{t} \sum_{j=1}^{m} \frac{(Q_{ij} - E_{ij})}{E_{ij}} = \frac{(-7)^2}{14} + \frac{(-7)^2}{14} + \frac{4^2}{14} + \frac{5^2}{14} + \cdots + \frac{3.5^2}{3.5} = 19.49$

误差自由度 f = 样品自由度×级别自由度 = $(m-1) \cdot (t-1) = (4-1) \times (3-1) = 6$

查 χ^2 分布表，有

$$\chi^2(6, 0.05) = 12.59 ; \quad \chi^2(6, 0.01) = 16.81$$

由于 $\chi^2 = 19.49 > 16.81$，所以，这三个级别之间在 1% 显著水平有显著性差异，即这四个样品可以分成三个等级，其中 C、B 之间相近，可表示为 <u>C　B</u>　<u>A</u>　<u>D</u>，即 C、B 为一级，A 为二级，D 为三级。

任务三　评分法

PPT

情境导入

情境　某家企业通过保质期加速试验暂定产品的保质期为 24 个月，待产品正式生产后，需领取成品开展为期 24 个月的保质期品质验证，以确认该产品在保质期内感官品质无不良变化。请你利用评分法开展感官评价试验，设计检验工作准备表、问答表，确定品评员人数并简要说明如何进行结果分析。

思考　1. 什么是评分法？

　　　　2. 如何实施评分法？

一、评分法特点

1. 基本概念　在评定样品的感官特性时，可将每个样品定位于顺序标度上的某一位置，通过数值、分数、文字、图解或者它们的组合方式对食品的感官属性、喜好程度或其他指标进行评估。标度可以是连续的或离散的，可以是单极的或双极的，如果标度是数字，这个过程称为"评分"。

评分法是按预先设定的评价基准对试样的特性和嗜好程度以数字标度进行评定，然后换算成得分的一种评价方法。评分法是经常使用的一种感官评定方法，由专业的评价员用数字标度进行评分。在评分法中，所用的数字标度为等距标度或比率标度，如 5 分制（不喜欢 = -2，有点不喜欢 = -1，一般 = 0，有点喜欢 = 1，喜欢 = 2），9 分制（非常喜欢 = 9，很喜欢 = 8，喜欢 = 7，有点喜欢 = 6，一般 = 5，有点讨厌 = 4，讨厌 = 3，很讨厌 = 2，非常讨厌 = 1）等数值尺度。

由于实验过程中评价员根据各自的评定基准进行判断，且由于评价员的习惯、爱好以及分辨能力不同，每个人得出的评分结果可能不一致。因此，实验前应明确定义所用的类别，应使评价员理解，另外也可通过增加评价员人数的方法来提高实验精度。

2. 应用领域和范围　评分法能够同时评价一种或多种产品的某一项或多项指标的强度和差异，尤其适用于新产品的评价。

二、问答表设计与做法

评分法问答表的设计首先应明确标度类型，评价员需采用数字标度进行评分，此外，评价员需对每一个评分点所代表的意义有共同的认识。问答表的设计应导向明确，简便易行。问答表参考形式见表5-10。

表5-10 评分法问答表参考形式

评分法

评价员编号：_____   姓名：_____   日期：_____

在您面前有四个样品，请您从左到右依次品尝。请以自身的感官评价尺度为评价基准，在品尝试样后，填写您对样品整体喜好程度的评分。

−3	−2	−1	0	1	2	3
非常不好	很不好	不好	一般	好	很好	非常好

样品编号	评分

三、结果分析与判断

评分法在进行结果分析与判断前，首先需确认问答卷中的评价结果按照选定的标度类型转换成相应的数值。如问答卷的示例中，需按照 −3 ~ 到3（7级）的等级尺度，转换成相应的数值来统计结果。不同样品的特性差异数字标度也可采用5分制、9分制、10分制或百分制等，然后再通过相应的统计分析和检验方法来判断样品之间的差异是否显著。当样品只有2个时，可以采用简单的 t 检验来判定是否存在显著性差异；当样品超过2个时，需进行方差分析并最终根据 F 检验结果来判断样品间的差异性。

📖 案例分析

【案例5-3】 9分法检验

问题：10位鉴评员鉴评两种样品，以9分制鉴评，求两种样品是否有差异，评价结果见表5-11。

表5-11 评价结果

评价员 n		1	2	3	4	5	6	7	8	9	10	合计	平均值
样品	A	8	7	7	8	1	6	7	8	6	7	71	7.1
	B	6	7	6	7	1	5	7	7	7	7	66	6.6
评分差	d	2	0	1	1	0	1	0	1	−1	0	5	0.5
	d^2	4	0	1	1	0	1	0	1	1	0	9	

解题步骤：

用 t 检验进行解析：

$$t = \frac{\bar{d}}{\sigma_e / \sqrt{n}}, \ \text{其中} \bar{d} = 0.5, \ n = 10$$

$$\sigma_e = \sqrt{\frac{\sum (d - \bar{d})^2}{n - 1}} = \sqrt{\frac{\sum d^2 - (\sum d)^2 / n}{n - 1}}$$

计算结果 $\sigma_e = 0.85$，$t = 1.86$

自由度 $f = n - 1 = 9$，查 t 分布表，在5%显著水平相应的临界面值为 $t(9, 0.05) = 2.262$，因为 $2.262 > 1.86$，因此，A 和 B 两个样品之间在5%显著水平没有差异。

当样品只有 2 个时，检验样本均值 $\bar{\chi}$ 与总体均值 μ_0 之间是否存在显著性差异，可以使用统计量 t，$t = \dfrac{\bar{\chi} - \mu_0}{S_{\bar{\chi}}}$。当检验两个均值之间是否存在显著性差异时，使用统计量 t。$\bar{S}$ 为合并标准差，S_1 和 S_2 为样品方差。$t = \dfrac{\overline{x_1} - \overline{x_2}}{\bar{S}} \times \sqrt{\dfrac{n_1 \times n_2}{n_1 + n_2}}$

其中，$\bar{S} = \sqrt{\dfrac{(n_1 - 1)S_1^2 + (n_2 - 1)S_2^2}{n_1 + n_2 - 2}}$

当样品数量超过 2 个时，要进行方差分析，采用 F 值检验样品间的差异显著性。

【案例 5-4】6 分法检验

问题：为比较三家公司生产的苏打饼干感官品质是否存在差异，现组织 8 名评价员对三家公司产品按照 7 分制（很不喜欢 =1，不喜欢 =2，有点不喜欢 =3，一般 =4，有点喜欢 =5，喜欢 =6，非常喜欢 =7）进行评分，结果如表 5-12 所示，请分析 3 种苏打饼干是否存在显著性差异？

表 5-12 评价结果

评价员 n	1	2	3	4	5	6	7	8	合计
试样 X	3	4	3	1	2	1	2	2	18
试样 Y	2	6	2	4	4	3	6	6	33
试样 Z	3	4	3	2	2	3	4	2	23
合计	8	14	8	7	8	7	12	10	74

（1）求离差平方和 Q

修正项 $CF = \dfrac{\chi^2}{n \times m} = \dfrac{74^2}{8 \times 3} = 228.17$

试样离差平方和 $Q_A = (\chi_1^2 + \chi_2^2 + \cdots + \chi_i^2 + \cdots + \chi_m^2)/n - CF$
$$= (18^2 + 33^2 + \cdots + 23^2)/8 - 228.17 = 242.75 - 228.17 = 14.58$$

评价员 $Q_B = (\chi_1^2 + \chi_2^2 + \cdots + \chi_j^2 + \cdots + \chi_n^2)/m - CF$
$$= (8^2 + 14^2 + \cdots + 10^2)/3 - 228.17 = 243.33 - 228.17 = 15.16$$

总平方和 $Q_T = (\chi_{11}^2 + \chi_{12}^2 + \cdots + \chi_{ij}^2 + \cdots + \chi_{mn}^2) - CF$
$$= (3^2 + 4^2 + \cdots + 2^2) - 228.17 = 47.83$$

误差 $Q_e = Q_T - Q_A - Q_B = 18.09$

（2）求自由度 f

试样 $f_A = m - 1 = 3 - 1 = 2$

评审员 $f_B = n - 1 = 8 - 1 = 7$

总自由度 $f_T = m \times n - 1 = 24 - 1 = 23$

误差 $f_e = f_T - f_A - f_B = 14$

（3）方差分析

求平均离差平方和 $V_A = Q_A/f_A = 14.58/2 = 7.29$
$$V_B = Q_B/f_B = 15.16/7 = 2.17$$
$$V_e = Q_e/f_e = 18.09/14 = 1.29$$

求 F_0 $F_A = V_A/V_e = 7.29/1.29 = 5.65$
$$F_B = V_B/V_e = 2.17/1.29 = 1.68$$

查 F 分布表（附录五），求 $F(f, f_e, \alpha)$。若 $F_0 > F(f, f_e, \alpha)$，则置信度 α，有显著性差异。

由于　$F_A = 5.65 > F(2, 14, 0.05) = 3.74$

$F_B = 1.68 < F(7, 14, 0.05) = 2.76$

因此，置信度 $\alpha = 5\%$，产品之间存在显著性差异，但评价员之间没有显著性差异。

将以上分析结果填入方差分析表（表5-13）。

表5-13　方差分析表

方差来源	平方和 Q	自由度 f	均方和 V	F_0	F
试样A	14.58	2	7.29	5.65	$F(2, 14, 0.05) = 3.74$
评价员B	15.16	7	2.17	1.68	$F(7, 14, 0.05) = 2.76$
误差e	18.09	14	1.29		
合计	47.83	23			

（4）检验试样之间显著性差异　当方差分析结果表明试样之间存在显著性差异时，为检验哪几个试样间存在显著性差异，采用重范围试验法进行分析。具体步骤如下。

①求试样平均分

试样X：$18/8 = 2.25$　　试样Y：$33/8 = 4.13$　　试样Z：$23/8 = 2.88$

②按大小顺序排列：试样Y > 试样Z > 试样X

③求试样平均分的标准误差

$$d_e = \sqrt{V_e/n} = \sqrt{1.29/8} = 0.4$$

④计算显著性差异最小范围值 Rp

$$Rp = rp \times 标准误差(d_e)$$

查斯图登斯化范围表（表5-14），求斯图登斯化范围 rp，由此计算显著性差异最小范围，φ 为自由度，当比较样品个数为2时，$rp = 3.03$；当比较样品个数为3时，$rp = 3.70$。

$Rp_2 = 3.03 \times 0.4 = 1.21$；$Rp_3 = 3.70 \times 0.4 = 1.48$；

表5-14　斯图登斯化范围表（节录）

$rp(t, \varphi, 0.05)$，t = 比较物个数，φ = 误差自由度

φ \ t	2	3	φ \ t	2	3	φ \ t	2	3
1	18.00	27.0	6	3.46	4.34	11	3.11	3.82
2	6.09	8.30	7	3.34	4.16	12	3.08	3.77
3	4.50	5.91	8	3.26	4.04	13	3.06	3.73
4	3.93	5.04	9	3.20	3.95	14	3.03	3.70
5	3.64	4.34	10	3.15	3.88	15	3.01	3.67

⑤比较试样间显著性差异。计算排位第一位与第三位样品的试样平均分差值，并与显著性差异最小范围数值进行比较。如计算值大于 Rp 值，则样品间存在显著性差异；如计算值小于 Rp 值，则样品间差异不显著。

试样Y（1位）－试样X（3位）= $4.13 - 2.25 = 1.88 > 1.48(Rp_3)$

试样Y和试样X差异显著；

试样Y（1位）－试样X（2位）= $4.13 - 2.88 = 1.25 > 1.21(Rp_2)$

试样Y和试样Z差异显著；

试样Z（2位）－试样X（3位）= $2.88 - 2.25 = 0.63 < 1.21(Rp_2)$

试样Z和试样X无显著性差异；

因此，置信度 $\alpha = 5\%$ 水平下，试样Y样品质量较差。

PPT

任务四 成对比较法

情境导入

情境 某企业购买了市面上 10 个品牌的同类竞品，计划采用排序法对样品进行品质判定，以了解竞品感官质量。由于需排序的样品较多，请你利用成对比较法评分法开展感官评价试验，设计检验工作准备表、问答表，确定品评员人数并简要说明如何进行结果分析。

思考 1. 为什么需采用成对比较法？

2. 成对比较法如何实施？

一、成对比较法特点

1. 基本概念 当试样数目较多时，无法同时完成所有试样的比较。因此，采用将 n 个试样以 2 个一组进行比较，再对整体进行综合性的相对评价，判断全体试样的优劣，从而得出数个样品相对结果的评价方法称为成对比较法。

2. 应用领域和范围 成对比较法将多个样品以 2 个一组进行比较，试验时间可长达数日。该方法可有效解决在排序法中出现样品的制备困难以及试验实施难度较大的问题。

二、问答表设计与做法

成对比较法主要是在样品两两进行比较时用于鉴评两个样品是否存在差异，因此问答表应将两个样品之间存在的差异程度尽可能准确地表达出来，同时应尽量简洁明了。内容可参考表 5 – 14 的形式。

表 5 – 15　成对比较法问答表参考形式

成对比较法			
姓名：　　　　性别：　　　　　　　　试样号：　　　　　　　　　　日期：			

评价你面前两种试样的质构并回答下列问题。

两种试样的质构有无差别？

　　　　　　有　　　　　　　　　　　无

按下面的要求选择两种试样质构差别的程度，请在相应的位置上画"○"

先品尝的比

后品尝的

请评价试样的质构（相应的位置上画"○"）

	No21	好	一般	不好
	No13	好	一般	不好

意见：_____

三、结果分析与判断

成对比较与评分法类似，首先需确认问答卷中的评价结果按照选定的标度类型转换成相应的数值。成对比较法问答表形式参考表 5 – 15。以表 5 – 11 的评价结果为例，可按照 –3 ~ 3（7 级）的等级尺度，转换成相应的数值来统计结果。通过相应的统计分析和检验方法来判断样品间的差异性。下面将结合案例来介绍成对比较法的结果分析与判断。

案例分析

【案例 5-5】 三种饮料的成对比较检验

问题：比较某工厂生产的 A、B、C 三种甜度不同的茶饮料，为确定口感的合适程度，组织 20 名（m）评价员按茶饮料甜度的判断要求，用 -3～+3 的 7 个等级对试样的各种组合进行评分。其中 10 名评价员是按 A→B、A→C、B→C 的顺序进行判断，其余 10 人是按 B→A、C→A、C→B 的顺序进行评判，3 种样品随机呈送给鉴评员。

两组评价员评分结果见表 5-16，并对数据进行分析。

表 5-16　两组评价员评分结果

试样	评价员 1-10 号									
	1	2	3	4	5	6	7	8	9	10
(A, B)	-1	0	-2	-1	1	1	-3	-1	0	-1
(A, C)	2	1	1	2	0	1	2	3	2	0
(B, C)	3	1	2	1	0	2	1	1	-1	2

试样	评价员 11-20 号									
	1	2	3	4	5	6	7	8	9	10
(B, A)	2	-1	2	-1	3	0	0	-1	0	-1
(C, A)	1	2	1	1	0	-1	1	2	1	1
(C, B)	-1	0	-1	1	-2	1	-1	0	0	-1

结果分析过程如下。

第一步：整理试验数据，求总分、嗜好度 $\hat{\mu}_{ij}$、平均嗜好度 π_{ij}（除去顺序效果的部分）和顺序效果 δ_{ij}。

（1）总分。分别求出不同样品组合，如（A，B）的总得分。步骤如下：先统计每项数值得分次数，再相加计算总分。

样品（A，B）总分 = $(-3) \times 1 + (-2) \times 1 + (-1) \times 4 + 0 \times 2 + 1 \times 2 = -7$

样品（B，A）总分 = $(-1) \times 4 + 0 \times 3 + 2 \times 2 + 3 \times 1 = 3$

样品（A，C）总分 = $0 \times 2 + 1 \times 3 + 2 \times 4 + 3 \times 1 = 14$

样品（C，A）总分 = $(-1) \times 1 + 0 \times 1 + 1 \times 6 + 2 \times 2 = 9$

样品（B，C）总分 = $(-1) \times 1 + 0 \times 1 + 1 \times 4 + 2 \times 3 + 3 \times 1 = 12$

样品（C，B）总分 = $(-2) \times 1 + (-1) \times 4 + 0 \times 3 + 1 \times 2 = -4$

（2）求嗜好度。

嗜好度 $\hat{\mu}_{ij}$ = 总分/得分个数

$\hat{\mu}_{AB} = -7/10 = -0.7$　　$\hat{\mu}_{BA} = 3/10 = 0.3$　　$\hat{\mu}_{AC} = 14/10 = 1.4$

$\hat{\mu}_{AB} = 9/10 = 0.9$　　　$\hat{\mu}_{AB} = 12/10 = 1.2$　　$\hat{\mu}_{AB} = -4/10 = -0.4$

（3）求平均嗜好度。

平均嗜好度 $\pi_{ij} = \dfrac{1}{2}(\hat{\mu}_{ij} - \hat{\mu}_{ji})$

$\hat{\pi}_{AB} = \dfrac{1}{2}(\hat{\mu}_{AB} - \hat{\mu}_{BA}) = \dfrac{1}{2} \times [-0.7 - 0.3] = -0.5$

$\hat{\pi}_{BA} = -\hat{\pi}_{AB} = -0.5$

$$\hat{\pi}_{AC}=\frac{1}{2}(\hat{\mu}_{AC}-\hat{\mu}_{CA})=\frac{1}{2}\times(1.4-0.9)=0.25$$

$$\hat{\pi}_{CA}=-\hat{\pi}_{AC}=-0.25$$

$$\hat{\pi}_{BC}=\frac{1}{2}(\hat{\mu}_{BC}-\hat{\mu}_{CB})=\frac{1}{2}\times[1.2-(-0.4)]=0.8$$

$$\hat{\pi}_{CB}=-\hat{\pi}_{BC}=-0.8$$

将计算结果列于表 5-17。

表 5-17　6 组试样组合的评分汇总及数据处理结果

试样组合	评　分							总分	$\hat{\mu}_{ij}$	$\hat{\pi}_{ij}$
	-3	-2	-1	0	1	2	3			
(A, B)	1	1	4	2	2			-7	-0.7	-0.5
(B, A)			4	3		2	1	3	0.3	
(A, C)				2	3	4	1	14	1.4	0.25
(C, A)			1	1	6	2		9	0.9	
(B, C)			1	1	4	3	1	12	1.2	0.8
(C, B)		1	4	3	2			-4	-0.4	
合计	1	2	14	12	17	11	3			

第二步：求各试样的主效果 α_i。

$$\alpha_A=\frac{1}{3}(\hat{\pi}_{AA}+\hat{\pi}_{AB}+\hat{\pi}_{AC})=\frac{1}{3}\times(0-0.5+0.25)=-0.083$$

$$\alpha_B=\frac{1}{3}(\hat{\pi}_{BA}+\hat{\pi}_{BB}+\hat{\pi}_{BC})=\frac{1}{3}\times(0.5+0+0.8)=0.433$$

$$\alpha_C=\frac{1}{3}(\hat{\pi}_{CA}+\hat{\pi}_{CB}+\hat{\pi}_{CC})=\frac{1}{3}\times(-0.25-0.8+0)=-0.35$$

第三步：求平方和 Q。

(1) 总平方和 Q_T　$Q_T=3^2\times(1+3)+2^2\times(2+11)+1^2\times(14+17)=119$

(2) 主效果产生的平方和 Q_α

$Q_\alpha=$主效果平方和×试样数×评价员人数

$=[(-0.083)^2+0.433^2+(-0.35)^2]\times3\times20=19.01$

(3) 平均嗜好度产生的平方和 Q_π

$Q_\pi=\sum\hat{\pi}_i^2\times$评价员人数

$=(0.5^2+0.25^2+0.8^2)\times20=19.05$

(4) 离差平方和 Q_r

$Q_r=Q_\pi-Q_\alpha=19.05-19.01=0.04$

(5) 平均效果 Q_μ

$Q_\mu=$嗜好度的平方和×评价人数的一半

$=[(-0.7)^2+0.3^2+0.3^2+1.4^2+(-0.455)^2+0.9^2+1.2^2+(-0.4)^2]\times10=49.5$

(6) 顺序效果 Q_δ

$Q_\delta=Q_\alpha-Q_\pi=49.5-19.05=30.45$

(7) 误差平方和 Q_e

$Q_e=Q_T-Q_\mu=119-49.5=69.5\%$

第四步：求自由度 f。

$$f_\alpha=n-1=3-1=2$$

$$f_r=\frac{1}{2}(n-1)(n-2)=\frac{1}{2}\times(3-1)\times(3-1)=1$$

$$f_\delta = \frac{1}{2}n(n-1) = \frac{1}{2} \times 3 \times (3-1) = 3$$

$$f_\mu = n(n-1) = 3 \times (3-1) = 6$$

$$f_e = n(n-1)\left(\frac{m}{2}-1\right) = 3 \times (3-1) \times (10-1) = 54$$

$$f_T = n(n-1)\frac{m}{2} = 3 \times (3-1) \times 10 = 60$$

第五步：求均方和。

$V_\alpha = Q_\alpha/f_\alpha = 19.01/2 = 9.5$

$V_r = Q_r/f_r = 0.04/1 = 0.04$

$V_\delta = Q_\delta/f_\delta = 30.45/3 = 10.15$

$V_e = Q_e/f_e = 69.5/54 = 1.29$

第六步：作方差分析表，见表 5−18。

表 5−18　方差分析表

方差来源	平方和 Q	自由度 f	均方和 V	F_0	F
主效果 α	19.01	2	9.5	7.36	F(2, 54, 0.01) = 4.98
离差 r	0.04	1	0.04	0.03	F(1, 54, 0.05) = 4.0
平均嗜好度 π	19.05	3			F(3, 54, 0.05) = 2.76
顺序效果 δ	30.45	3	10.15	7.87	
平均 μ	49.5	6			
误差 e	69.5	54	1.29		
合计	119	60			

当置信度 $\alpha = 1\%$ 水平下，主效果有显著性差异，离差和顺序效果无显著性差异。即 A、B、C 之间的差别比较明显，只用主效果也足以表示（如图 5−1 所示）。

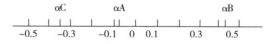

图 5−1　三个样品的主效果图

第七步：求主效果差（$\alpha_i - \alpha_j$）。

先求 $Y_{0.05} = q_{0.05}\sqrt{\text{误差均方和}/(\text{评价员人数}/\text{试样数})}$

查斯图登斯化范围表 5−19，当 $t = 3$，$f = 54$ 时（根据就近原则，查表 $f = 60$），$q_{0.05} = 3.40$。

$$Y_{0.05} = 3.4 \times \sqrt{\frac{1.29}{20 \times 3}} = 0.50$$

表 5−19　斯图登斯化范围表（节录）

φ \ t	2	3	4	5	6	7	8	9	10	12	15	20
30	2.89	3.49	3.84	4.10	4.30	4.46	4.60	4.72	4.83	5.00	5.21	5.48
40	2.86	3.44	3.79	4.04	4.23	4.39	4.52	4.63	4.74	4.91	5.11	5.36
60	2.83	3.40	3.74	3.93	4.16	4.31	4.44	4.55	4.65	4.81	5.00	5.24
120	2.80	3.36	3.84	3.92	4.10	4.24	4.36	4.48	4.56	4.72	4.90	5.13
∞	2.77	3.31	3.63	3.88	4.03	4.17	4.29	4.39	4.47	4.62	4.80	5.01

注：$q(t, \varphi, 0.05)$，$t =$ 比较物个数，$\varphi =$ 自由度

$|\alpha_A - \alpha_B| = |-0.083 - 0.433| = 0.516 > Y_{0.05}$，故 A、B 之间有显著性差异。

$|\alpha_A - \alpha_C| = |-0.083 - (-0.35)| = 0.267 < Y_{0.05}$，故 A、C 之间有显著性差异。

$|\alpha_B - \alpha_C| = |0.433 - (-0.35)| = 0.783 > Y_{0.05}$，故 B、C 之间有显著性差异。

因此，当置信度 $\alpha = 5\%$ 水平下，A 和 C 之间无显著性差异，A 和 B、B 和 C 之间有显著性差异。

PPT

任务五　加权评分法

 ──────── 情境导入 ────────

情境　面包的感官特性指标包括色泽、香气、口感、味道、质构等，如分别针对以上 5 项指标打分再计算得分总和从而判断产品的感官质量，因不同感官评价指标对于面包影响程度不同，简单的加和存在不公平的情况。

思考　如何使用感官分析方法确定不同感官特性指标的权重？

一、加权评分法特点

1. 基本概念　一款食品通常有多项感官特性指标，如色泽、气味、质地、口感等。每项特性指标对其质量影响程度不同，之前介绍的评分法没有考虑每项特性指标的影响程度，从而对产品总的评价结果会造成一定程度的偏差。加权评分法是考虑各项指标对质量的权重后求平均分数或总分的方法。由于加权评分法中各项指标的权重考虑到了各项指标对质量的影响程度，有主有次，它比评分法更加客观、公正，因此可以对产品的质量做出更加准确的评价结果。加权评分法一般以 10 分或 100 分为满分进行评价。

2. 应用领域和范围　加权评分法一般适用于有多项感官特性指标的食品，且感官特性指标对其质量影响程度不同，需确定各项指标所占权重的情况。

二、权重的确定

权重是指一个因素在被评价因素中的影响和所处的地位。权重的确定是关系到加权评分法能否顺利实施以及能否得到客观准确的评价结果的关键。权重的确定一般是邀请业内人士根据被评价因素对总体评价结果影响的重要程度，采用德尔菲法进行赋权打分，经统计获得由各评价因素权重构成的权重集。通常，要求权重集所有因素 α_i 的总和为 1，这称为归一化原则。

设权重集 $A = \{\alpha_1, \alpha_2, \cdots, \alpha_n\} = \{\alpha_i\}, (i = 1, 2, 3, \cdots, n)$，则

$$\sum_{i=1}^{n} \alpha_i = 1$$

工程技术行业常采用"0~4 评判法"确定每个因素的权重。一般步骤如下。

首先请若干名（一般 8~10 人）业内人士对每个因素两两进行重要性比较，根据相对重要性打分；很重要~很不重要，打分 4~0；较重要~不很重要，打分 3~1；同样重要，打分 2~2。据此得到每个评委对各个因素所打分数表。然后统计所有人的打分，得到每个因素得分，再除以所有指标总分之和，便得到各因素的权重因子。

案例分析

【案例5-6】以食醋的感官评价为例，其感官评定指标包括"色泽、体态、香气、滋味"，现需确定四项指标权重因子，邀请10位业内人士对上述4个因素按0~4评分法进行权重打分。

统计10张表格各项因素的得分列于表5-22。

主要步骤如下。

1. 设计"0~4评判法"评分表（表5-20）。

表5-20 感官指标权重赋值表

感官指标权重赋值表

评价员编号：_____   姓名：_____   日期：_____

填表说明：将表格中每个因素两两进行重要性比较，根据相对重要性打分；很重要~很不重要，打分4~0；较重要~不很重要，打分3~1；同样重要，打分2

感官特性指标	色泽	体态	香气	滋味
色泽	/			
体态		/		
香气			/	
滋味				/
合计				

2. 计算每位业内人士所填写的各项指标得分总和（以评委1为例），见表5-21；再汇总所有人士评分结果至表5-22中。

表5-21 评委评分表（评委1）

感官特性指标	色泽	体态	香气	滋味
色泽	/	2	4	2
体态	2	/	2	4
香气	0	2	/	2
滋味	2	0	2	/
合计	4	4	8	8

表5-22 食醋各项指标得分汇总表

感官特性指标	1	2	3	4	5	6	7	8	9	10	总分
色泽	4	6	6	7	6	5	9	8	7	8	66
体态	4	2	4	4	5	5	5	2	6	2	39
香气	8	6	7	7	5	6	5	6	4	7	61
滋味	8	10	7	6	8	8	5	8	7	7	74
合计	24	24	24	24	24	24	24	24	24	24	240

3. 计算各项指标权重因子。

色泽权重值：66/240 = 0.275

体态权重值：39/240 = 0.163

香气权重值：61/240 = 0.254

滋味权重值：74/240 = 0.308

则食醋各项感官特性指标权重系数为[0.275, 0.163, 0.254, 0.308]

三、加权评分法的结果分析与判断

加权平均法的分析及判断过程比较简单，对各评价指标的评分进行加权处理后，相加得到总分，最后根据得分情况来判断产品质量的优劣。加权评分计算公式如下。

$$P = \sum_{i=1}^{n} a_i x_i = \sum_{i=1}^{n} \frac{m_i x_i}{f}$$

式中，P 为总得分；n 为评定指标数目；a 为各项指标权重（<1）；x 为评定指标得分；m 为各项评分指标权重得分（可采用百分制，即各项指标权重得分总和为 100 分；十分制，即各项指标权重得分总和为 10 分；五分制，即各项指标权重得分总和为 5 分）；x 为评定指标得分；f 为评定指标的满分值（如采用百分制，$f=100$；如采用十分制，$f=10$；如采用五分制，$f=5$）。

【案例 5-7】以食醋感官评价为例，某品牌食醋"色泽、体态、香气、滋味"四项指标得分平均分分别为 5.4、5.0、5.7、5.5，已知"色泽、体态、香气、滋味"权重系数为 [0.275, 0.163, 0.254, 0.308]，请计算该品牌食醋感官评价总分。

解：该食醋感官评价总分为

$$P = \sum_{i=1}^{n} a_i x_i = 5.4 \times 0.275 + 5.0 \times 0.163 + 5.7 \times 0.254 + 5.5 \times 0.308 = 5.44$$

则该食醋的感官评价总分为 5.44 分。

【案例 5-8】评定某类饼干样品以色泽权重 25 分、滋味权重 35 分、香气权重 20 分、质地权重 20 分作为评定指标。现有饼干新产品一款，经评审员评定各项指标的平均值（百分制）分别为：色泽 82 分、滋味 75 分、香气 60 分、质地 73 分，请计算该款饼干感官评价总分。

$$P = \sum_{i=1}^{n} \frac{m_i x_i}{f} = \frac{25 \times 82 + 35 \times 75 + 20 \times 60 + 20 \times 73}{100} = 75.4$$

则该款饼干感官评价总分为 75.4 分。

答案解析

1. 什么是分类试验法？
2. 分类试验法具有哪些特点？
3. 什么是排序检验法？简要说明其应用领域和范围。
4. 简述排序检验法的操作步骤。
5. 简述评分法的应用范围。
6. 简述成对比较法问答表设计的注意事项。

书网融合……

本章小结　　　　　题库

项目六

分析或描述检验

 学习目标

知识目标

1. **掌握** 分析或描述检验常用方法的基本概念、特点和操作程序。
2. **熟悉** 分析或描述检验常用方法的基本原理、应用领域和范围。
3. **了解** 分析或描述检验的设计理论、选择方法。

能力目标

1. 会设计分析或描述检验的准备工作表、问答卷以及工作方案。
2. 能够运用定量描述或感官剖析检验法测定产品间的相似性。
3. 能够采用简单描述法、定量描述或感官剖析检验法完成产品的检验报告。

素质目标

1. 树立食品安全的社会责任感。
2. 培养严谨细致、精益求精的工匠精神。
3. 培养团结协作、爱岗敬业的职业精神。

【国家标准】

GB/T 10220—2012《食品感官分析方法学　总论》

GB/T 39625—2020《感官分析　方法学　建立感官剖面的导则》

GB/T 16861—1997《感官分析　通用多元分析方法鉴定和选择用于建立感官剖面的描述词》

GB/T 16860—1997《感官分析方法　质地剖面检验》

GB/T 12313—1990《感官分析方法　风味剖面检验》

 情境导入

情境 某薯片生产企业为提高产品质量，在原辅料配方、产品工艺等方面进行工艺优化。为了能够获得产品生产优化方案，现通过调整原辅料配比，生产出了不同批次的薯片，进行产品质量综合评定。综合评定产品质量过程中，企业管理部门决定通过分析或描述检验对不同批次薯片进行评价。根据薯片产品特点，说一说质量综合评定主要包括哪些评价指标。

思考 1. 什么是分析或描述检验？

　　　 2. 分析或描述检验分为几类？包含哪些方法？

　　　 3. 如何选择分析或描述检验方法？

分析或描述检验是由一组合格的感官评定人员根据感官所能感知到的食品的各项感官特征，用专业术语对产品所有品质特性进行定性、定量分析和描述的感官评定方法。分析或描述检验过程中，所有的感官都要参与分析或描述活动，是一种全面的感官评定方法，是感官科学家的常用工具。

任务一　认识分析或描述检验

PPT

一、分析或描述检验概述

分析或描述检验是评价员对产品的所有品质特性进行定性、定量的分析及描述评价，是所有感官分析方法中最为复杂的一种。分析或描述检验是一种全面的感官评价方法，所有的感官（视觉、听觉、嗅觉、味觉等）都要参与的描述活动。

分析或描述检验要求评价产品的所有感官特性，包括产品的外观（颜色、大小、形状和表面质地）；芳香特征（嗅觉、鼻腔感觉）；口中的风味特性（味觉、嗅觉及口腔的冷、热、辣、涩等知觉和余味）；组织特性和几何特性。其中，组织特性即质地，包括：机械特性——硬度、凝聚度、黏度、附着度和弹性五个基本特性及碎裂度、固体食物咀嚼度、半固体食物胶密度三个从属特性；几何特性——产品颗粒、形态及方向物性，有平滑感、层状感、丝状感、粗粒感等，以及油及水含量感，如油感、湿润感等。

二、分析或描述检验分类及检验要求

分析或描述检验的一般流程是：筛选评价员—培训评价员—设计问卷—正式试验—对实验结果进行分析和解释。分析或描述检验在检验过程中，要求评价员具备描述食品品质特性和次序的能力；具备描述食品品质特性的专有名词的定义及其在食品中的实质含义的能力；具备对食品的总体印象、总体风味强度和总体差异的分析能力。评价员应经过专门培训，对于特殊食品，可以聘请专家，一般为 5 ~ 8 位培训过的优选评价员或专家。

通过分析或描述检验可以得到产品香气、风味、口感、质地等方面的详细信息，这种研究方法的应用比较广泛，如为新产品开发确定感官特性、为产品质量控制确定标准、监测产品在贮存期的变化、进行质量控制，为仪器检验提供感官数据等方面。

分析或描述检验中，依据评价人员对样品的感官性质进行定性或定量的描述，通常可分为简单描述检验法和定量描述检验法。

任务二　简单描述检验

PPT

情境导入

情境　某果醋生产企业为开发苹果醋产品，选择不同种类苹果原料进行发酵，生产苹果醋。根据苹果醋产品的色泽、风味、口感等方面进行分析或描述检验，以此来判断开发的苹果醋产品的市场竞争力。请根据以上案例，尽量完整地对产品特征及指标进行分析，设计简单描述检验工作准备表、问答卷，选择合适的描述性语言，进行简单描述检验。

思考　1. 什么是简单描述检验法？

2. 如何进行简单描述检验？

一、简单描述检验法特点

1. 基本概念　简单描述检验法是要求评价员对构成样品特征的某个指标或各个指标进行定性描述，尽量完整地描述出样品品质的检验方法。通常用于识别或描述某一样品的特征、指标，可以为产品质量控制提供标准、对产品在贮存期间的变化或描述已经确定的差异进行检测、对评价人员进行培训等。简单描述检验法常用的有风味描述法和质地描述法。

风味描述法也称风味剖析法，是对一个产品能够被感知到的所有气味和风味、强度、出现顺序及余味等进行描述讨论，达成一致意见后，由评价小组负责人进行总结，形成书面报告。风味描述法方便快捷，结果不进行统计分析。风味描述法一般不单独使用，而是和其他的仪器或方法相结合使用。质地描述法也称质地剖析法，是从其机械、几何、脂肪、水分等方面对食品质地和结构体系进行感官分析，分析从开始咬食品到完全咀嚼食品所感受到的以上这些方面存在的程度和出现的顺序。质地描述法已广泛应用于谷物面包、大米、饼干和肉类等多种食品的感官评价中。通常，感官评价人员需经过一定的训练，才能够使用精确的语言对风味、质地等进行描述。训练的目的就是要使所有的感官评价员都能使用相同的概念，并且能够与其他人进行准确的交流，并采用约定成俗的科学语言，即所谓"行话"，把这种概念清楚地表达出来。而普通消费者用来描述感官特性的语言，大多采用日常用语或大众用语，并且带有较多的感情色彩，因而总是不太精确和特定。部分质地感官评价用术语和大众用语对比，如表 6 – 1 所示。

表 6 – 1　质地感官评价用术语和大众用语对比

质地类别	主用语	副用语	大众用语
机械性用语	硬度		软、韧、硬
	凝结度	脆度	易碎、酥碎、
		咀嚼度	嫩、劲嚼、难嚼
		胶黏度	松酥、糊状、胶黏
	黏度		稀、稠
	弹性		酥软、弹
	黏着性		胶黏
几何性用语	物质大小形状		砂状、黏状、块状等
	物质成质特征		纤维状、空胞状、晶状等
其他用语	水分含量		干、湿润、潮湿、水样
	脂肪含量	油状	油性
		脂状	油腻性

2. 应用领域和范围　简单描述检验法描述的方式通常有自由式描述和界定式描述。自由式描述是由评价员自由选择自己认为合适的词汇，对样品的特性进行描述；界定式描述是首先提供指标检查表，或是评价某类产品时的一组专用术语，由评价员选用其中合适的指标或术语对产品的特性进行描述。一般要求评价员从食品的外观、嗅闻的气味特征、口中的风味特征（味觉、嗅觉及口腔的冷、热、收敛等知觉和余味）、组织特性和几何特性等感官特性进行描述。常用的食品感官特性和常用描述性词语，见表 6 – 2 和表 6 – 3。

表 6 – 2　常见食品感官特性表述

	感官特性	词语举例
外观	颜色	色彩、纯度、均匀、一致性
	表面质地	光泽度、平滑度
	大小和形状	尺寸和几何形状
	整体性	松散性、黏结性

续表

感官特性		词语举例
气味	嗅觉	花香、果香、酸败味
	鼻腔感觉	凉的、刺激的
风味	味觉	甜、酸、苦、咸、鲜
	口腔感觉	凉、热、焦糊、涩、金属味
口感、质地	机械参数	硬、黏、韧、脆
	几何参数	粒、片、条
	水油参数	油的、腻的、多汁、潮的、湿的

表 6-3　常用描述性词语

描述内容	常用词语
风味	一般、正好、焦味、苦味、酸味、咸味、油脂味、油腻味、金属味、蜡质感、酶臭味、腐败味、鱼腥味、陈腐味、滑腻感、有涩味
外观	一般、深、苍白、暗状、油斑、白斑、褪色、（色泽有变幻）、有杂色
质地	一般、黏性、油腻、厚重、薄弱、易碎、断向粗糙、裂缝、不规则、粉状感有孔、油脂析出、有线散现象

　　描述性术语选择有一定标准。首先，用于简单描述检验法的标准术语应该有统一的标准或指向。如风味描述，所有的感官评价人员都能使用相同的概念（确切描述风味的词语），并且能以此与其他评价员进行准确的交流。因此简单描述检验法要求使用具有精确的且具有特定概念的，并经过仔细筛选过的科学语言，清楚地把评价（感受）表达出来。其次，选择的术语应当能反映对象的特征。选择的术语（描述符）应能表示出样品之间可感知的差异，能区别出不同的样品来。但选择术语（描述符）来描述产品的感官特征时，必须在头脑中保留产品的一些适当特征。常用食品特性词语的特定概念列于表6-4。

表 6-4　常用食品特性词语的特定概念

词语	含义
酸味	由某些酸性物质的水溶液产生的一种基本味道
苦味	由某些物质（如奎宁）水溶液产生的一种基本味道
咸味	由某些物质（如氯化钠）的水溶液产生的一种基本味道
甜味	由某些物质（如蔗糖）的水溶液产生的一种基本味道
碱味	由某些物质（例如碳酸氢钠）在嘴里产生的复合感觉
涩味	某些物质产生使皮肤或黏膜表面收敛的复合感觉
风味	品尝过程中感受到的嗅觉，味觉和三叉神经觉特性的复杂结合。它可能受触觉、温度觉、痛觉和（或）动觉效应的影响
异常风味	非产品本身所具有的风味（通常与产品的腐败变质相联系）
沾染	与该产品无关的外来味道、气味等
厚味	味道浓的产品
平味	风味不浓且无任何特色
乏味	风味远不及预料的那样
无味	没有风味的产品
口感	在口腔内（包括舌头与牙齿）感受到的触觉
后味、余味	在产品消失后产生的嗅觉和（或）味觉
芳香	一种带有愉快内涵的气味
稠度	由机械的方法或触觉感受器，特别是口腔区域受到的刺激而觉察到的流动特性

词语	含义
硬	需要很大力量才能造成一定的变形或穿透的产品质地
结实	需要中等力量就能造成一定的变形或穿透的产品质地
柔软	只需要小的力量就可造成一定的变形或穿透的产品质地
嫩	很容易切碎或嚼烂的食品
老	不易切碎或嚼烂的食品
酥	破碎时带响声的松而易碎的食品
有硬壳	具有硬而脆的表皮的食品

对于每一条描述性术语来说，应该经过必要性和正交性检验。每个被选择的术语对于整个系统来说，是必需的，不是多余的，都是"必要"的；术语之间没有相关性。同时使用的术语在含义上很少或没有重叠，应该是"正交"的。尽可能使用单一的术语，避免使用组合的术语。术语应当被分成元素性的、可分析的和基本的部分，组合术语可用于产品广告，这种做法在商业上很受欢迎，但不适于感官研究。理想的术语应与产品本质的、对整体特征有决定性影响作用的因素相关，能与影响消费者接受性的结论性概念相关。

表6-4中的用语还十分有限，不能限定评价员使用更丰富的语言去描述样品，仅作为一种参考。此外，每一条术语还应经过评价员的实践检验。这样评价员才可以精确地、可靠地使用术语；评价员们对某一特定术语含义易于达成一致理解；对术语原型事例达成一致意见（例如，用"酥脆"来描述"薯片"产品质地特性的普遍认可）；对术语使用的界限具有清晰明确的认识（评价员明白在何种程度范围之内使用这一词汇）等。

3. 参评人员 简单描述检验法要求评价员能够用精确的语言对产品特征指标进行简单描述，对评价员要求较高，他们一般都是该领域的技术专家，或是该领域的优选评价员，并且具有较高文学造诣，对语言的含义有正确的理解和恰当使用的能力。

进行简单描述检验之前，还需要通过培训从而避免出现不同评价员对同一词语的不同理解，让评价员能够使用相同的概念，与其他人进行准确的交流，使感官评定人员能够用精确的语言对风味进行描述，并采用约定成俗的科学语言，把这种概念清楚地表达出来。

例如，白酒的品评在我国由来已久，已有了规范的做法和丰富的经验，并且已培养出了许多评酒大师。如茅台酒的香气特点是香气优雅细致，香而不艳，低而不淡，略有焦香而不出头，柔和绵长。部分酒类常用表达香气和滋味的术语，见表6-5。

表6-5　部分酒类常用表达香气和滋味的术语

风味项目	部分常用描述术语
香气程度	无香气、似有香气、微有香气、香气不足、清雅、细腻、纯正、浓郁、暴香、放香、喷香、入口香、回香、余香、悠长、绵长、协调、完满、浮香、陈酒香、异香、焦香、香韵、异气、刺激性气味、臭气
滋味程度	浓淡、醇和、醇厚、香醇甜净、绵软、清冽、粗糙、燥辣、粗暴、厚味、余味、回味、焓甜、甜净、甜绵、醇甜、甘冽、干爽、邪味、异味

在简单描述检验过程中，通常可从产品的外观、质地、口感、组织状态等方面进行描述。例如，黄油简单描述检验使用的描述特征术语，可见表6-6。

表6-6　黄油简单描述检验使用的描述特征术语

项目	部分常用描述术语
外观	一般、深、苍白、暗状、油斑、白斑、褐色、斑纹、波动（色泽有变化）、有杂色

续表

项目	部分常用描述术语
质地	致密、松散、厚重、不规则、蜂窝状、层状、疏松
口感	黏稠、粗糙、细腻、油腻、润滑、酥、脆
组织规则	一般、黏性、油腻、厚重、薄弱、易碎、断面粗糙、裂缝、不规则、粉状感、有孔、油脂析出、有线散现象

二、问答表设计与做法

简单描述检验法通常用于对已知特征有差异的性状进行描写，该法对于培训评价员也很有用处。评价小组通常是由 5 名或 5 名以上专家或者优选评价员组成。

简单描述检验法的问答表设计时，首先应了解产品的整体特征，或该产品对人的感官属性有重要作用或贡献的某些特征，将这些感官属性特征列入评价表中，让评价员逐项进行品评，并用适当的词汇予以表达，或者用某一种标度进行评价。

三、结果分析与判断

这种方法可以应用于 1 个或多个样品。在操作过程中样品出示的顺序可以不同，通常将第一个样品作为对照是比较好的。每个评价员在品评样品时要独立进行，记录中要写清每个样品的特征。在所有评价员的检验全部完成后，在组长的主持下进行必要的讨论，然后得出综合结论。综合评价结论描述的依据是按照某种描述词汇出现的频率及强度总结，一般要求言简意赅，简单明了，以力求符合实际。该方法的结果通常不需要进行统计分析。

为了避免试验结果不一致或重复性不好，可以加强对品评人员的培训，并要求每个品评人员都使用相同的评价方法和评价标准。这种方法的不足之处是，品评小组的意见可能被小组当中地位较高的人，或具有"说了算"性格的人所左右，而其他人员的意见不被重视或得不到体现。

☆简单描述检验法要点总结如下。

（1）简单描述检验法要求评价员对构成样品特征的某个指标或各个指标进行定性描述，尽量完整地描述出样品品质。

（2）简单描述检验法需要对评价人员进行训练，要求评价员都能使用相同的概念与其他人进行准确的交流，并采用约定俗成的科学语言把这种概念清楚地表达出来，要避免采用日常用语或大众用语，不能用带有较多的感情色彩的词语来描述感官特性。

（3）简单描述检验法要求使用具有精确的且具有特定概念的，并经过仔细筛选过的科学语言，用于简单描述检验法的标准术语应该有统一的标准或指向。进行描述检验时，要求评价人员能清楚地把评价（感受）表达出来。选择的术语（描述符）应能表示出样品之间可感知的差异，能区别出不同的样品来。每一条术语还应经过评价员的实践检验。这样评价员才可以精确地、可靠地使用术语；评价员们对某一特定术语含义易于达成一致理解；对术语原型事例达成一致意见。

（4）简单描述检验法评价小组通常是由 5 名或 5 名以上专家或者优选评价员组成。要求评价员能够用精确的语言对产品特征指标进行简单描述，对评价员要求较高，他们一般都是该领域的技术专家，或是该领域的优选评价员，并且具有较高文学造诣，对语言的含义有正确的理解和恰当使用的能力。

（5）简单描述检验法的问答表设计时，首先应了解产品的整体特征，或该产品对人的感官属性有重要作用或贡献的某些特征，将这些感官属性特征列入评价表中，让评价员逐项进行品评，并用适当的词汇予以表达，或者用某一种标度进行评价。

（6）简单描述检验法可以应用于 1 个或多个样品。在操作过程中样品出示的顺序可以不同，通常将第一个样品作为对照是比较好的。每个评价员在品评样品时要独立进行，记录中要写清每个样品的特征。在所有评价员的检验全部完成后，在组长的主持下进行必要的讨论，然后得出综合结论。

（7）简单描述检验法的不足之处是，品评小组的意见可能被小组当中地位较高的人，或具有"说了算"性格的人所左右，而其他人员的意见不被重视或得不到体现。

案例分析

【案例6-1】 简单描述法

问题：某饼干加工企业为提升酥性饼干产品质量，通过改进生产工艺制作出一批次新产品。现需要通过简单描述法，对比原产品判断产品质量改进效果。

检验目的：掌握简单描述法的原理和步骤，培养学生具备对不同工艺生产的酥性饼干进行品质评定的能力。

试验设计：酥性饼干是以低筋小麦粉为主要原料，加上较多的油脂和砂糖制成的口感酥脆的一类饼干。这种饼干在面团调制过程中，减少面团的水化作用，形成较少的面筋，面团缺乏延伸性和弹性，具有良好的可塑性，产品酥脆易碎，故称酥性饼干。酥性饼干品质评定的简单描述法，需要通过色泽、形状、组织结构、气味滋味多方面进行描述。酥性饼干品质评定指标及评分表设计见表6-7。

表6-7 酥性饼干品质评定表

样品名称：酥性饼干　　　　　检验员：　　　　　检验日期：　年　月　日

项目	品质评定指标	最高分	扣分
色泽	表面、边缘和底部均呈浅黄色到金黄色，无焦边，有油润感 色泽不均匀，表面有阴影有薄面，稍有异常颜色 表面色重，底部色重，发花	20	1~2 3~8 6~12
形状	片形齐整，薄厚一致，花纹清晰，不缺角，不变形，不扭曲 薄厚不一致，花纹不清晰，表面起泡、缺角、粘边、收缩、变形 片形不齐整，无花纹，起泡、破碎严重	40	1~5 6~12 10~18
组织结构	组织细腻，有细密而均匀的小气孔，无杂质 组织粗糙，有不均匀的大气孔，稍有污点 组织结构差，有杂质，有污点	30	1~3 4~10 10~15
气味滋味	甜味纯正，酥松香脆，无异味 口感紧实发艮，不酥脆 有油脂酸败的哈喇味	10	1~2 3~4 5~8

将样品编码后随机呈送给评价员，每位评价员独立进行样品品评。根据组织者提供的评价项目和评价标准，给予每个样品感官特征的简单描述评定，将评定结果填于表6-8。

表6-8 酥性饼干品质评分表

样品名称：酥性饼干　　　　　检验员：　　　　　检验日期：　年　月　日

编号	样品	色泽 20%	形状 40%	组织结构 30%	气味滋味 10%	评语	备注
1							
2							
3							
4							
5							

结果分析：典型的酥性饼干是色泽均匀，外形完整，口感酥松，花纹清晰，断面结构呈细密的孔洞，无油污，具有该品种应有的香味，无异味。通过对比不同样品的得分，得出分值和结果。

PPT

任务三 定量描述检验法

情境导入

情境 某肉制品生产企业针对其开发的新型鸡肉馅饼风味进行评定，在综合考虑该鸡肉馅饼中所有的风味和风味特征并评估这些术语所代表的程度和变异性后，利用四周的时间对 10 名评价员进行训练，在定义一系列参比标准后，对于感知到的风味特征强度进行评估，得出具有一致性的描述结果。

思考 1. 什么是定量描述检验法？
2. 如何实施定量描述检验法？

一、定量描述检验法特点

1. 基本概念 定量描述检验是要求评价员尽量完整地对形成样品感官特征的各个指标的强度进行描述的检验方法。定量描述检验法最大特点是利用统计方法对数据进行分析，使用简单描述试验所确定的术语词汇中选择的词汇，描述样品整个感官印象的定量分析。

定量描述检验法数据是评价员在小组内讨论产品特征，然后单独记录他们的感觉，并使用非线性结构的标度来描述评估特性的强度，通常称为 QDA 图或蜘蛛网状图，并利用该图的形态变化，定量描述试样的品质变化，由评价小组负责人汇总和分析这些单一结果。这种方法还可以提供与仪器检验数据对比的感官数据，提供产品特征的持久记录。

定量描述检验法依照检验方法的不同，可分为一致方法和独立方法两大类型。

一致方法的含义是，在检验中所有的评价员（包括评价小组组长）都是一个集体的一部分而进行工作，目的是获得一个评价小组赞同的综合结论，使对被评价产品的风味特点达到一致的认识。可借助参比样品来进行，有时需要多次讨论方可达到目的。

独立方法是由评价员在小组内先讨论产品的风味等特征，然后由每个评价员单独工作，记录对食品感觉的评价成绩，最后再汇总分析（用统计的平均值，作为评价的结果）。

无论是一致方法还是独立方法，在检验开始前，评价组织者和评价员应提前制定记录样品的特性目录，确定参比样，规定描述特性的词汇，建立描述和检验样品的方法。

通常，在正式小组成立之前，需要有一个熟悉情况的阶段，以了解类似产品，建立描述的最好方法和统一评价识别的目标，确定参比样品和规定描述特性的词汇。参比样用于定义或阐明一个特性或一个给定特性的某一特定水平物质。常用食品质构特性及其对应参比样，见表 6 – 9。

表 6 – 9 常用食品质构特性及其对应参比样

特性	定义、相关描述词语及参比样
硬度	定义：使产品达到变形或穿透产品所需与力有关的机械质地特性，是食品保持形状的内部结合力 评价方法：对食品进行触摸、咬切等动作，所感知到的力量大小，如在口中，通过牙齿齿间（固体）或舌头与上颚间半固体，对食品压迫的力量 柔软的　　　　　　　　　奶油、乳酪 结实的　　　　　　　　　橄榄 硬的　　　　　　　　　　硬糖块

特性	定义、相关描述词语及参比样
碎裂性	定义：黏聚性和粉碎产品所需与力量有关的机械质地特性，可通过在门齿间（前门牙）或手指间的快速挤压来评价
	评价方法：将样品放在臼齿间并均匀地咬直至将样品咬碎，评价粉碎食品并使之离开牙齿所需力量
	易碎的　　　　　　　　玉米脆皮松饼蛋糕
	易裂的　　　　　　　　苹果、生胡萝卜
	脆的　　　　　　　　　松脆花生薄片糖、带白兰地酒味的薄脆饼
	松脆的　　　　　　　　炸马铃薯片、玉米片
	有硬壳的　　　　　　　新鲜法式面包的外皮
咀嚼性	定义：黏聚性和咀嚼固体产品至可被吞咽所需时间或咀嚼次数有关的机械质地特性
	评价方法：将样品放在口腔中每秒钟咀嚼一次，所用力量与用0.5秒内咬穿一块口香糖所需力量相同，评价当可将样品吞咽时所咀嚼次数或能量
	嫩的　　　　　　　　　嫩豌豆
	有咬劲的　　　　　　　果汁软糖（糖果类）
	坚韧的　　　　　　　　老牛肉、腊肉皮
胶黏性	定义：柔软产品的与黏聚性有关的机械质地特性，它与在嘴中将产品磨碎至易吞咽状态所需的力量有关
	评价方法：将样品放在口腔中，并在舌头与上颚间摆弄，评价分散食品所需要的力量
	松脆的　　　　　　　　脆饼
	粉质、粉状的　　　　　马铃薯、炒干的扁豆
	糊状的　　　　　　　　栗子泥
	胶黏的　　　　　　　　煮熟燕麦片、食用明胶
黏性	定义：与抗流动性有关的机械质地特性，它与将勺中液体吸到舌头上或将它展开所需力量有关
	评价方法：将一装有样品的勺放在嘴前，用舌头将液体吸进口腔里，评价用平稳速率吸液体所需的力量
	流动的　　　　　　　　水
	稀薄的　　　　　　　　酱油
	油滑的　　　　　　　　稀奶油
	黏的　　　　　　　　　甜炼乳、蜂蜜
弹性	定义：与快速恢复变形有关的机械质地特性，与解除形变压力后变形物质恢复原状的程度有关的机械质地特性
	评价方法：将样品放在臼齿间（固体）或舌头与上颚间（半固体），并进行局部压迫，取消压迫并评价样品恢复变形的速度和程度
	可塑的　　　　　　　　人造奶油
	韧性的　　　　　　　　棉花糖
	弹性的　　　　　　　　鱿鱼
黏附性	定义：移动附着在嘴里或黏附于物质上的材料所需力量有关的机械质地特性
	评价方法：将样品放在舌头上，贴上颚，移动舌头，评价用舌头移动样品所需的力量
	黏性的　　　　　　　　棉花糖料食品装饰
	发黏的　　　　　　　　奶油太妃糖
	黏、胶质的　　　　　　焦糖、水果冰淇淋的食品装饰料、煮熟的糯米
粒度	定义：感知到的产品中粒子的大小和形状有关的几何质地特性
	平滑的　　　　　　　　糖粉
	细粒的　　　　　　　　梨
	颗粒的　　　　　　　　粗粒面粉
	粗粒的　　　　　　　　煮熟的燕麦粥
构型	定义：感知到的产品中微粒子形状和排列有关的几何质地特性
	纤维状的　　　　　　　沿同一方向排列的长粒子，如芹菜
	蜂窝状的　　　　　　　球形或卵形的粒子，如橘子
水分	定义：描述感知到的产品吸收或释放水分的表面质地特性
	干的　　　　　　　　　奶油硬饼干
	潮湿的　　　　　　　　苹果
	湿的　　　　　　　　　牡蛎
	含汁的　　　　　　　　生肉
	多汁的　　　　　　　　橘子
	多水的　　　　　　　　西瓜
脂肪含量	定义：感知到的产品脂肪数量或与质量有关的表面质地特征
	油性的　　　　　　　　浸出脂肪和流动脂肪的感觉，如法式调味色拉
	油腻的　　　　　　　　浸出脂肪的感觉，如腊肉、油炸马铃薯片
	多脂的　　　　　　　　产品中脂肪含量高，但没有渗出的感觉，如猪油、牛脂

参比样可与被检测样不同，仅作为对照，其他样品与之比较。当参比样用于一个给定特性的强度对照时，通常为具有某一特性的系列样品，涵盖特性强度最小到最大的变化区间。参比样应具备普遍性、代表性、稳定性、可代替性、溯源性。参比样应在适合的条件下储存以保证其稳定性，并根据感官货架期，定期处置或更换。

2. 应用领域和范围 定量描述检验法的检验内容通常包括以下几个方面。

（1）食品感官特性特征的鉴定 用叙词或相关的术语描述感觉到的特性。

（2）感觉顺序的确定 即记录显示和觉察到的各感官特性所出现的先后顺序。

（3）特性特征强度评价 即对感觉到的每种感官特征所显示的强度。特性特征的强度可用多种标度来评估。

（4）余味和滞留度的测定 样品被吞下（或吐出）后，出现的与原来不同的特性特征，称为余味；样品已被吞下（或吐出）后，继续感觉到的特性特征，称为滞留度。

（5）综合印象的评估 综合印象是指对产品的总体、全面的评估，通常在一个三点标度上评估：1表示低，2表示中，3表示高，即以低、中、高表示。在一致方法中，评价小组赞同一个综合印象。在独立方法中，每个鉴评员分别评估综合印象，然后计算其平均值。

（6）强度变化的评估 评价员在接触到样品时所感受到的刺激到脱离样品后存在的刺激的感觉强度的变化，例如食品中的甜味、苦味的变化等。

定量描述检验是一种定量的描述分析方法，能用统计方法对数据进行分析。使用定量描述分析法，不仅能了解几种比较的产品在一些感官特性上是否存在明显差异，而且可以评估评价员的表现。定量描述分析法是确定本公司的产品和竞争者产品在感官特性上差异情况的有力工具，对产品质量控制、质量分析、确定产品之间差异的性质、新产品研制、产品品质改良等最为有效。

3. 参评人员 定量描述检验评价小组领导者不是一个活跃的参与者，只是为评价员提供样品等物资，不能参加最终的样品评价，其评价员则占据主导位置，产生自己的描述词，并通过自发的一致性讨论决定描述样品差异所使用的描述词等。定量描述检验描述词产生于评价员自己，是评价小组成员一致性讨论决定的结果，因此，该方法产生的描述词可能与消费者语言有一定的联系，也会受某个评价员对整体讨论主导性的影响。

定量描述检验法最常使用的标度类型是无刻度线性标度，评价员一般对个人喜好同时又是统一的方式使用此标度，因此这个标度得到的数据是相对量。定量描述检验的描述性检验数据可以用大多数统计方法进行分析及图形化处理，如方差分析、主成分分析、聚类分析、相关性分析等。需要注意的是，定量描述检验法数据必须看成相对量，而不是绝对量。

根据大量实践经验总结，对于产品的定量分析描述时，通常使用 10～20 名品评人员可以获得最佳的品评结果，参评人员也要具备对试验样品的感官性质的差别进行识别的能力。通常在正式试验之前，要对品评人员进行培训，以了解类似产品，建立描述的最好方法和统一评价识别的目标，确定参比样品（纯化合物或具有独特性质的天然产品）和规定描述特性的词汇。具体进行时，还可根据目的的不同设计出不同的检验记录形式。

二、问答表的设计和做法

定量描述检验法是属于说明食品质和量兼用的方法，多用于判断两种产品之间是否存在差异、差异的大小、产品质量控制、质量分析、新产品开发和品质改良等方面。

1. 操作步骤 采用定量描述检验法在进行分析描述时，首先需要筛选评价员，对于评价员进行培训，形成一份大家都认同的描述词汇表，而且要求每个品评人员对其定义都能够真正理解，这个描述词汇表就在正式试验时使用，要求品评人员对产品就每项性质（每个词汇）进行打分。其次需要考虑以下几方面问题，如产品配方改变对产品品质有影响；工艺条件改变对产品品质的影响；产品在储藏过程中发生的变化；在不同地域生产的同类产品之间存在的区别等。

根据这些问题，定量描述检验法的实施通常需要经过以下步骤。

（1）确定检验项目 了解类似产品的情况，建立描述的最佳方法和统一评价识别的目标，同时，确定参比样品和规定描述特性的词汇。

（2）检验前的准备 组织一个评价小组，开展必要的培训和预备检验，使评价员熟悉和习惯将要用于该项检验的尺度标准和有关术语，并根据检验目的设计出不同的检验记录形式。

（3）检验及记录 根据所设计的表格，评价员独立进行评价试验，按照感觉顺序，用同一标度测定每种特性强度、余味、滞留度及综合印象，记录评价结果。

（4）评价结果描述 检验结束，由评价负责人收集评价员的评价结果，计算出各个特性特征强度的平均值，并用表格或图形表示。

当有数个样品进行比较时，可利用综合印象的评价结果得出样品间的差别大小和方向；也可以利用各特性特征的评价结果，用一个适宜的方法（如评分分析法）进行分析，以确定样品之间差别的性质和大小。

2. 感官特性强度的评估方式 常用的有数字评估法、标度点评估法、直线评估法等。

（1）数字评估法

$$0 = 不存在 \quad 1 = 刚好可识别 \quad 2 = 弱 \quad 3 = 中等 \quad 4 = 强烈$$

（2）标度点评估法 在每个标度的两端写上相应的叙词，如"弱""强"，中间级数或点数根据特性特征而改变，通常用标度点"□"评估，在标度点上写出符合该点强度的1~7数值。

$$弱□□□□□□□强$$

在每个标度的两端写上相应的叙词，其中间级数或点数根据特性特征而改变。

（3）直线评估法 可选在100mm长的直线上，距每个末端大约10mm处写上叙词，评价员在线上做一个标记表明强度，然后测量评价员做的标记与线左端之间的距离（mm），表示强度数值。

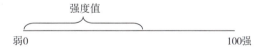

正式试验时，为了避免互相干扰，品评人员在单独的品评室对样品进行评价，试验结束后，将标尺上的刻度转化成数值输入计算机，经统计分析后得出平均值，再用标度点评估法或直线评估法作图，也可以使用类别标度法。

三、结果分析与判断

定量描述检验法不同于简单描述法的最大特点是利用统计法对数据进行分析。统计分析的方法随所用对样品特性特征强度评价的方法而定。

定量描述检验法的出现使"以人作为测量仪器"的概念向前迈进了一大步。

1. 优点

（1）评价员描述词的形成不受评价小组负责人的影响。

（2）以消费者的语言为基础形成描述词。

（3）定量描述分析法的结果不是来自于一致性讨论，评价员独立品评，评价员间的相互影响很小。

（4）数据容易进行统计分析，并能用图形表示。

（5）可以应用试验设计。

2. 缺点 评价小组负责人不对评价小组进行指导，评价小组可能会由于缺乏正确指导而形成错误的描述词。例如，受到良好培训的评价小组能很容易地分辨出天然香草和香兰素之间的区别，但是没有经过指导的评价小组会使用"香草"来描述香兰素的风味。缺乏指导还会使评价小组中地位较高的人或具有支配个性的人影响制定描述词汇表的过程。

定量描述检验法要点总结如下。

（1）定量描述检验是要求评价员尽量完整地对形成样品感官特征的各个指标的强度进行描述的检验方法，是利用统计方法对数据进行分析，使用简单描述试验所确定的术语词汇，描述样品整个感官印象的定量分析。

（2）定量描述检验法依照检验方法的不同，可分为一致方法和独立方法两大类型。一致方法的含义是，在检验中所有的评价员都是一个集体的一部分，目的是获得一个评价小组赞同的综合结论，使对被评价的产品的风味特点达到一致的认识。可借助参比样品来进行，有时需要多次讨论方可达到目的。独立方法是由评价员在小组内先讨论产品的风味等特征，然后由每个评价员单独工作，记录对食品感觉的评价成绩，最后再汇总分析。

（3）参比样用于定义或阐明一个特性或一个给定特性的某一特定水平物质。参比样可与被检测样不同，仅作为对照，其他样品与之比较。当参比样用于一个给定特性的强度对照时，通常为具有某一特性的系列样品，涵盖特性强度最小到最大的变化区间。参比样应具备普遍性、代表性、稳定性、可代替性、溯源性。

（4）定量描述检验法的检验内容通常包括：食品感官特性特征的鉴定、感觉顺序的确定、特性特征强度评价、余味和滞留度的测定、综合印象的评估、强度变化的评估等。

（5）定量描述分析法是确定本公司的产品和竞争者产品在感官特性上差异情况的有力工具，对产品质量控制、质量分析、确定产品之间差异的性质、新产品研制、产品品质改良等最为有效。定量描述检验的描述性检验数据可以用大多数统计方法进行分析及图形化处理，如方差分析、主成分分析、聚类分析、相关性分析等。

（6）产品的定量描述检验时，通常使用10~20名品评人员可以获得最佳的品评结果，参评人员也要具备对试验样品的感官性质的差别进行识别的能力。通常在正式试验之前，要对品评人员进行培训，以了解类似产品，建立描述的最好方法和统一评价识别的目标，确定参比样品和规定描述特性的词汇。具体进行时，还可根据目的的不同设计出不同的检验记录形式。

（7）定量描述检验法的实施步骤：确定检验项目、检验前的准备、检验及记录、评价结果描述。定量描述检验中感官特性强度的评估方式常用的有数字评估法、标度点评估法、直线评估法等。

📖 **案例分析**

【**案例6-2**】定量描述检验法（一致方法）

问题：某番茄调味酱加工企业针对产品风味进行改进，针对番茄调味酱的风味特性特征检验，请用定量描述检验法分析番茄调味酱的风味，并判断哪些风味特征需要改进。

检验目的：培养学生运用定量描述检验一致方法的原理，检验番茄调味酱的风味特性和强度，掌握定量描述检验法的主要程序与过程。

试验设计：

1. 进行风味特性特征分析　番茄调味酱是在番茄酱中加入其他调味料之后，制成的一种酱料，不仅具有番茄的风味，还具有其他调味料的风味。采用数字评估法对番茄调味酱可感知到的风味特性特征强度进行评估。风味特征强度的标度评估表，见表6-10。

表6-10　风味特征强度的标度评估

评估	说明	评估	说明
0	无表现	3	中等
1	阈值或刚好感觉到	4	强烈
2	轻微		

2. 定量描述分析检验　本试验采用定量描述检验法的一致方法，在对产品风味特征强度的结果，不是对各个评价员的评价进行平均，而是通过评价小组成员和评价小组领导之间对于产品讨论后，重新评价获得的。参照国家标准《感官分析方法风味面检验》（GB/T 12313-1990）规定的描述和评估食品风味的方法，最终得到番茄调味酱风味特性结果。检验报告见表6-11。

表6-11　番茄调味酱风味特性特征检验报告

样品名称：番茄调味酱　　　　　检验员：　　　　　　　　检验日期：　年　月　日

检验项目	感觉顺序	强度
风味特性特征	番茄	4
	肉桂	1
	丁香	3
	甜度	2
	胡椒	1
余味		无
滞留度		相当长
综合印象		2

根据数字评估出的强度数值，可转化为图式标度图。图式常用的有圆形、半圆形，直线型评估图、蜘蛛网型图等多种形式。如用线的长度表示每种特性强度，按照顺时针方向表示特性感觉的顺序；每种特性强度记在轴上，连接各点，建立一个风味剖面的图示；按标度绘制或连接各点绘出风味剖面图等。番茄调味酱风味剖面图式报告如图6-1所示。

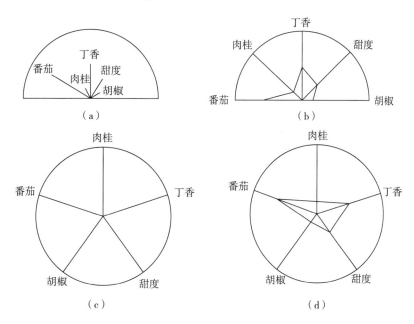

（a）　　　　　　　　（b）

（c）　　　　　　　　（d）

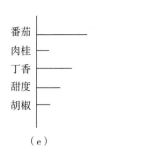
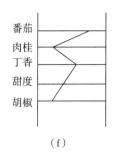

（e）　　　　　　　　　　　　　　（f）

图6-1　番茄调味酱风味剖面图式报告

（a）扇形图；（b）半圆形图；（c）圆形图（放射性状）；（d）圆形图（网状）；

（e）直线形评估图；（f）直线形评估图（连线状）

结果分析：针对番茄调味酱的风味特性特征的检验结果进行分析，绘制出番茄风味特征风味剖面图式报告，对需要改进的风味特征进行判断，为改进番茄调味酱的风味提供参考。

【案例6-3】定量描述检验法（独立方法）

问题：某公司在研发钙奶饼干新产品时，需要对不同品牌的钙奶味饼干进行产品风味特征分析，拟采用定量描述感官检验法，请按照定量描述检验独立方法，采用七点标度法，对钙奶饼干产品质量进行评定。

检验目的：学会运用定量描述检验独立方法的原理与方法，检验钙奶味饼干的风味特性与指标强度，掌握定量描述检验法的主要程序与过程。

试验设计：

1. 进行风味特性特征分析　向检验员介绍实验样品的特性，包括样品生产的主要原料和生产工艺以及感官质量标准，使大家对钙奶味饼干有一个大致了解。

选取有代表性的钙奶味饼干样品，检验员轮流对其进行品尝。每人轮流给出描述词汇，在检验组长的引导下，选定8~10个能描述钙奶饼干产品感官特性的特征词汇，并确定强度等级范围。形成一份大家都认可的词汇描述表。实验按照独立的方法，采用七点标度法进行评定。

2. 定量描述分析检验　把钙奶味饼干样品用托盘盛放，同描述性检验记录表一并呈送给检验人员。各检验员单独品尝，对每种样品各种指标强度打分。实验重复3次。钙奶味饼干定量描述和感官检验报告见表6-12。

表6-12　钙奶味饼干定量描述和感官检验报告

样品名称：钙奶味饼干　　　　　　　　评价员：×××　　　　　　　　检验日期：×年×月×日

检验项目	感觉顺序	标度 7 6 5 4 3 2 1
风味特性特征	饼干脆度	□ □ ■ □ □ □ □
	甜味	□ □ □ □ ■ □ □
	鸡蛋风味	□ □ □ □ □ ■ □
	乳粉味	□ □ □ □ □ ■ □
	碱味	□ □ □ □ □ □ ■
余味		□ □ □ □ □ ■ □
滞留度		□ □ □ □ ■ □ □
综合印象		3

结果分析：针对钙奶饼干的风味特性特征的检验结果进行分析，按照标度点评估法绘制出钙奶饼干风味特性特征标度值，对需要改进的风味特征进行判断，为改进钙奶饼干的风味提供参考。

【案例6-4】 定量描述检验法（QDA 蜘蛛网形图）

问题：某农场为提高葡萄贮藏保鲜效果，研究葡萄贮藏期间的感官质量变化，拟采用定量描述法对葡萄外观、风味、质地等方面进行检验。请采用 QAD 蜘蛛网形图，分析新鲜葡萄和存放3天葡萄的外观、风味和质地变化情况。

检验目的：学会运用定量描述检验的原理与方法，检验葡萄贮藏期间感官指标特征，能够绘制葡萄贮藏期间不同时期的 QDA 蜘蛛网形图，掌握定量描述检验法的主要程序与过程。

试验设计：

1. 进行风味特性特征分析

准备样品：新鲜葡萄和贮藏3天葡萄。

筛选评价员，并对评价人员进行培训：选取具有代表性的葡萄样品，由评价人员对其进行观察，每人轮流给出描述词汇，并给出词汇的定义，经过讨论，最后确定葡萄贮存期间的感官分析部分描述词汇表，见表6-13，并使用0~15的标尺进行打分。

表6-13 葡萄贮存期间的感官分析部分描述词汇表

指标		描述
外观	光泽度	表面反光的程度
	干燥度	表面缩水的程度
	新鲜度	表面新鲜的程度
风味	酸味	基本味觉之一，由酸性物质引起的感觉
	甜味	基本味觉之一，由糖类引起的感觉
	葡萄风味	葡萄风味感觉（新鲜程度）
	涩味	口腔表面收敛的感觉
质地	坚实度	用白齿将样品咬断所需的力
	多汁性	将样品咀嚼5次之后，口腔中的水分含量
	破损度	样品保持完整的程度
	弹性	产品在外力作用下发生的形变

2. 定量描述分析检验 通过定量描述检验法得到的结果通过统计分析得出，一般都附有一个蜘蛛网形图表，由图的中心向外有一些放射状的线，表示每个感官特性，线的长短代表强度的大小。

对新鲜葡萄和贮存3天的葡萄进行感官评价，将每名评价员两次试验的结果进行平均，得到每名评价员对两种葡萄样品评价的平均分，绘制出 QDA 蜘蛛网形图。所得结果如图6-2所示。

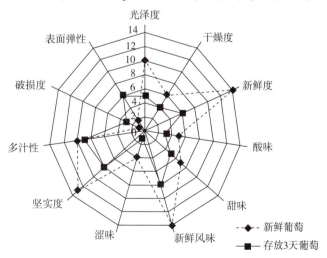

图6-2 葡萄贮藏期间 QDA 蜘蛛网形图

采用这种蜘蛛网形图，可以对样品的单个品质及整体感官进行比较，若要得到优质样品，则可以通过比较两图形差异的大小来判断哪一个样品与它更接近，或可由此判断要改进的品质究竟是哪几项。

结果分析：针对葡萄贮藏期间外观、风味、质地的风味特性特征的检验结果进行分析，按照QDA蜘蛛网形图法绘制出葡萄贮藏期间的感官剖面图，判断出葡萄贮藏期间的主要变化指标，为改进葡萄贮藏条件提供参考。

拓展阅读

分析描述性试验的其他方法

分析描述性试验的方法有很多种，除简单描述试验和定量描述试验之外，包括对食品的感官剖面的分析、时间－强度描述分析、自由选择剖面分析、系列描述分析法等方法，几乎所有的分析描述性方法中都要求对评价员进行一定程度的训练或引导。经训练的评价员，要求形成共同的感官语言和具有利用标准参比样准确判断样品的感官属性强度的能力，且在大多数情况下，还要求评价员判断的正确率达到一个较为合理的水平。在分析描述性试验的方法中，对评价员的训练程度越高，结果越准确，反之亦然。

 思 考 题

答案解析

1. 简述分析描述试验对评价员的要求。
2. 采用简单描述法对一种蛋糕的风味进行描述分析。
3. 试用定量描述法分析不同配方酸奶之间的差异。

书网融合……

本章小结

题库

项目七

食品感官检验的应用

 学习目标

知识目标

1. 掌握 消费者试验问卷调查设计的原则和消费者感官检验的类型；市场调查的特点和基本方法；常见食品（原料）的感官鉴别基本知识。

2. 了解 消费者试验的含义、具备条件和目的；感官评价在产品质量控制应用的特点和基本方法。

能力目标

1. 会设计消费者试验问卷，能够开展消费者试验。
2. 能够运用市场调查方法进行市场调查。
3. 能够运用感官评价基本方法，进行产品质量控制。
4. 能够运用感官评价知识进行常见食品（原料）的感官评定。

素质目标

1. 树立食品安全的社会责任感。
2. 培养严谨细致、精益求精的工匠精神。
3. 培养团结协作、爱岗敬业的职业精神。

【国家标准】

GB/T 16291.1—2012《感官分析　选拔、培训与管理评价员一般导则　第1部分：优选评价员》

GB/T 15682—2008《粮油检验　稻谷、大米蒸煮食用品质感官评价方法》

T/CCOA 73—2023《菜籽油感官评价》

T/CCOA 74—2023《花生油感官评价》

T/CCOA 29—2020《芝麻油感官评价》

GB 2749—2015《食品安全国家标准　蛋与蛋制品》

GB/T 5009.47—2003《蛋与蛋制品卫生标准的分析方法》

GB 5413.38—2016《食品安全国家标准　生乳冰点的测定》

GB 5009.2—2016《食品安全标准　食品相对密度的测定》

GB 2721—2015《食品安全国家标准　食用盐》

GB 2719—2018《食品安全国家标准　食醋》

GB 2720—2015《食品安全国家标准　味精》

情境 某知名饮料企业，拥有多个子品牌和产品线，面临着激烈的市场竞争和消费者需求的多样化，为了在竞争中占据一席之位，需要深入了解消费者的心理动机、情感需求和行为模式，找到品牌与消费者之间的共鸣点，建立更强的品牌认知和忠诚度。这就需要对消费者进行试验调查。

思考 1. 什么是消费者试验？

2. 消费者感官检验的类型有哪些？

3. 消费者试验问卷设计的原则及消费者试验的方法都有哪些？

食品感官分析是包含一系列精确测定人对食品反应的技术。感官分析所提供的有效信息能够大大降低食品生产和销售过程中的风险，因此感官分析应用越来越广泛。目前，感官分析技术在消费者试验、市场调查、质量控制、新产品开发、食品掺伪检验等方面都有广泛的应用。

任务一 消费者试验

PPT

消费者试验是食品感官检验常用的实验方法之一，也称情感试验，是由消费者根据个人的喜好对食品进行评判。消费者试验要求具备三个条件：试验设计合理、参评人员合格、被测产品具有代表性，而试验方法和试验人员的选择根据试验的目的而定。

消费者试验的目的是通过在消费者中进行试验，实现对产品进行质量控制、对产品进行优化、提高产品质量，并有利于进行新产品的开发、新产品市场潜力预测、产品种类调查等。因此，对于食品生产研发而言，通过对消费者的消费行为研究，来指导产品设计开发是一项重要的工作。

一、消费者行为研究

消费者的购买行为一般由多种因素共同决定，在首次购买商品时，食品消费者一般会考虑到商品的质量、品牌、价格、广告、评价等因素。食品质量方面，消费者主要考虑卫生、营养、口味；价格方面，则关注单位购买价格、性价比等。尤其是消费者在购买同类商品中的选择倾向行为和二次购买行为中，若在质量、价格与同类产品无明显差别的情况下，食品的口味特征对消费者购买行为有直接影响。因此，这就体现出消费者感官试验的重要性。

二、消费者感官检验和产品概念检验

新产品在激烈的市场竞争中得以保持市场份额的一个策略，就是通过食品感官的测试，确定消费者对产品特性的感受。消费者感官检验通常是在盲标条件下，研究消费者对产品实际特性的感知，洞察消费者的行为，发现产品感官特性的检验技术，从而有利于建立品牌信用，保证消费者能够再次购买该产品。

在盲标的消费者检验中，把概念信息维持在最低水平。操作中只给出足够的信息以确保产品的合理使用，以及与其相对应的产品的相关评价。还应确保信息中没有明显特征的概念介绍。消费者感官检验可以促进对消费者的调查，避免错误，并且从中可以发现在实验室检验或更严格控制的集中场所检验中没有发现的问题。因此最好在进行大量的市场研究领域检验或产品投放市场之前，安排消费者感官检验。同时，可通过隐藏商标来筛选评价员。有目标消费者进行检验，公司可以获得一些用于宣传的数据。在市场竞争中，这些资料极其重要。

市场研究的"产品概念"检验一般包括以下几个步骤：首先，市场销售人员以口述或视频等方式向参与者展示产品的概念（内容常与初期的广告策划有些类似）；其次，向参与者咨询他们的感受，而参与者在产品概念展示的基础上，则会期待这些产品的出现（这对于市场销售人员来说是重要的策略信息）；最后，销售人员会派发产品给那些对产品感觉不好的人，在他们使用后再对产品的感官性状、吸引力以及相对于人们期望的方面作出评价。

消费者感官评价检验与市场研究中的产品概念检验有一些重要的区别，其中一部分区别内容列于表7-1。在两个检验中，由消费者放置产品，并在试验后对他们的意见进行评述。然而，对于产品及其概念、性质，不同的消费者所给予的信息量是不同的。

表7-1 消费者感官检验与产品概念检验区别

项目	感官检验	产品概念检验
指导部门	感官评价部门	市场研究部门
信息的主要最终使用方向	研究与发展	市场
产品商标	概念中隐含程度最小	全概念的提出
参与者的选择	产品类项的使用者	对概念的积极反应者

两者在检验方式上存在的重要区别有以下几项。

第一个区别是消费者感官检验就像一个科学试验。从广告宣传中独立进行感官特征和吸引力的检验，不受产品任何概念的影响。消费者把产品看作一个整体，并不对预期的感官性质进行独立的评价，而是把预期值建立为概念表达与产品想法的一个函数。他们对特性的评价意见及对产品的接受能力受到其他因素的影响，所以，感官产品检验试图在除去其他影响的同时，确定他们对于感官性质的洞察力。

影响因素的作用可能很强，如在保密检验的技术上，品牌认同的介绍和其他信息并没有差别，但在产品的可接受性中却产生了明显的差异。消除这些影响因素的原则就是确定在同一时间下平行地对一个论述的试验性操作进行评价。通常，科学研究中的实践是研究如何除去控制测定变化或其他潜在的影响。只有在这样隔离的条件下，才能根据兴趣的变化而确定结论，并得到其他方面的解释。

第二个区别是关于参与者的选择问题，在市场研究概要中，进行实际产品检验的人一般只包括那些对产品概念表示有兴趣或反应积极的人。由于这些参与者显示出一种最初的正面偏爱，在检验中导致产品得高分。而感官消费者检验很少去考查那些参与者的可靠性，他们是各种产品的使用者（偏爱者）。而他们仅对感官的吸引力以及对产品表现出来的理解力感兴趣，他们的反应与概念并不相关。

感官检验的反对者认为，商品是不能脱离概念而存在的，实际的商业行为会带有品牌概念，而不是感官检验中不含实际意义的三位阿拉伯数字。

如果某产品在商业行为中失利，在考查问题时如果只有产品概念检验，就不能明确问题。可能没有良好的感官特性，也可能市场没有对预期概念作应有的反应，这就不可能获得改进产品的指导方向。产生问题的原因可能是劣等产品，也可能是较差的概念。

进行感官消费者检验研究与开发的人员都需要指导，以使他们在感官汇合以及执行目标上所做的努力是正确的。如果在正确进行感官消费者检验的基础上出现产品的失败，管理人员应认识到责任不在研究本身。

两种检验的结果对产品的意见可能并不相同，检验提供了不同类型的信息，观察了消费者意见的不同框架，并进行了不同的回答，由于消费者已经对概念表现出积极的反应，因此产品概念检验能容易地表示出较高的总体分数或更受人喜爱产品的兴趣。大量的证据表明，他们对产品的感知可能只是一种与他们期望值相似的偏爱。这两种类型的检验都是相当"正确"的，都基于自身原理，只是运用不同的技术，来寻找不同类型的信息。管理人员进行决策时，应该运用这两种类型的信息，为优化产品寻找更进一步的修正方案。管理人员不能偏执一种，否则可能作出错误结论，并对团队精神有害。

三、消费者感官检验类型

消费者感官检验主要应用在以下几方面：①一种新产品进入市场；②再次明确表述产品，也就是指主要性质中的成分、工艺过程或包装情况的变化；③第一次参加产品竞争的种类；④有目的的监督，作为种类的回顾，以主要评价一种产品的可接受性，是否优于其他一些产品。通过消费者感官检验，可以收集隐藏在消费者喜欢和不喜欢理由之上的诊断信息。根据随意的问题、强度标度和偏爱标度经常可以得出人们喜欢的理由。通过问卷和面试可以得到消费者对商标感知的认同、对产品的期望和满意程度的一些结果。

消费者感官检验根据试验场地的不同分为实验室检验、集中场所（商场）检验和家庭使用检验等三种类型。不同检验地点的优势和劣势见表7-2。

表7-2　不同检验地点的优势和劣势

检验地点	优势	劣势
实验室检验	①相对较高的响应速度； ②条件可控； ③及时（电脑化）反馈； ④低成本； ⑤每名消费者都能够评估几个产品	①不能代表自然环境； ②可能忽略重要属性； ③设置问题的数量有限； ④调查对象不一定代表全体人群
商场检验	①大量的调查对象； ②调查对象来自一般人群； ③每名消费者能够评价几个产品； ④更好地控制如何对产品进行检验	①不具代表性的环境； ②可控性低于实验室检验； ③重要属性可能被忽略； ④设置问题的数量有限
家庭使用检验	①相对较多的调查对象； ②局域产品实际条件的检验； ③能够在重复使用的条件下检验产品	①零回报与缺失回应更多； ②对产品应用过程没有控制； ③耗费时间； ④反馈较慢； ⑤产品数量小； ⑥一般成本较高

1. 实验室检验　由于时间、资金或保密性等问题，感官实验室检验中的消费者模型存在两种类型。

（1）生产员工或固定受雇者　这目的性些成员必须是待测产品的消费者。要招募与目标市场相关的，有代表性的样品群众，否则会使检验作出错误的判断。由于产品不是盲样，固定受雇者对所检验产品可能有潜在的偏爱信息或潜意识，而内部员工熟悉这一品牌的产品，他们可能更倾向于所测试的信息和假设内容，同时技术人员观察产品可能与消费者有很大的差别。

（2）当地固定的消费者评价小组或通过社会团体来招募和建立评价小组　这些团体可能从属于学校研究机构或其他组织。和内部消费者检验类似，这种方法可以在一定时间内反复使用，在针对产品常规测试和收集反馈意见时更便捷。

2. 集中场所检验　集中场所检验一般利用消费者比较集中或者比较容易召集的地点进行，例如集市、商场、教堂、学校等。如果检验项目广泛，则由公司自己的感官评定部门来执行。集中场所检验可以使用移动实验室以达到随时更换场所、易于接触消费者的目的。例如，夏季野餐或户外烧烤类食品的感官检验，可以在营地、公园等场所进行。面向儿童的产品可在学校、游乐园等场所进行。集中场所检验具有以下优点：可以提供良好的产品控制条件、容易掌握和控制样品的检验方法和回答的方式、减少外部条件的影响、问卷的回收率高等。

3. 家庭使用检验　家庭使用检验是让消费者将产品带回家，在产品正常使用情况下进行产品感官检验。这种方法虽然花费较高，但能够提供大量有效的数据，这对广告宣传页十分重要。消费者在家里食用某一产品一段时间后，家庭各成员都可以评价产品的感官属性，然后形成一个总体意见。家庭使用为人们观察产品提供了有利的机会，能充分考虑产品的各项感官性质、价格、包装等，得到的信息量会比较大。例如，对香气的检验，检验场所的不同会影响检验结果。如果在集中场所进行检验，由于放置时间短，人们可能对非常甜的或有很高强度的香味做出过高的评价；如果在家庭中长期使用该产品，这种香味就有可能因强度过大而变得使人厌烦；在实验室中进行香气检验，高分产品也会让人产生疲劳感。

因此，家庭使用检验能够方便地得到与消费者检验预期相比更严格的产品评价。尽管消费者模型感官检验不能代表外部大部分的消费者，但这种方法可以提供有价值的信息。如果食品企业推出一款新产品且在运行和广告上投资巨大，只使用内部消费者检验会增加失败的风险，在多个区域实施家庭使用检验，比持续进行真实消费者检验更安全有效。

在特定情况下，对检验方法的选择通常一方面代表了时间和资金因素之间的协调；另一方面是为了得到最有效的信息。

四、问卷设计原则

消费者试验中，调查问卷的设计非常关键。其目的是设计出符合调研与预测需要并且能获取足够、适用和准确信息资料的调查问卷。因此检验的目标、预算资金和时间以及面试形式等这些要素可以确定问卷的设计形式。

1. 面试形式与问题　以个人形式面试可以进行自我管理，或者也可以通过电话进行。每种方法都各有利弊。自我管理费用低，但不利于获得自由回答问题的答案，在回答的混乱与错误程度方面是开放的，不适于那些需要解释的复杂主题，甚至不能保证在回答问题时，回答者读过相关问题或浏览了全部问卷。也可能调查中这个人没有按照问题的顺序回答。自我管理的合作与完成速度都是比较差的。对于不识字的回答者，电话或亲自面试是唯一有效的方法。电话会谈是一个合理的折中方法，但是复杂的多项问题一定要简短、直接。回答者也可能会迫切地要求限制他们花费在电话上的时间，对自由回答的问题可能只有较短的答案。电话会谈持续的时间一般短于面对面的情况，有时候会出现回答者过早就终止回答的情况。

个人开放式面谈访问最具灵活性，因为面试者与问卷都清楚地存在着，所以包括标度变化在内的问卷可以很复杂。当面试者把问卷读给回答者听时，也可以采用视觉教具来举例说明标度和标度选择。这个方法虽然费用较高但效果明显。

2. 设计流程　设计问卷时，首先要设计包括主题的流程图。具体要求应详细，包括所有的模型，或者按顺序完全列出主要的问题。让回答者和其他人了解面试的总体计划，有助于回答者和其他人在实际检验前，回顾所采用的检验手段。

在大部分情况下应按照以下的流程询问问题：①能证明回答者的筛选性问题；②总体接受性；③喜欢或不喜欢的可自由回答的理由；④特殊性质的问题；⑤权利、意见和出版物；⑥在多样品检验和（或）再检验可接受性与满意或其他标度之间的偏爱；⑦敏感问题。

可接受性的最初与最终评价往往应该是高度相关的。如果改变了问题的形式，就有可能出现一些冲突情况，因此，需要注意问题提问的形式。

3. 面试准则　参与面试是获得如何在实践中进行问卷调查的有利机会，同时，这也提供了与真正回答者相互影响的机会，以便正确评价他们的意见。这是一个需要花费时间的过程。专业人员参加面试要遵守以下几条准则。

第一，通常是指当时的穿着合体，要介绍自己。与回答者建立友好的关系，这有益于他们自愿提供更多的想法。距离的缩短可能会得到更加理想的面试结果。

第二，对面试需要的时间保持敏感性，尽量不要花费比预期更多的时间。如果被问及，应告知回答者关于面试的较接近的耗时。这虽然会损害全体协议的比率，但也会缩短面试时间。

第三，如果进行一场单人面试，请注意用词、语气态度，不要有不合适的内容。

第四，不要成为问卷的奴隶。要明白它是你回答的工具。当代理职员被告诫偏离主题时，项目领导要有更大的灵活性；而当回答者认为他们需要放松时，可以接受偏离问题顺序，可跳过去，稍后找机会再重复一次。

参与者可能不了解某些标度的含义，适当地给以合适的比喻以便于理解是必要的。有时结果的数据可能会有很大差异，这可能是由于可选择的回答没有限制的原因。

面试者永远不要用高人一等的口气对回答者说话，或让他或她感觉自己是下属。应该通过积极的问候，以获得回答者合作的、诚实的反应，口头的感激会让回答者感到他们的意见很重要，这就使检验更让人觉得有兴趣。

4. 问题构建经验法则 构建问题并设立问卷时，应注意以下几条主要法则：①简洁；②词语定义清晰；③不要询问回答者不知道的内容；④详细而明确；⑤多项选择问题之间应该是独立的；⑥不要引导回答者；⑦避免含糊；⑧注意措辞以避免不良影响；⑨小心光环效应和喇叭效应；⑩进行预检验是必要的。这些简单的法则可以在调查中避免一般性错误，也有助于确定答案，反映问卷想要说明的问题。一个人不应该假设人们知道你所要说的内容，他们会理解这个问题或会从所给的参照系中得到结论。预检手段可以揭露不完善的假设。

5. 问卷中的其他问题及作用 问卷也应该包括一些可能对顾客有用的、额外的问题形式。普通的主题是关于感官性质或产品行为的满意程度。这点与全面的认同密切相关，但是相对于预期的行为而言，可能比它的可接受性要稍微多地涉及一些。典型的用词是："全面考虑后，你对产品满意或不满意的程度如何？"典型的可用以下简短的5点标度：非常满意、略微满意、既不是满意也不是不满意、略微不满意以及非常不满意，由于标度很短且间隔性质不明确，因此，通常根据频数来进行分析，有时会把两个最高分的选择放入被称为"最高的两个分数"中。不要对回答的选择对象规定整数值，不要假定数值有等间隔的性质。接着进行像 t 检验式的参数统计分析。

满意标度中的一些变化包括购买意向和连续使用的问题。购买意向难以根据隐含商标的感官检验来评定，因为相对于竞争中的价格与位置没有详细的确定。最好避免在信息的"真空"中试图确定购买意向。可以变换一下方式，采用短语表示一种伪装的购买意向问题，例如，连续使用的意向："如果这个产品在一个合适的价位上对你有用，有多少可能你会继续使用它？"一个简单的3点或5点标度在"非常可能"到"非常不可能"之间的基础上构建，无参数顺序分析可转换成简短满意标度的情况进行。

消费者检验过程中也可以探查消费者对产品的看法。这经常是通过产品陈述评价的同意与不同意程度来进行的。同意或不同意标度有时是指"喜欢"标度，在人们进行了普及之后加以命名。例如，"检验后表明关于以下陈述的感觉：产品×××使皮肤不再干燥。"标度点典型地按以下方式排列：非常同意、同意（或稍微同意）、既没有同意也没有不同意、不同意（或稍微不同意）以及非常不同意。在接下来的广告和商品信息以及对竞争者合法的防卫中，这一信息对于消费者对产品感知的具体表达是很重要的。

6. 自由回答问题 自由回答的问题既有优点也有缺点。许多对自由回答问题的有效性持反面意见，虽然通过试验可以获得它们有效性的感觉，但要慎重决定其是否值得进一步利用。

五、消费者试验常用的方法

消费者感官检验的主要目的是评价当前消费者或潜在消费者对一种产品或一种产品某种特征的感受，广泛应用于食品产品维护、新产品开发、市场潜力评估、产品分类研究和广告定位支持等领域。一般包括接受性测试和偏爱性测试两大类，又称消费者测试或情感测试。消费者试验采用的方法主要是定性法和定量法。

1. 定性法　定性情感试验是测定消费者对产品感官性质主观反应的方法，由参加品评的消费者以小组讨论或面谈的方式进行。此类方法能揭示潜在的消费者需求、消费行为和产品使用趋势，评估消费者对某种产品概念和产品模型的最初反应；研究消费者使用的描述词汇等。定性研究包括多种不同的方法：集中品评小组、深入的一对一面试及焦点小组等，或运用人种学研究技术，研究人员通过直接观察，甚至与被试者在他们熟悉的环境下一起生活，这都是获取消费者和产品定性数据常用的有效方法。

2. 定量法　定量消费者检验用于检验消费者对产品的偏爱性或接受性。偏爱某种程度上意味着产品的层次等级，但并不一定反映消费者对产品的喜爱程度；而接受性检验能够明确给出消费者对产品喜爱水平的量级。诊断检验通常用于了解消费者的偏爱性与接受性。按照试验任务，定量情感试验可以分成两大类，见表7-3。

表7-3　定量情感试验的分类

任务	试验各类	关注问题	常用方法
选择	偏爱性检验	你喜欢哪一个样品？	成对偏爱性检验
		你更喜欢哪一个样品？	排序偏爱性检验
		你觉得产品的甜度如何？	标度偏爱性检验
分类	接受性检验	你对产品的喜爱程度如何？	快感标度检验
		你对产品的喜爱程度如何？	同意程度检验

（1）偏爱性检验　偏爱性检验是成对偏爱性检验与排序检验适用于确定两种或两种以上产品在特定属性上是否存在差异的技术。

偏爱性检验的目的是确定消费者对两种（成对偏爱检验）或两种以上（排序检验）的偏爱度是否存在显著性差异。偏爱性检验为一种产品是否比另一种产品更受到偏爱提供了证据。这在改进产品配方或考察竞争对手的表现时都可以提供帮助。但是，很难精准地符合目标，只是比判定是否存在显著性差异更为恰当。

①试验设计：按照成对偏爱检验与排序检验的方法进行试验设计，除此之外，还需要考虑，定量消费者检验需要较多数量的评价人员，数量在50~100位，尽管评价人员可能能够区分不同的产品，但可能真的没有偏爱性，所以有时应该考虑设置"无偏爱性"或"同等偏爱"的选项。然而，仍然推荐使用强迫性的选项，因其会保留较好的统计效能。此外，尽管许多消费者确实对产品具有偏爱性，但他们仍然倾向于选择没有偏爱性的选项，因为这样做选择更简单，或者为了避免"给出错误答案"。在进行与产品属性有关的问题之前进行偏爱性测试是不合适的，因为这样会使评估人员的关注点转移到这些特定属性，导致他们对产品整体产生偏见。评估偏爱程度的过程中可以添加些额外的因素，如"偏好度量表"或确信判断与R指数分析。

②步骤：成对偏爱检验与排序检验的实施步骤分别如下。

a. 成对偏爱检验也称成对比较检验。评价人员得到两个编有盲码的样品，要求他们评价样品并判断两个样品间某一特定感官性质。根据不同测试的检验目的，可提前对评价人员进行针对某一性质的培训。评价不同样品时，应进行口腔清洁，去除杂味。理想状态下，只应评价待测样品某一属性情况，但此理想状态较难实现。如果样品间差异较多，可以考虑使用总体差别检验，如三点检验。成对比较检验使用较简单、便捷。此外，本检验方法还适用于成对偏爱检验中评价对两个样品的喜好，相应问卷中的问题为"更偏爱哪个样品"。

b. 试验设计。成对呈送待测样品。样品可能的摆放顺序有 AB 和 BA 两种，应等量使用。成对比较检验最少需要 30 名评价人员，但可根据评价人员的建议做适量调整。在设计问卷时一般忽略"没有偏爱"的情况，如果允许在成对检验中出现"没有偏爱"的回答，在数据分析时，可以采用以下方法处理。第一，忽略"没有偏爱"的回答。这样会减少有效评估人员的数量，并因此降低检验的效能。故应当记录"没有偏爱"回答的数目。第二，假设所有受访者会随机选择"没有偏爱"的选项，且在产品之间平均分配。同时应当记录"没有偏爱"回答的数目。根据受访者对每种产品的偏爱性，是要设定有些是"偏爱"，但也要设定"没有偏爱"的回答。因此，从本质上讲，问卷调查应选用强迫选择的方法，避免出现"没有偏爱"的情况。

c. 数据分析。计算选择每个样品的数量。该检验可用手工计算或电脑计算来分析数据。一是采用手工分析方法，用选择较多的那个样品的数量与统计表格（见附录一）做对比。表中规定了不同显著性水平上，判别显著性差异所需的最小正确辨别数量。二是通过用电脑软件，计算 I 类错误（a 风险）概率可用来判定样品间是否存在显著性差异。

d. 结论。通过成对比较检验，可以确定其中一个样品在某一特性上与另一样品相比是否更显著，或确定两个样品在某一特性上无显著性差异。不论是否存在差异，都应表明显著性水平如 $p = 0.05$。

（2）排序检验 给评价人员分发编有盲码的样品，要求其按摆放顺序评价样品并根据某一感官性质强度对样品进行排序。根据不同测试的检验目的，可提前对评价人员进行某一性质的培训。通常情况下，评价人员必须对样品进行排序，但某些样品间可以并列。评价不同样品时，应进行口腔清洁以去除杂味。排序检验比样品的分类和描述性评价对小组培训更为有用。排序的数据还可以通过 R 指数进行分析。

①试验设计：排序检验中样品的数量取决于对评价人员的疲劳程度的预估。例如，简单的样品，如矿物质水，或评价的某一感官性质不需要食用，样品数量可多达 8~10 个。通常在对口感、风味强度排序时，食用 5~6 个样品。在分配样品的摆放顺序时，应使每个样品在同一位置出现的次数相同。

②数据分析：通过表格展现每位评价人员对样品的排序结果。如果允许等序样品的存在，在分析数据前，需要对数据进行修饰，再统计有效排序数字。如果有并列的排序存在，则除以并列排序的数量。例如，4 个产品的排序，如果产品的排序为 1、2 与 3 和 4（并列第 3，最强），两个并列样品的排序为 $(3+4)/2 = 3.5$。分析数据时则输入 1、2、3.5、3.5。统计评价员排序并制作每个样品的秩次和。计算 Friedman 统计分析数据值（T）。值得注意的是，不同检验的计算方式不同，允许存在并列排序。

③如果采用手工分析方法，可将 T 值与统计表做对比。表中规定了判别两个或多个样品间存在显著性差异所需的最小数值。结论中必须标明显著性水平（$p = 0.05$）。另外，如果用电脑软件计算，不仅提供了 T 值和所要超过的最小临界值，还可通过计算 I 类错误概率判定样品间是否存在显著性差异。

如果 Friedman 分析显示两个或多个样品间存在显著性差异，则用 Fishers 最小显著多重比较法（LSRD）比较在相同显著性水平上，哪些样品间存在差异。将 LSRD 计算的值和秩次和之差进行比较。如果差值大于 LSRD 值，则样品显著不同。

④结论：通过排序检验，可以得到样品间不存在显著性差异，或样品间某一感官特性存在显著性差异的结论。不论是否存在差异，都要标明排序的特性和显著性水平，如 $p = 0.05$。

⑤注意事项：指导说明要易于遵循；属性诊断检验不要设置在偏爱性问题之前。如果偏爱性不存在显著性差异，不要认为产品类似。

（3）接受性检验　这种测试能够表明消费者对产品的接受程度。最流行的方法是快感评价。

快感评分的目的是用于确定消费者对一种或多种产品的喜爱等级。例如，确定有多少消费者喜爱新的产品概念，或者以标准产品与市场主导产品进行喜好的比较。偏爱检验并不能给出一种产品受喜爱的程度。偏爱检验需要基于以下假设：消费者喜欢吃才会买某种产品，因此消费者在对产品的喜好性打分时必须提供此方面的真实信息。

①试验设计：一个典型的试验需要招募100名消费者，他们通常是目标市场或当前用户的代表。员工可以单独、依次或同时交给每名消费者。因为个人总是倾向于给开始的样品较高的分数，给评价人员提供"虚拟"样品，可以使他们消除这种偏见。采用平衡或随机方案，将剩余的样品提供给每名评价人员。

②步骤：对于每一项产品，受试者都应在快感标度表中标明他们对产品的喜爱程度。快感标度包括一系列表达喜欢或不喜欢的语言表述。最常见的是 Peryam 与 Girardot 于 1952 年设计的 9 分快感标度法。适宜儿童的笑脸或是面部表情的图片，例如史努比的标度法（Moskowitz，1985），是常用于儿童的标度方法。在进一步分析数据之前，根据每个标度的回答数量，将回答转换为数字值。类别明确的快感标度提供了较少的回答选项，因此，可能会对样品差异性的识别产生限制。然而，它们容易出现居中趋势误差。需注意，本方法假定不同类别间的间隔是相等的。

③数据分析：一般来说，研究人员决定每个产品快感评价的平均得分以及不同产品间是否存在显著性差异。通常情况下，计算得到平均值并用方差分析（analysis of variance，ANOVA）对数据集进行分析。然而，现在有相当多的证据表明，快感评分不同类别之间的间隔是不相等的，因此，应该计算中位数和众数值以及使用 Friedman 方差分析等非参数统计方法。需要注意的是，使用整体人群的平均数据可能会掩盖人群的信息。

④结论：快感评分检验的数据分析能够帮助研究人员得到每个产品受喜爱等级的结论，或在特定标度中比较分配给不同产品的分数。喜好标度的得分（行为标准）很大程度上取决于产品的分类，也就是意味着该产品是否值得考虑在零售市场中上市。构建一个包括产品以往得分的数据库，不仅能够洞悉产品的典型得分，也可以在使用国际化的评价小组时突出不同文化间的差异。已有研究得知，文化背景对喜爱标度的使用有一定影响。

需要牢记的是，消费者喜爱某个产品，并不一定意味着他们会去购买，需要额外的数据才能作出此推论。量化购买意图或者使用自动贩卖机等更多的新方法，能够提供需要的数据。此外，与对偏爱检验的阐述一样，样品得到相似的喜爱分数并不意味着他们的感官属性也是相似的。

⑤注意事项：招募适宜的消费者；比较几种产品时，将"虚拟"样品放在首位；数据统计时需要考虑使用非参数统计方法；不要将快感评价置于属性评价之前。

📖 案例分析

【案例 7－1】改良芝麻酱产品的消费者试验

问题：经过消费者调查，提高产品的芝麻香气会使产品风味得到改善，研究人员研制出了芝麻香味更高的产品，而且在差别检验中得到了证实。市场部门想进一步证实该产品在市场中是否会比目前已经销售很好的产品更受欢迎。

项目目标：确定新产品是否比原产品更受欢迎。

试验设计：筛选100名芝麻酱的消费者，进行集中场所试验。每人得到两份样品，产品都以3位数随机数字编号，样品呈送顺序以 A－B 和 B－A 均匀平衡分配。要求参加试验人员必须从2个样品中选出比较喜欢的一个，$p=0.05$，问答卷见表7-4。

表7-4 芝麻酱成对偏爱试验问答卷

姓名：	日期：
试验指令： 1. 首先品尝左侧的芝麻酱，然后品尝右侧的芝麻酱。 2. 通过闻气味和尝滋味，哪个样品你更喜欢？请在你喜欢的样品编号上画钩。	
○ 584	○ 317
请简单陈述你选择的原因	

试验结果：有63人选择新产品，根据成对比较检验单边检验表（附录一），新产品确实比原产品更受欢迎。

结论：新产品可以上市，建议标明"芝麻浓香型"。

【案例7-2】一种碳酸柠檬水的气泡性市场评估

问题：某厂决定采用排序检验判定市场上4个领先品牌产品的气泡性是否有显著性差异。共有15名评价人员参与到4个柠檬水样品（E~H）排序检验中。表7-5为检验结果。

表7-5 15名评价人员对4个产品气泡性排序结果及秩次和

评价员编号	产品编号			
	E	F	G	H
1	1	3	2	4
2	1	2	3	4
3	1	2	4	3
4	2	1	3	4
5	1	3	2	4
6	3	1	2	4
7	1	3	2	4
8	1	3	2	4
9	3	2	1	4
10	1	3	4	2
11	1	2	3	4
12	1	2	3	4
13	1	2	4	3
14	3	1	2	4
15	1	3	2	4
秩次和	22	33	39	56

T值可通过以下计算公式得到：

$$T = \left[12 \sum R^2 / bt(t+1) \right] - \left[3b(t+1) \right]$$

式中，t为样品数量；b为评价人员数量；R为秩次和。

$$T = (74760/300) - 225 = 24.2$$

从附录四的表中可知，Friedman 检验的临界值为 7.81（$n-1$ 为自由度，$a=0.05$）。计算得到的 T 值（24.2）超过临界值，因此必须用 Fisher 的 LSRD 来判定样品是否显著不同。

将各样品的秩次和之差与 $LSRD_\alpha$ 进行比较，如果比较的两个样品秩次和之差大于或等于相应的 $LSRD_\alpha$ 值，则表明在 α 水平上这两个样品有显著性差异；如果比较的两个样品秩次和之差小于相应的 $LSRD_\alpha$ 值，则表明在 α 水平上这两个样品没有显著性差异。

Fisher 的 LSRD 的计算如下：

$$LSRD = t_{\alpha/2\infty}\sqrt{\frac{bt(t+1)}{6}} = 1.96\sqrt{50} = 13.9$$

式中，$t_{\alpha/2}$ 可从 t 分布表中得到，当 $\alpha=0.05$ 时，$t=1.96$；$\alpha=0.01$ 时，$t=2.58$。

样品间的秩次和相差大于 13.9 时被视为显著不同，结果见表 7-6。

表 7-6 柠檬水产品排序结果

样品编号	秩次和	显著性 a
H	56	A
G	39	B
F	33	BC
E	22	C

注：a 样品间相同的字母表示没有显著性差异（$p<0.05$）。

通过电脑软件分析，此数据得到的 I 类错误的概率为 $p\leqslant0.0001$，小于 0.05（本检验选定的显著性水平）。而且，此结果还小于 0.01% 显著性水平。

结论：4 种样品间气泡性存在显著性差异（$p<0.05$）。样品 H 的气泡性显著高于其他样品；样品 G 和 F 以及样品 F 和 E 之间无显著性差异。样品 G 的气泡性显著高于样品 E。该公司可以得到 4 种市场领先品牌的碳酸柠檬水在气泡性上存在显著性差异的结论。基于此结果，公司决定继续开展相关研究，了解消费者对气泡性的喜好。

PPT

任务二 市场调查

情境导入

情境 某品牌食用油，为了发现新的市场机会，需要了解目前市场食用油产品的主体消费状况、品牌及广告表现、消费者的使用及购买情况及趋势、现有产品与品牌竞争态势，现有市场营销策略和市场价格情况等。因而需要进行市场调查，获取相关信息。

思考 1. 市场调查的目的及要求是什么？

2. 市场调查的对象及场所有何要求？

3. 市场调查的方法有哪些？

一、市场调查的目的和要求

市场调查的目的主要有两方面：一是了解市场走向、预测产品形式，即市场动向调查；二是了解试销产品的影响和消费者意见，即市场接受程度调查。两者都是以消费者为对象，所不同的是前者多是对流行于市场的产品而进行的,后者多是对企业所研制的新产品而进行的。

感官评价是市场调查中的一部分,并且感官分析学的许多方法和技巧也被大量运用于市场调查中。但是,市场调查不仅是了解消费者是否喜欢某种产品(即食品感官分析中的嗜好试验结果),更重要的是了解其喜欢或不喜欢的原因,从而为开发新产品或改进产品质量提供依据。

二、市场调查的对象和场所

市场调查的对象应该包括所有的消费者。但是,每次市场调查都应根据产品的特点,选择特定的人群作为调查对象。例如,老年食品应以老年人为主;大众性食品应选低等、中等和高等收入家庭成员各1/3。营销系统人员的意见也应引起足够的重视。

市场调查的场所通常是在调查对象的家中进行。复杂的环境条件对调查过程和结果的影响,是市场调查组织应该考虑的重要内容之一。

由此可以看出,市场调查与感官分析试验无论在人员的数量上、组成上,还是在环境条件方面都相差极大。

三、市场调查的方法

市场调查一般是通过调查人员与调查对象面谈来进行的。首先由组织者统一制作答题纸,把要调查的内容写在答题纸上。调查员在调查时,可以将答题纸交给调查对象并要求他们根据调查要求直接填写意见或看法;也可以由调查人员根据要求与调查对象进行面对面的问答或自由问答,并将答案记录在答题纸上。

调查常采用顺序试验、选择试验、成对比较试验等方法,并将结果进行相应的统计分析,从而分析出可信的结果。

📖 案例分析

【案例7-3】 *调味品消费者定性研究*

问题:此研究是为寻找酱油产品市场机会和给实施营销计划提供消费者市场依据,即通过对目标消费群实施使用习惯和态度研究以发现新的市场机会。调查将回答如下问题:目前天津市场酱油产品的主体消费者状况如何?品牌及广告表现怎样?消费者的使用及购买情况如何?趋势怎样?现有产品和品牌竞争态势怎样?现有市场营销策略和市场价格怎么样?……最后依据调查分析结果提出市场营销的策略性建议。

(1)研究方法　设计调查对象:目标消费者;调查方法:座谈会;抽样方法:条件甄别;样本量:100人;分布或分组条件:年龄、职业、收入、性别、居住区域、购买者和家庭拥有状况。

(2)调查对象　调查对象必须符合以下条件:①在家庭中主要承担日用品、食品等购买事务,其中购买酱油在家庭成员中比例占90%以上,最近2个月内购买过酱油;②年龄在15~65岁之间;③个人月收入不低于2000元或家庭年总收入不低于5万元;④本人或亲友不属于相关职业:新闻、广告、营销、调研、副食生产与经营;⑤半年内没有参加过副食方面的调查活动;⑥被访者善于语言交流,有时间能确保参加访谈。分组具体配额情况见表7-7。

表7-7　市场调查分组配额表

项目	组别		
	Bd1	Bd2	Bd3
日期	3月20日	3月21日	3月22日

续表

时间	14：30—16：30	9：30—11：30	14：30—16：30
年龄/性别	20～25周岁，男	20～45周岁，女	30～40周岁，男
收入	月收入2000元，家庭年收入5万元	月收入2000元以上，家庭年收入5万元以上或相对	
消费条件	家庭中主要副食和酱油购买者，近两个月内购买过酱油		
职业条件	不限		5名职业厨司，10名不限
常规条件	7个月内无访问经历，本人及亲友无相关职业；健谈，表达能力好		

（3）研究执行程序

①项目准备　包括：研究提纲和邀约甄别问卷的起草，测试表、产品包装的准备；邀约培训、实施与质控等。时间约5天。

②正式执行　总时间3天。

第一组，代号Bd1。现场甄别。客户观察，时长2小时，3月20日14：30—16：30。

第二组，代号Bd2。同上。3月21日上午9：30—11：30。

第三组，代号Bd3。同上。3月22日14：30—16：30。

③整理和分析报告　以上访问同时进行录入整理，由研究人员进行研究分析，产生本次定性研究报告。时间3天。

（4）研究质量控制

①依据委托方的资料和项目建议，修订访谈提纲并识别和确定样本结构。

②使用本公司已有的邀约员，进行统一邀约培训。

③访谈提纲须以定性为主、定量为辅并适当交替，敏感问题使用假设，提纲由客户定稿，本公司提供解释和研讨。

④对邀约样本执行100%的复核甄别，并1/8的备份。

⑤将每组座谈会的被访者背景资料（加备份）提交客户审核。

⑥提交报告时向客户提供项目原始资料和口头说明。

任务三　质量控制

PPT

 情境导入

情境　某厂家研发了一系列的饮料，现在该厂经理想要知道这一系列饮料的外观形态、色泽、气味、滋味及风味等情况，以控制其产品质量，并了解产品是否能满足消费者的需求。请你利用感官检验技术，对这一系列产品进行感官评价。

思考　1. 感官评价在产品质量控制中的作用有哪些？

2. 产品质量控制过程中影响感官评价的因素有哪些？

3. 感官质量检验的准则是什么？

一、产品质量

质量的普遍定义是"适合于使用"。这个定义只存在于消费者的前后关系或参照系中，对产品感官和表现试验中的可靠性和一致性能够作为产品质量中的一个重要特征。产品质量是消费者关心的产品最重要的特征之一，质量控制较好的产品能激起人们再次购买的欲望。同时，生产企业也充分认识到保证产品质量的重要性。

食品的感官品质包括色、香、味、外观形态、风格特征等，是食品质量最敏感的部分。将感官分析有效地应用于食品产品质量控制过程中，可以在生产过程中获得现场信息资料，便于及时采取对应措施，将可能存在的风险降到最低。

二、质量控制与感官评价

（一）感官评价在产品质量控制中的主要作用

原材料的质量控制可以防止不符合质量要求的原材料进入生产环节，成品的质量控制可以防止不符合质量要求的产品进入商品流通领域。

1. 工序检验 生产过程中的工序检验，可以预防产生不合格品，防止不合格品进行下一工序。上下工序间通过感官检验可以快速剔除不合格品，以利于生产的连贯性。

2. 贮藏检验 贮藏检验研究产品在贮藏过程中的变化规律，以确定产品的保存期和保质期。

3. 流通商品检验 对流通领域的商品按照产品质量标准进行抽样检验，其中感官检验对于辨别假冒伪劣商品更为快速、准确。

4. 食品企业产品生产过程中的质量控制 食品企业产品在生产过程中，从原辅料、半成品至成品均应设定相应感官特性的标准，来辅助企业控制产品质量。感官评价与质量控制工作结合能显著提高生产水平。

（二）产品质量控制过程中影响感官评价的因素

1. 评价员的能力 如果没有丰富经验的感官评价员，所得出的结果可能不可靠；而使用专家级的评价员，不能确保人数而且成本较高。因此，企业培训一批优秀的评价人员对于质量控制保证产品感官品质质量的一致性是必不可少的。

2. 感官评价标准 感官标准的确定是质量控制的关键步骤，包括感官属性标准、评价方法标准、标准强度参照物标准等，只有建立完善的标准体系，才能让分析有据可依。

3. 感官评价指标规范 感官评价指标规范的作用是确定产品是否可以接受，感官评价指标规范对各种指标的强度都是规定一个范围，如果经过感官评价小组评价后，产品指标在这个范围内，表示可以接受，否则表示不可以接受。感官评价指标规范包括收集典型产品作为标准样品、产品的评估、判断产品的可变感官特征和变化范围，根据消费者对产品变化的反馈意见制定最终的规范。

在质量控制过程中，感官评价方法使用多样。方法的选择以能够衡量出样品同参照标准样品之间的差别为原则。试验方法根据试验目的和产品的性质而定。如果产品发生变化的指标仅限于 5~10 个，则可采用描述分析方法，而如果发生变化的指标难确定，但广泛意义的指标（如外观、风味、质地等）可以反映产品质量时，则可对产品质量进行打分。

三、感官质量控制项目开发与管理

感官评价部门在感官项目建立的早期应考虑感官质量控制项目的费用和实践内容，还必须经过详细的研究与讨论，形成研究方案。在初始阶段把所有的研究内容分解成子项目中的各种因素，项目任务细分之后有助于完整、详细地完成感官质量控制项目开发。

1. 设定承受限度 一般情况下，企业管理部门可以自己进行评价并设置限度。由于没有消费者参与，这个操作非常迅速而简单，因而需要承受一定风险。因为管理者与消费者的需求未必一致。而且由于利益问题，对已经校准的项目，管理者可能不会随消费者的要求而改进。

最安全的方法就是增加校正设置，就是把有代表性的产品和变化提供给典型消费者评价。这个校准设置包括可能发生的已知缺点以及过程和因素变化的全部范围。问题区域的保守估计应该以少数最敏感参与者的拒绝或失败分数为基础。利用有经验的个人去定义感官说明书和限度。但应该对这类消费者的资格证明进行仔细鉴别，以确保他们的判断结果与真实消费者意见相一致。

2. 费用相关因素 感官质量控制项目需要一定的花费，如果要求雇佣者作为评价小组进行评估，还要包括品尝小组进行评价的时间。感官质量控制项目的内容相当复杂，不熟悉感官检验的行政部门很容易低估感官检验的复杂性、技术人员进行设置需要的时间、小组启动和小组辩论筛选的费用，并且忽视对技术人员和小组领导人的培训工作。

时间安排须仔细进行。进行感官检验主要是利用工作时间之外的个人时间。如果管理部门合计了进行感官检验的所有时间，包括检验者走到检验场所需要花费的时间，有可能会让行政部门重新考虑员工薪水以及其他的经济成本问题。况且，工人不能在检验时间内随意离开工作岗位。当然对于工人，参与的热情是值得肯定的，能参与评价活动是受人欢迎的休息项目，可以增加共同质量项目中的参与感受，扩大工作技能和对生产的看法，同时，对于企业没有生产上的损失，利用评价小组进行辩论的过程中，工人会表现出一定的自豪感，并对保持质量很有兴趣。要注意感官评价小组队伍的建设以及所产生的个人发展问题。

3. 完全取样的问题 按照传统质量控制的项目，会根据产品的所有阶段，在每个批次和每项偏差中分别取样测定，对于感官检验不具有实际意义。而同一个批次生产的，由感官评价小组进行的重复测定中，对多重产品进行取样可以保证包含所有规格产品，但会增加检验的时间和费用。质量控制工作的目的是避免不良批次产品流入市场。只有通过对照的感官评价步骤以及足够数量、受过良好训练的质量控制评价小组工作，才能保证获得维持检验的高敏感度。良好的实践承担盲标、任意顺序、肯定或否定对照样品等工作。

4. 全面质量管理 独立的质量管理结构可能有益于质量控制。致力于合作质量项目的高级行政部门可以把质量控制部门从原有体系分离出来，使他们免受其他方面的压力，又能控制真正不良产品的出现。感官质量的控制系统应该适合这个结构，感官数据就能成为正常质量控制信息中的一部分。可能会有这样一种趋势，即感官质量的控制系统具有向研究开发部门报告感官质量控制的功能，尤其是如果感官研究的支持者能够稳定感官质量控制系统。这种情况下，感官数据就能成为正常质量控制信息中的一部分。

5. 确保项目的连续性 管理部门要注意，感官评价所需设备需要专人定期维护、校正，并且要放置在一个不移动的固定位置上，对感官质量控制的关注包括对小组成员的评价和再训练，参考标准的校正和更换，由于精力不集中而造成标准下降等情况，以及确保评价结果不发生负偏差等内容。在小型工厂中，感官质量控制小组可能不只要求提供感官服务，也可能被要求进行其他目的的服务，例如评价过程、因素、设备的变化或者甚至是消费者投诉的解决等。在较大型的联合企业或国际合作中，可能需要成功的感官质量控制方法的扩大和出口。通过联合企业，有必要使感官质量控制的步骤和协调行为标准化。这一点包括维持生产样品和参考材料的一致性，以便于把它们送到其他的工厂中进行进一步的比较。

6. 感官质量控制系统特征 感官质量控制系统项目发展的特定任务包括小组辩论的可用性和专家意见、参考材料的可用性以及时间限制等方面的研究。一定要在客观条件下进行评价小组人员的筛选和训练。取样计划一定要和样品处理及贮存标准步骤一致，从而进行开发和实施。数据处理、报告的格式、历史的档案和轨迹以及评价小组的监控都是非常重要的。应该让在感官评价方面有着很强技术背景的感官评价协调者去执行这些任务。系统应该有一定的特征才能维持评价步骤自身的质量。

Gillette 和 Beckley（1994 年）列出了一个管理良好的工厂中，感官质量控制项目中的 8 条要求，以及其他 10 项令人满意的特点。感官质量控制项目的要求必须包括：①对所有供应商简单、够用的体系；②允许消费者的监控、审核；③详细说明一个可接受的偏离范围；④识别不可接受的生产样品；⑤消费者管理的可接受系统；⑥容易联系的结论，如以图例表示；⑦供应商能接受；⑧人们的评价。这些要求也包括所有供应商采用和执行的简单性以及允许由消费者进行监控。

另外还包括以下 10 项特点：①有参考标准或能分阶段进行；②最低的消费；③转移到可能的仪器使用方法中；④提供快速的、直接使用的在线修正；⑤提供定量的数据；⑥与其他质量控制方法的连接；⑦可转移到货架寿命的研究中；⑧应用于原材料的质量控制中；⑨具有已证明的轨迹记录；⑩反馈的消费者意见。

四、感官质量控制方法

（一）规格内 – 外方法

感官质量控制方法的最简单方法之一就是利用规格内 – 外或通过或不通过系统，通过感官检验把不正常生产的产品与正常生产或常规生产之外的产品区别开来。

该方法是在现场与大量劣质产品进行简单比较的方法，例如，公开讨论以达成一致意见。他们把这个概要与有 25 人或更多人的评价小组的情况形成对比。评价员经过训练后，能够识别定义为" 规格之外"的产品性质，以及被认为是" 规格之内"的产品性质范围，这就增强了该标准的一致性。在任何是、否的步骤中，偏爱和标准设定的作用与实际的感官经验一样，具有影响力。在质量控制中，劣质标准的设置很极端，因为劣质产品要通过检验，以维持正常的生产水平总是有一些压力。

评价小组包括一小群主要来自管理队伍的公司职员（4～5 人）。每次会议中，在没有标准和对照的前提下，评价小组需要评估大量的生产样品（20～40 个），并且他们对每一个产品都要进行讨论，以决定它是在规格之"内"还是之"外"。在该项目中，不存在产品评估的有定义的规格或方针，也没有对评估人员进行训练或产品定向。作为一个结果，每个评价小组在他或她的个人经验以及对生产熟悉程度的基础上，或以小组中最高等级人的意见为基础作出决定。

内、外方法的主要优点在于具有很明显的简单性，特别适用于简单产品或有一些变化特性的情况。缺点就是标准设置问题，由于这个方法没有必要必须提供拒绝或失败的理由，所以在确定问题时会缺乏方向性。数据与其他测定结果联系性差。对于评价小组，具有分析能力而且在寻找问题的同时，要提供产品质量的综合判断是相当困难的。

（二）根据标准评估产品差别度

感官质量控制的第二个主要方法是根据标准或对照产品情况，评价整体产品的差别度。如果维持一个恒定的优质标准进行比较，这种方法是有效可行的，能够很好地评估整体产品的差别度。这种方法也很适合于分析产品变化。分析产品变化的步骤中使用一个的简单标度。如下所示。

□　　□　　□　　□　　□　　□　　□　　□

与标准完全不同　　　　　　　　　　　与标准完全一样

对于这个标度可以存在其他变化，例如，为达到快速分析的目的，有时会利用不同程度差别的其他口头描述加以标记标度中的其他点。

简单的整体差别标度可以与具有单一变化性质的简单产品配合得很好。对于更复杂的或不同种类产品而言，可能需要添加进一步的描述标度。当然，这也增加了评价小组成员进行训练、数据分析以及设置行为标准的复杂性。

盲标控制是这个步骤的重要部分，在每个检验会议中，应该在检验部分中放入隐含商标的标准样品，并把它与本身有商标的样本进行比较。这有助于建立标度响应的基线，因为人们很少会把两个产品当作完全相同的样品进行评估。如果对照的比较仅仅是与标准自身进行的话，成对的或独立的检验就能把受检样品的平均得分与对标准产品进行评估后的得分进行比较，这就假设有充分的判断能保证进行一次令人满意的检验。

这种检验方法的主要缺点是：如果人们只使用单一标度进行评估，就没有必要提供任何有关差别理由的判定信息。当然，可以提供差别之间能够自由回答的理由，或者为一般问题及所显示的一般变化的特性提供额外的问题、标度或清单。评价小组成员很难认可产品的不同性质能决定产品的总体差别。这项缺点可以通过针对特殊性质和缺点的明确训练，以及他们应该如何把全体所得的成绩分解为因素等过程加以抵消。

（三）质量评估方法

第三个方法就是使用质量评估的方法。这使评价小组部分成员进行更复杂判断的评价能力成为必需，因为这样做不仅可以使事情更具有差别性，而且还要研究如何决定产品的种类。例如乳制品评估，美国乳制品科学协会发起的学院乳制品评估竞赛等活动需要维持质量评估的普及性。但对于质量评估的支持不具有普遍性。在一些国家，如新西兰对乳制品的分析中，已经用特殊关键属性评估取代总体质量评估方法。

使用质量评估系统评估，要求受过训练的评价人员或专家具有三个主要能力。第一，专家评估一定要保持一定标准，即理想产品是根据感官属性标准确定的；第二，评估者一定要学习如何期望和鉴定作为函数出现的普通缺点，如劣质成分、粗劣的处理或生产实践、微生物问题、贮存方法的滥用等；第三，评估者需要了解每个缺点在不同水平上的影响或份量以及它们是如何降低产品整体质量的，这种情况经常按照推论方案形式出现。

质量评估的一般特性为：标度直接代表了人们对质量的评估，优于简单的感官差别，同时它还能使用像"劣质到优秀"这样的词语。另外，用词本身也是一种激励因素，就像它给予评价小组成员一个印象一样，即它们直接涉及人们所作出的决定。当管理部门的意见和工厂的意见达成一致时，最好能进行质量分级的工作。

本方法存在明显的时间和费用优势，当然也有缺点和不足。如果为了能够认识到所有的缺点，要开发相应的专门技术，并把它们结合到质量得分中去，可能需要一个较长时间的训练。存在这样一种倾向，即喜欢和不喜欢的个人主观性会慢慢地进入评估者的评价意见中。如果只产生一个总体分数的话，几乎没有特征可以帮助人们确定问题的产生。专业技术词汇的缺陷对非技术性的管理者来说是不可思议的。最后，对少量的评价小组成员而言，他们很少把这些数据应用于统计的差别检验中，所以这种方法基本上是一种定性的方法。

（四）描述分析

感官质量控制的第四个主要方法是一种描述性的分析方法。描述分析是由受过专门训练的评价小组成员提供个人的感官性质的强度评估，重点是单一属性的可感知强度，而不是质量上或整体上的差别。人们如果进行单一感官属性的强度评估，需要一个分析的思维框架，并要把注意力集中在把感官经验分割成几个成分的内容上。

描述分析与所提供的质量评估或整体的差别评估不同。质量评估和差别评估需要把全部感官经验都结合到一个单一整体分数中去。在以研究为目的的描述性分析中，人们对产品进行比较时，为了完整地说明感官性质，经常需要利用技术对所有的感官特性进行评估。从质量控制的目的出发，对一些重要性质加以注意可能是比较合适的。

如同在其他技术中一样，要进行校准。一定要经由消费者检验和（或）管理部门的加入，进行描述性地详细说明，它由产品重要特性中强度的不同分数所组成。

这项技术有三个主要的优点：第一，描述性说明书中，详细而定量的性质说明非常有助于建立与其他测定值（如仪器分析）的相关性；第二，一旦采用了这种思维的分析框架方式，该技术就会向评价性质成员提供较少的感知数据，不需要把他们变化着的感官经验与一个总体分数结合起来，但是也很少报告他们对关键性质的感知强度；第三，由于对特殊的性质进行了评估，所以，很容易推断出缺陷以及改正行为的理由。这些要优于一个总体分数，它能更好地与成分和过程的因素紧密结合。

（五）带有品质标度的质量评分

这种方法是介于质量评估方法和全面的描述性方法之间的一个合理的折中办法，这个方法的重点是一个全面质量的标度。质量标度伴随着一组特别性质的判定标度而出现，这些性质是所知的在生产中变化的关键感官组成部分。

主要的标度以下面这种方式出现。

1　2｜3　4　5｜6　7　8｜9　10
拒绝　　不能接受　　能接受　　相称

在这个标度中，明显不符合要求而需要立即处理的产品只能得 1~2 分。不能接受但可能可以重新生产或混合的产品，其得分的范围在 3~5 分。如果在生产过程中在线进行评价的话，这些批次不会被填充进零售的集装箱或包装中，而是会去进行重新生产或混合。如果样品与标准样品有所区别，但仍在可接受的范围以内，它们的得分在 6~8 分之间；而与标准品几乎相一致或被认为是完全一样的产品则分别得 9 分或 10 分。

这一方法的优点在于它既能利用全面评估结果，又能拒绝使用产品所提供的标度以外的额外性质，所具有的外在简单性。同其他的方法一样，在人员进行培训之前，一定要规定在规格之外产品的边界以及对一个优质标准样品的选择。一定要向进行试验的研究对象展示已被定义过的样品，以帮助他们建立标准产品的概念界限，即要向评价小组成员展示产品的承受范围。

（六）实践要点

在质量评估过程中优秀感官实践需要遵循的一些准则。

1. 感官质量检验的 10 条准则

（1）建立最优质量的目标以及可接受和不可接受产品范围的标准。

（2）如果可能，要利用消费者检验校准这些标准。可选择的方法是：有经验的个人可能会设置一些标准，但是这些标准应该由消费者的意见来检查。

（3）一定要对评估者进行训练，如让他们熟悉标准以及可接受变化的限制。

（4）不可接受产品的标准包括可能发生在原料、过程或包装中的所有缺陷和偏差。

（5）如果标准能有效地代表问题，应该训练评估者如何获得缺陷样品的判断信息。可能要使用针对强度的标度。

（6）应该从多个评价小组中收集数据。在理想情况下，收集有统计学意义的数据（每个样品 10 个或更多个观察结果）。

（7）检验的程序应该遵循优良感官实践的准则：隐性试验、合适的环境、检验控制、任意的顺序等。

（8）每个检验中标准的盲标引入应该用于评估者准确性检查。对于参考样品，包括一个隐性的优质标准是很重要的。

（9）隐形的重复样品测试可能可以检验评估者的可靠性。

（10）有必要建立小组评价协议。如果发生不可接受的变化或争议，要保证评价人员可以进行再训练。

2. 感官评估中参与的准则

（1）身体和精神状态良好。

（2）了解分数卡。

（3）了解产品缺陷以及其强度范围。

（4）对于一些食品和饮料而言，打开样品容器后立即发现香气是有利的。

（5）品尝足够的数量（是专业的、不是犹豫不定的）。

（6）注意风味顺序。

（7）清洗、切割和标记，以确保评估的准确性。

（8）集中注意力，仔细考虑你的感知，并忽略所有其他的事情。

（9）不要批评太多。而且，不要受标度中点的吸引。

（10）不要改变你的想法。第一印象往往是很有用的，特别是对香气而言。

（11）评估之后检查一下你的评分。回想一下你是如何工作的。

（12）对你自己诚实。面对其他意见时，坚持你自己的想法。

（13）要实践。试验和专家意见来得较慢，要有耐心。

（14）要专业。避免不正式的玩笑和自我主义的错误。坚持合适的试验管理，提防歪曲端点"试验"。

（15）在参与前至少30分钟不要吸烟、喝酒或吃东西。

（16）不要洒香水和修面等。避免使用有香气的肥皂和洗手液。

感官检验应进行盲标，并按照不同的任意顺序提供给评价小组。这些内容包括服务时产品的温度、体积和有关产品准备的其他细节，以及应该标准化和控制的品尝方法。评价人员应该在带有分隔空间、互不干扰、干净的感官检验环境中进行评估。评估者应该品尝一个有代表性的部分。

可以将经过处理的其他准则应用于评估者或评价小组。应该筛选、证明并用合适的动机激励评价小组成员。按照有规则的时间间隔进行评价小组的轮转，可以改善他们的动机并减轻其厌倦感。评估者应该处于良好的身体状态下，精神应该处于放松状态，并能够对即将到来的任务集中精力。一定要训练他们能识别产品的品质、得分的水平以及了解分数卡。在没有参照评审团风格的基础上独立进行评估。评估结束以后，评价小组会向人们提供讨论或反馈的意见，以利于正在进行的校正工作顺利进行。

PPT

任务四　新产品开发

情境导入

情境　某果酱生产企业应消费者的要求，希望通过提高产品的水果香气使果酱的风味得到改善。通过研发部门的努力，研制出了水果香气浓度更高的产品，并且在差别检验中得到了验证。市场部门想进一步证实该产品在市场中是否比目前的产品更受欢迎，筛选100名选购过该品牌果酱的消费者，进行中心地点试验。每人得到2份样品，其中50人的顺序是A－B，另50人的顺序是B－A，产品都以3位随机数字编号，要求参加试验人员从2份样品中选出较好的一个。经调查统计，有62人选择了新工艺生产的果酱，由此可知新产品受欢迎程度优于原产品。

思考　感官评价在新产品开发中的作用有哪些？

食品工业中，食品质量的最直接表现是在食品本身的感官形状上，因此食品的色泽、风味和组织状态等成为鉴别食品好坏的重要指标。除了微生物、理化指标，感官分析的数据成为食品质量的一个重要体现。食品感官分析在新产品的开发、食品质量评价、市场预测等方面得到了广泛应用。新产品是一个企业的生命，感官评价在新产品开发中具有重要的作用。

（1）感官评价起指导作用，以确保新产品的生产配方和工艺与市场需求相吻合，从而避免新产品开发的盲目性。

（2）感官评价承担着数据信息库的作用，提供的信息与企业的效益息息相关。

（3）通过感官评价可以了解消费者对产品喜欢或厌恶的理由，为市场营销工作提供理论和实践基础。

一种新产品从设想到生产阶段，一般要经过设想、研制和评价阶段、消费者抽样调查阶段、货架寿命和包装阶段、生产阶段和试销阶段、商品化阶段六个阶段。

1. 设想　设想构思阶段是第一阶段，它可以包括企业内部的管理人员、技术人员或普通工人的"突发奇想"，也可以包括特殊客户的要求和一般消费者的建议及市场调查。

2. 研制和评价阶段　现代新开发食品在安全、营养和价位相近的情况下，其感官属性，包括色泽、口感、味道等决定了市场的接受程度。研制开发过程中，食品质量的变化必须由感官检验来进行，不断优化。

新食品开发过程中，通常需要两个评价小组：一个是经过若干训练或有经验的评价小组，对各个开发阶段的产品进行评价（差异识别或描述）；另一个评价小组由小部分消费者构成，以帮助开发出受消费者欢迎的新产品。

3. 消费者抽样调查阶段　消费者抽样调查即指新食品的市场调查。首先送一些样品给一些有代表性的家庭，并告知过几天再来询问他们对新食品的看法。几天后，调查人员登门拜访收到样品的家庭并进行询问，以获得关于这种新食品的信息，了解他们对该食品的想法、是否购买、估计价格、经常消费的概率等。通过抽样调查往往会得到改进食品的建议，这些将增加产品在市场上成功的希望。

4. 货架寿命和包装阶段　食品必须具备一定的货架寿命才能成为商品。食品的货架寿命除了与本身的加工质量有关外，还与包装有着不可分割的关系。包装除了具有吸引性和方便性外，还应具有保护食品、维持原味、抗撕裂等作用。

5. 生产阶段和试销阶段　在食品开发工作进行到一定程度后，就应建立一条生产线。如果新食品在食品开发工作中已进行到销售阶段，那么等到试销成功再安排规模化生产并不是明智之举。许多企业往往在小规模的试销期间就生产试销产品。

6. 商品化阶段　商品化是决定一种新产品成功还是失败的最后一步。新产品进入什么市场、怎样进入市场有着深奥的学问。这涉及到很多市场营销方面的策略，其中广告就是重要的手段之一。

总之，食品感官评定在产品开发的策划阶段、配方和加工工艺修改阶段和大规模生产阶段等过程中都扮演着非常重要的角色。

PPT

任务五　食品掺伪检验

 情境导入

情境　2022年10月9日起，××市思明区市场监管局执法人员根据日常监管及群众举报，对吴某某、陈某某、郑某某等3个经营者销售的"牛肉"进行抽样检验，发现实为猪肉。2023年1月30日，

××市思明区市场监管局对吴某某等3人立案调查。经跟踪溯源，发现吴某某等3人经营的假冒"牛肉"是从上游黄某处购进。2023年3月3日，市场监管部门和公安机关密切协作，抓获涉及加工、运输、收购、零售等环节的主要犯罪嫌疑人黄某、姜某及其同伙等18人，查获仓库1个、零售假牛肉摊点11个，缴获疑似假牛肉1.2吨以及作案工具一批。已查明货值288万元。当事人吴某某、黄某等21人生产、销售猪肉冒充牛肉的行为违反了《中华人民共和国食品安全法》第三十四条的规定，已涉嫌构成犯罪，××市思明区市场监管局依法将该案移送公安机关。

思考　1. 不法商家为什么要对肉类进行掺假？

　　　　2. 肉类掺假有何危害？

　　　　3. 如何进行食品掺假的感官检验？

一、粮油类掺伪鉴别检验

植物油是重要的生活必需品，但食用油脂掺假问题比较突出。将廉价植物油掺入到高价植物油中，可以此获得高额利润，但这些做法极大损害了广大消费者的利益。

不同油料生产的植物油具有不同的气味，如三级、四级大豆油有豆腥味，菜籽油有菜籽味，花生油有花生香味等。因此，根据其气味，大致可以判断出是哪一种植物油。鉴别方法有以下几种。方法一，在装满油脂的容器盖打开的瞬间用鼻子挨近容器口，闻其气味；方法二：取1~2滴油样放在手掌或手背上，双手合拢快速摩擦至发热，闻其气味；方法三，用容器取油样25g左右加热至50℃，用鼻子闻其气味，判断植物油的品种和质量。下面分别对芝麻油和花生油掺伪检验方法进行介绍。

1. 芝麻油掺伪检验

（1）**看色**　纯芝麻油呈淡红色，红中带黄，若掺有其他油，色泽就会发生变化。掺菜籽油呈黄色，若盛在碗里摇晃，菜籽油挂碗，呈黄色。掺棉籽油呈红色，用火加热，油花会起大泡，温度再升高时，冒出淡色烟幕，闻之有棉籽油味。掺入蓖麻油时，基于大部分食用植物油都不溶于乙醇而蓖麻油有溶于乙醇的特性，具体操作方法是：吸取10ml左右油样装入试管，再加入10ml左右95%以上的乙醇，充分摇匀后静置，待乙醇与油分开后，用吸管仔细吸出一部分，放在蒸发皿内加热，使乙醇蒸发，如有蓖麻油，便留在蒸发器中。这种方法最好和标准芝麻油样品同时做，现象非常明显。

（2）**水试法**　用玻璃棒蘸一滴油样滴到平静的水面上，纯芝麻油会呈现出无色透明、薄薄的大油花，掺假的油则会出现较厚、较小的油花。

（3）**观察法**　油样装在玻璃瓶里，夏季在阳光下看，纯芝麻油清晰、透明、纯净；如掺假、混合油，就模糊、浑浊。

（4）**测定**　取样后，首先根据油品的特性，观察其色，闻其香味是否符合芝麻油特有的特点；再用水试法看水面是否有大油花存在；最后在阳光下观察油是否澄清透明。冬季可稍加热再观察。如果观察的结果确实是味香、色正、澄清透明，滴在水面呈大油花，就可确定为芝麻油。这种方法尤其适合在生产经营现场运用，准确率达95%以上。

（5）**判断**　如果样品不具备芝麻油的明显特征，或色不正或味不对时，就要看其是否符合其他油的特征。在检测过程中最好是经常用纯芝麻油的样品去对照（特别是理化性质差不多的油品就更难判断）。比如利用蓖麻油溶于乙醇的特性检测蓖麻油，而纯芝麻油中也有很少一部分，可溶于乙醇，经蒸发后，仍有少量油滴会残留在蒸发皿内，因为残留量极少，如果不做对照就很难进行判断。

2. 花生油掺伪检验
纯净的花生油澄清透明，油花泡沫多，泡色洁白，有时泡沫周围附有许多小泡沫，而且不易消失，嗅之有花生油固有的香味。现介绍几种简单的感官识别方法。

（1）掺棉籽油　取油样倒于磨口瓶中，加盖后剧烈振荡，瓶中如是纯花生油，会出现大量的白色泡沫，而且油花大，不易消失；如果泡沫少、油花小，经二次轻微振荡泡沫消失明显，则有可能掺入棉籽油。此时，从瓶中取出 1~2 滴油放在手掌中，快速摩擦后闻其气味，如果带有碱味和棉籽油味，可证明掺有棉籽油。

（2）掺豆油、菜籽油　取油样少许放入碗中，若摇晃后油花微黄并有挂黄（碗壁上有黄色）现象，再取油样 1~2 滴放在手掌心中快速摩擦，闻其气味，如果有轻微鱼腥味（豆腥味），证明掺有豆油；如果有辛辣味（芥子味），证明掺有菜籽油。

（3）掺入熟地瓜、地瓜面、滑石粉等物质　取油样 3~5 滴放在手掌中，用右手指研磨，如果有颗粒状物质，在阳光直射下，发现有不溶解固体和胶状痕迹，可初步判断掺有非食用油类物质。另外，可取油样 600ml 左右，在铁勺内加热至 150~160℃，稍静置沉淀，去除清油。将沉淀物倒在已燃烧至发红的铁片上，冷却后，如果遗留物是坚硬的粉末，即证明掺有滑石粉、白土或其他物质。

（4）掺机油　如果掺有少量机油，花生油的气味、滋味变化不明显。可取油样 3~5 滴滴于烧至暗红色的铁片上，嗅其是否有机油气味。

（5）掺水　可用铁勺取油样 100g 左右，在电炉上加热至 100~160℃，如果出现大量泡沫，伴有水蒸气徐徐上升，并发出"吱吱"响声，则含水量一般在 0.2% 以上；如果有泡沫，没有任何响声，一般水分含量小，在 0.1% 左右。

（6）掺化学原料、中药材等非油脂类物质　取油样 500ml 放入铁勺内加热至冒烟，看其烟雾，嗅其气味，并与纯花生油作对比。如果烟气大，呛人，伴有难嗅的气味，即证明掺有化学原料、中药材等其他非食用油物质。

另外，各种植物油都有固有的气味，必须掌握它的特性，如棉籽油有独特的腥味，菜籽油挂黄并有芥子油味，大豆油有明显的豆腥味等。只有这样才能真正识别掺假的花生油。

二、肉、禽、蛋类掺伪鉴别检验

畜禽肉及肉制品感官分析时，首先是看其外观和色泽，其次是气味和弹性，最后是组织状态。尤其是畜禽肉表面和切口处的色泽，有无色泽灰暗，是否存在淤血、水肿、囊肿和污染等情况。同时还要结合脂肪及试煮后肉汤的情况，进行综合分析评价。

（一）猪肉质量的感官鉴别

1. 猪肉新鲜度的感官鉴别方法　可从外观、气味、弹性、脂肪等几方面进行鉴别。

（1）外观　新鲜猪肉表面有一层微干或微湿润的外膜，呈淡红色有光泽，切断面稍湿，不沾手，肉汁透明。次质鲜猪肉表面有一层风干或潮湿的外膜，呈暗灰色，无光泽，切断面的色泽比新鲜的肉暗，有黏性，肉汁浑浊。变质猪肉表面外膜极度干燥或黏手，呈灰色或淡绿色，发黏并有霉变现象，切断面也呈灰色或淡绿色，很黏，肉汁严重浑浊。

（2）气味　新鲜猪肉具有鲜猪肉正常的气味。次质鲜猪肉在肉的表层能嗅到轻微的氨味、酸味或酸霉味，但在肉的深层却没有这些气味。变质猪肉是变质肉，不论在肉的表层还是深层均有腐臭气味。

（3）弹性　新鲜猪肉质地紧密且富有弹性，用手指按压的凹陷能立即复原。次质鲜猪肉质地比新鲜肉柔弱，弹性小，用手指按压的凹陷不能完全复原。变质猪肉由于自身被严重分解，组织失去原有的弹性而呈现出不同程度的腐烂，用手指按压凹陷不但不能复原，有时手指还可以把肉刺穿。

（4）脂肪　新鲜猪肉脂肪呈白色，具有光泽，有时呈肌肉红色，柔软且富有弹性。次质鲜猪肉脂肪呈灰色，无光泽，容易黏手，有时略带油脂酸败味和哈喇味。变质猪肉脂肪表面污秽，有黏液，常霉变呈淡绿色，脂肪组织很软，具有油脂酸败气味。

2. 煮沸后肉汤新鲜度的鉴别方法　新鲜猪肉肉汤透明、芳香，汤表面聚集大量油滴，油脂的气味和滋味鲜美。次鲜猪肉肉汤浑浊，汤表面浮油滴较少，没有鲜滋味，常略有轻微的油脂酸败的气味及味道。变质猪肉肉汤极浑浊，汤内漂浮着有如絮状的烂肉片，汤表面几乎无油滴，具有浓厚的油脂酸败或显著的腐败臭味。

3. 注水猪肉的鉴别方法　注水肉是人为加水以增加质量、牟利的生肉，主要常见于猪肉和牛肉。可以通过屠宰前一定时间内给动物灌水，或屠宰后向肉内注水，注水量可达净重的 15% ~20% 。

（1）观察　正常的新鲜猪肉：肌肉有光泽，红色均匀，脂肪洁白，表面微干；注水后的猪肉：肌肉缺乏光泽，表面有水淋淋的亮光。

（2）手触　正常的新鲜猪肉手触有弹性；注水后的猪肉，手触弹性差，无黏性。

（3）刀切　正常的新鲜猪肉，用刀切后，切面无水流出，如果是冻肉，肌肉间无冰块残留；注水后的猪肉切面有水顺切口流出；如果是冻肉，肌肉间还有冰块残留，严重时瘦肉的肌纤维被冻结冰胀裂，营养流失。

（4）纸试　纸试的方法有多种，常用的是以下三种。

①用普通薄纸贴在肉面上，正常的新鲜猪肉有一定黏性，贴上的纸不易揭下。注水的猪肉没有黏性，贴上的纸容易揭下。

②用卫生纸贴在刚切开的切面上，新鲜的猪肉，纸上没有明显的湿润；注水的猪肉则有明显的湿润。

③用卷烟纸贴在肌肉的切面上数分钟，揭下后用火柴点燃，如有明火的，说明纸上有油，是没有注水的肉；反之，点不着的则是注水的肉。

（二）鲜牛肉质量的感官鉴别

1. 色泽鉴别　良质鲜牛肉肌肉有光泽，红色均匀，脂肪洁白或淡黄色。次质鲜牛肉肌肉色稍暗，用刀切开截面尚有光泽，脂肪缺乏光泽。

2. 气味鉴别　良质鲜牛肉具有牛肉的正常气味。次质鲜牛肉稍有氨味或酸味。

3. 黏度鉴别　良质鲜牛肉外表微干或有风干的膜，不黏手。次质鲜牛肉外表干燥或黏手，用刀切开的截面上有湿润现象。

4. 弹性鉴别　良质鲜牛肉用手指按压后的凹陷能完全恢复。次质鲜牛肉用手指按压后的凹陷恢复慢，且不能完全恢复到原状。

5. 煮沸后肉汤鉴别　良质鲜牛肉汤透明澄清，脂肪团聚于肉汤表面，具有牛肉特有的香味和鲜味。次质鲜牛肉汤稍有浑浊，脂肪呈小滴状浮于肉汤表面，香味差或无鲜味。

（三）鲜羊肉质量的感官鉴别

1. 色泽鉴别　良质鲜羊肉肌肉有光泽，红色均匀，脂肪洁白或淡黄色，质坚硬而脆。次质鲜羊肉肌肉色稍暗淡，用刀切开的截面尚有光泽，脂肪缺乏光泽。

2. 气味鉴别　良质鲜羊肉有明显的羊肉膻味。次质鲜羊肉稍有氨味或酸味。

3. 弹性鉴别　良质鲜羊肉用手指按压后的凹陷能立即恢复原状。次质鲜羊肉用手指按压的凹陷恢复慢，且不能完全恢复到原状。

4. 黏度鉴别　良质鲜羊肉外表微干或有风干的膜，不黏手。次质鲜羊肉外表干燥或黏手，用刀切开的截面上有湿润现象。

5. 肉汤鉴别　良质鲜羊肉汤透明澄清，脂肪团聚于肉汤表面，具有羊肉特有的香味和鲜味。次质鲜羊肉汤稍有浑浊，脂肪呈小滴状浮于肉汤表面，香味差或无鲜味。

（四）白条鸡的质量鉴别

1. 眼球鉴别 新鲜鸡肉眼球饱满。次鲜鸡肉眼球皱缩凹陷，晶体稍显浑浊。变质鸡肉眼球干缩凹陷，晶体浑浊。

2. 色泽鉴别 新鲜鸡肉皮肤有光泽，因品种不同可呈淡黄、淡红和灰白等颜色，肌肉切面具有光泽。次鲜鸡肉皮肤色泽转暗，但肌肉切面有光泽。变质鸡肉体表无光泽，头颈部常带有暗褐色。

3. 气味鉴别 新鲜鸡肉具有鲜鸡肉的正常气味。次鲜鸡肉仅在腹腔内可嗅到轻度不快味，无其他异味。变质鸡肉体表和腹腔均有不快味甚至臭味。

4. 黏度鉴别 新鲜鸡肉外表微干或微湿润，不黏手。次鲜鸡肉外表干燥或黏手，新切面湿润。变质鸡肉外表干燥或黏手腻滑，新切面发黏。

5. 弹性鉴别 新鲜鸡肉手指按压后的凹陷能立即恢复。次鲜鸡肉手指按压后的凹陷恢复较慢，且不完全恢复。变质鸡肉手指按压后的凹陷不能恢复，且留有明显的痕迹。

6. 肉汤鉴别 新鲜鸡肉汤澄清透明，脂肪团聚于表面，具有香味。次鲜鸡肉汤稍有浑浊，脂肪呈小滴浮于表面，香味差或无褐色。变质鸡肉汤浑浊，有白色或黄色絮状物，脂肪浮于表面者很少，甚至能嗅到腥臭味。

（五）蛋及蛋制品的感官鉴别

蛋类及蛋制品的质量标准依据 GB 2749—2015《食品安全国家标准 蛋与蛋制品》，其感官检查依据 GB/T 5009.47—2003《蛋与蛋制品卫生标准的分析方法》规定进行。

1. 鲜蛋的鉴别

（1）蛋壳感官鉴别

①眼看：即用眼睛观察蛋的外观形状、色泽、清洁程度等。良质鲜蛋，壳清洁、完整、无光泽，壳上有一层白霜，色泽鲜明。次质鲜蛋，壳有裂纹、格窝现象，蛋壳破损、蛋清外溢或壳外有轻度霉斑等。二类次质鲜蛋，蛋壳发暗，壳表破碎且破口较大，蛋清大部分流出。劣质鲜蛋，壳表面的粉霜脱落，壳色油亮，呈乌灰色或暗黑色，有油样漫出，有较多或较大的霉斑。

②手摸：即用手摸鲜蛋壳的表面是否粗糙，掂量蛋的轻重，把蛋放在手掌心上翻转等。良质鲜蛋，壳粗糙，质量适当。次质鲜蛋，壳有裂纹、格窝或破损，手摸有光滑感。二类次质鲜蛋，蛋壳破碎，蛋白流出；手掂质量轻，蛋拿在手掌上自转时总是一面向下（贴壳蛋）。劣质鲜蛋，壳手摸有光滑感，掂量时过轻或过重。

③耳听：即把蛋拿在手上，轻轻抖动使蛋与蛋相互碰击，细听其声，或是手握蛋摇动，听其声音。良质鲜蛋相互碰击声音清脆，手握蛋摇动无声。次质鲜蛋碰击发出哑声（裂纹蛋），手摇动时内容物有流动感。劣质鲜蛋相互碰击发出嘎嘎声（孵化蛋）、空空声（水花蛋）。手握蛋摇动时内容物有晃动声。

④鼻嗅：用嘴向蛋壳上轻轻哈一口热气，然后用鼻子嗅其气味。良质鲜蛋有轻微的生石灰味。次质鲜蛋有轻微的生石灰味或轻度霉味。劣质鲜蛋有霉味、酸味、臭味等不良气体。

（2）鲜蛋的灯光透视鉴别 灯光透视是指在暗室中用手握住蛋体紧贴在照蛋器的光线洞口上，前后上下左右来回轻轻转动，靠光线的帮助看蛋壳有无裂纹、气室大小、蛋黄移动的影子、内容物的澄明度、蛋内异物以及蛋壳内表面的霉斑、胚的发育等情况。在市场上无暗室和照蛋设备时，可用手电筒围上暗色纸筒（照蛋端直径稍小于蛋）进行鉴别。如有阳光也可以用纸筒对着阳光直接观察。

良质鲜蛋，蛋壳气室直径小于11mm，整个蛋呈微红色，蛋黄略见阴影或无阴影，且位于中央，不移动，蛋壳无裂纹。次质鲜蛋，蛋壳有裂纹，蛋黄部呈现鲜红色小血圈。二类次质鲜蛋，透视时可见蛋黄上呈现血环，环中及边缘呈现少许血丝，蛋黄透光度增强而蛋黄周围有阴影，气室大于11mm，蛋壳某一部位呈绿色或黑色；蛋黄不完整，散如云状，蛋壳膜内壁有霉点，蛋内有活动的阴影。劣质鲜蛋，透视时黄、白混杂不清，呈均匀灰黄色，蛋全部或大部不透光，呈灰黑色，蛋壳及内部均有黑色或粉红色霉点，蛋壳某一部分呈黑色且占蛋黄面积的二分之一以上，有圆形黑影（胚胎）。

（3）鲜蛋打开鉴别　将鲜蛋打开，将其内容物置于玻璃平皿或瓷碟上，观察蛋黄与蛋清的颜色、稠度、性状，有无血液，胚胎是否发育，有无异味等。

①颜色鉴别：良质鲜蛋，蛋黄、蛋清色泽分明，无异常颜色。次质鲜蛋，颜色正常，蛋黄有圆形或网状血红色，蛋清颜色发绿，其他部分正常。二类次质鲜蛋，蛋黄颜色变浅，色泽分布不均匀，有较大的环状或网状血红色，蛋壳内壁有黄中带黑的黏痕或霉点，蛋清与蛋黄混杂。劣质鲜蛋，蛋内液态流体呈灰黄色、灰绿色或暗黄色，内杂有黑色霉斑。

②性状鉴别：良质鲜蛋，蛋黄呈圆形凸起而完整，并带有韧性，蛋清浓厚、稀稠分明，系带粗白而有韧性，并紧贴蛋黄的两端。次质鲜蛋，性状正常或蛋黄呈红色的小血圈或网状直丝。二类次质鲜蛋，蛋黄扩大，扁平，蛋黄膜增厚发白，蛋黄中呈现大血环，环中或周围可见少许血丝，蛋清变得稀薄，蛋壳内壁有蛋黄的粘连痕迹，蛋清与蛋黄相混杂（蛋无异味），蛋内有小的虫体。劣质鲜蛋，蛋清和蛋黄全部变得稀薄浑浊，蛋膜和蛋液中都有霉斑或蛋清呈胶冻样霉变，胚胎形成长大。

③气味鉴别：良质鲜蛋，具有鲜蛋的正常气味，无异味。次质鲜蛋，具有鲜蛋的正常气味，无异味。劣质鲜蛋，具有臭味、霉变味或其他不良气味。

（4）鲜蛋的等级　鲜蛋按照下列规定分为三等级：①一等蛋，每个蛋重在60g以上；②二等蛋，每个蛋重在50g以上；③三等蛋，每个蛋重在38g以上。

2. 皮蛋的鉴别

（1）外观鉴别　观察其外观是否完整，有无破损、霉斑等，也可用手掂动，感觉其弹性，或握蛋摇晃听其声音。

良质皮蛋，外表泥状包料完整，包料剥掉后蛋壳亦完整无破损，无霉斑；去掉包料后蛋壳为均匀的青灰色或者白色，蛋白呈半透明的青褐色或者棕褐色；用手抛起约30cm高自然落于手中有弹性感，摇晃时无动荡感。次质皮蛋，外观无明显变化或裂纹，抛动试验弹动感差。劣质皮蛋，皮料破损不全或发霉，剥去包料后，蛋壳有斑点或破、漏现象，有的内容物已被污染，摇晃后有水荡声或感觉轻飘。

（2）灯光透照鉴别　将皮蛋去掉包料后按照鲜蛋的灯光透照法进行鉴别，观察蛋内颜色、凝固状态、气室大小等。

（3）打开鉴别　是将皮蛋剥去包料和蛋壳，观察内容物性状及品尝其滋味。

a. 组织状态鉴别：良质皮蛋，整个蛋凝固、不粘壳、清洁而有弹性，呈半透明的棕黄色，有松花样纹理；将蛋纵剖可见蛋黄呈浅褐色或浅黄色，中心较稀。次质皮蛋，内容物或凝固不完全，或少量液化贴壳，或僵硬收缩，蛋清色泽暗淡，蛋黄呈墨绿色。劣质皮蛋，蛋清黏滑，蛋黄呈灰色糊状，严重者大部或全部液化呈黑色。

b. 气味与滋味鉴别：良质皮蛋，芳香，无辛辣气味。次质皮蛋，有辛辣气味或橡皮样味道。劣质皮蛋，有刺鼻恶臭或有霉味。

3. 咸蛋

（1）外观鉴别　良质咸蛋，包料完整无损，剥掉包料后或直接用盐水腌制的可见蛋壳亦完整无损，无裂纹或霉斑，摇晃时有轻度水荡漾感觉。次质咸蛋，外观无显著变化或有轻微裂纹。劣质咸蛋，隐约可见内容物呈黑色水样，蛋壳破损或有霉斑。

（2）灯光透视鉴别　咸蛋灯光透视鉴别方法同皮蛋，主要观察内容物的颜色、组织状态等。良质咸蛋，蛋黄凝结、呈橙黄色且靠近蛋壳，蛋清呈白色水样、透明。次质咸蛋，蛋清尚清晰透明，蛋黄凝结呈黑色。劣质咸蛋，蛋清浑浊，蛋黄变黑，转动蛋时蛋黄黏滞，蛋质量更低劣者，蛋清蛋黄都发黑或全部溶解成水样。

（3）打开鉴别　良质咸蛋，生蛋打开可见蛋清稀薄透明，蛋黄呈红色或淡红色，浓缩黏度增强，但不硬，煮熟后打开，可见蛋清白嫩，蛋黄口味有细沙感，富于油脂，品尝则有咸蛋固有的香味。次质咸蛋，生蛋打开后蛋清清晰或为白色水样，蛋黄发黑黏固，略有异味，煮熟后打开蛋清略带灰色，蛋黄变黑，有轻度异味。劣质咸蛋，生蛋打开，蛋清浑浊，蛋黄已大部分融化，蛋清蛋黄全部呈黑色，有恶臭味，煮熟后打开，蛋清灰暗或黄色，蛋黄变黑或散成糊状，严重者全部呈黑色，有臭味。

三、乳及乳制品掺伪鉴别检验

乳及乳制品掺伪是乳品工业遇到的一个严峻问题，在现实生活中掺假现象经常发生，掺伪现象普遍，掺杂种类繁多。对于一些掺假我们可以通过自己的感官来加以判断，但是很多掺假现象感官无法很好的判断，所以可以通过物理方法和化学方法来判断。

1. 牛乳冰点的测定　正常牛乳的冰点平均为 −0.50 ~ 0.56℃，牛乳中每加入1%的水，冰点约上升0.00054℃；如果牛乳冰点低于 −0.56℃，则表明牛乳可能与电极或蔗糖、尿素和牛尿混合。

牛乳冰点的测定可依据 GB 5413.38—2016《食品安全国家标准　生乳冰点的测定》进行。

2. 牛乳掺水的鉴别检验

（1）牛乳相对密度测试　可依据 GB 5009.2—2016《食品安全标准　食品相对密度的测定》中的密度计法进行测定。

牛乳的相对密度可以用来确定牛乳中是否加入水。正常牛乳在20℃时的相对密度为1.028 ~ 1.032，如果相对密度小于1.028，牛乳可能掺假。在测定时，取一只干净的250ml量筒，先仔细搅拌样品中的牛乳，使其充分混匀，然后将其沿着管壁小心地注入量筒中并加到量筒3/4的体积，然后将牛乳密度计慢慢插入量筒内的牛乳中心处，使其慢慢下沉，2~3分钟后放在同一水平面上，眼睛与圆筒内表面处在同一水平面上，读出比重。同时测量温度，牛乳中加水时相对密度会降低。

（2）乳清比重测定法

①原理：乳清的主要成分为乳糖和矿物质，其含量比较稳定，正常牛乳清比重为1.027 ~ 1.030，牛乳掺水达5% ~ 10%时，可使乳清比重明显下降。

②方法：取被检牛乳200ml于烧杯中，加20%醋酸4ml，40℃条件下放置出现酪蛋白凝固，冷却后过滤，滤液倒入量筒中，把比重计轻轻放入，静置2~3分钟，读取比重值。

3. 牛乳掺淀粉或米面汤类物质的鉴别检验

（1）原理　淀粉经糊化后，遇碘变为蓝紫色。

（2）方法　取牛乳5ml于试管中，加热煮沸，放冷后加1ml碘溶液（碘溶液的配制：碘化钾4g和碘2g，加少量水溶解之后，再加水至100ml），振摇，呈蓝紫色沉于管底，说明掺有淀粉类物质。

4. 牛乳掺豆浆与豆饼水的鉴别检验

（1）皂素显色法　豆浆中含皂素，皂素可溶于热水或热乙醇中，并与氢氧化钾反应生成黄色。

（2）碘溶液法　大豆中几乎不含淀粉，但含25%碳水化合物，遇碘后呈污绿色。

5. 牛乳掺食盐的鉴别检验　硝酸银与重铬酸钾发生红色反应，如牛乳中 Cl^- 的含量超过天然乳含量，全部生成氯化银沉淀，呈现黄色反应。

6. 牛乳中掺洗衣粉鉴别检验　洗衣粉中含有十二烷基苯磺酸钠，在紫外光下发荧光。

7. 牛乳掺石灰水的鉴别检验　正常牛乳中含 Ca^{2+} 小于1%，如果向牛乳中加适量 SO_4^{2-} 后，再加玫瑰红酸钠及氯化钡，则生成白土样外观，如掺有石灰水，则生成硫酸钙沉淀而呈红色。

四、酒、茶、饮料类掺伪鉴别检验

白酒、葡萄酒的掺伪检验技术主要分为感官检验、理化检验以及利用色谱法或光谱法等进行仪器检测。各种白酒、葡萄酒，尤其是名优酒，均具有明显的感官特征，有经验的品酒师或酿酒师能从其外观、口感、香气等方面分辨真伪。但感官检验具有很大的不确定性，无法量化，而且造假手段层出不穷，有的窝点甚至配备酿酒师、品酒师，因此，要判定是否掺伪还需要进行更精确的检测技术，这里只介绍白酒掺糖和掺水的检验方法。

1. 掺假白酒的检验方法

（1）掺糖白酒的检验　白酒中掺入的蔗糖与 α-萘酚的乙醇溶液作用，加入硫酸后，两相界面之间生成紫色环。

（2）掺水白酒的检验　掺水后，乙醇含量降低。

2. 假冒啤酒　用柠檬酸加小苏打产气，加洗衣粉产泡沫，再掺入白酒、砂糖、糖精、色素、香精等原料配制而成。

（1）pH 测定　pH 的测定 >5 为可疑。

（2）洗衣粉检验　阴离子合成洗涤剂可与亚甲蓝溶液生成蓝色化合物，易溶于有机溶剂。根据呈色深浅，可测定阴离子合成洗涤剂的含量，根据颜色可鉴别真假啤酒。

3. 茶叶的感官鉴评　茶是用采摘下来的茶树嫩枝芽叶，经过萎凋、揉捻、发酵、烘干而形成的具有特有色、香、味的一种商品茶。

茶叶的鉴别方法有干看和湿看两种方法。

（1）茶叶外观质量鉴别　茶叶外貌的感官鉴别也称"干看"，即取茶叶样品（嫩枝、幼叶和新芽等）置掌中或单色背景下，用肉眼或借助于放大镜进行观察，再辅以鼻嗅、口嚼。

①外形鉴别：优质茶叶，绿茶、红茶、花茶以条索紧固、光滑、质量匀齐者为优质。乌龙茶以条索肥壮、圆芽的外形紧密者为佳，越圆越紧越细越重就越好。外形扁平的茶叶，以平扁挺直光滑为上品。劣质茶叶，条索、圆形、扁平三种形状的茶叶，凡是外形看上去粗糙、松散、结块、热曲、短碎者均为次质。

②色泽鉴别：主要是看干茶的色度和光泽度，色泽状况能反映出茶叶原料的鲜嫩程度和做工的优劣。优质茶叶，红茶、花茶以深褐色或青黑色、油润光亮的为上品；绿茶以茶芽多有翠绿色、油润光亮为上品；乌龙茶以红、青、白三色明显的为上品。良质茶叶（红茶，花茶），以深褐色或青黑色、油润光亮的为上品，绿茶以茶芽多有翠绿色，油润光亮的为上品，乌龙茶以红、青、白三色明显的为上品，紧压茶以色泽黝黑者为优。次质茶叶，无论是何品种的茶叶，凡是有色泽深浅不一，枯干、花杂、细碎，灰暗而无光泽等情况的均为次质。

③嫩度鉴别：通过芽尖和白毫的多少来判断叶质的老嫩程度。优质茶叶，芽尖和白毫多为上品，做出的茶叶条索紧实、色泽黝黑，身首重实。劣质茶叶，没有芽尖和白毫，或存在较少，茶叶外形粗糙，叶质老，身首轻。

④净度鉴别：主要是通过茶叶的茶梗、籽、把、片、末的含量和非茶类杂质的有无来鉴别的。优质茶叶，茶叶洁净，无茶梗，无非茶类杂质。劣质茶叶，茶叶中含有少量的茶梗或少许茶籽、碎末等。

（2）香气和滋味鉴别　把一撮茶叶放在手掌中，用嘴哈气，使茶叶受微热而发出香味，仔细嗅闻即可。另将少许茶叶置口中慢慢咬嚼，细品其滋味。优质茶叶，具有本品种特有的正常茶香气，如是花茶，还应具有所添加鲜花的香气，香气馥郁、清雅；用嘴咬嚼干茶，可感觉出微苦，甘香浓烈，余香清爽回荡。好茶的滋味鲜爽，并具有较强的收敛性。劣质茶叶，香气淡薄或无香气，滋味苦涩，有的甚至发出青草味、烟焦味、霉味或其他异常味，口感苦涩不堪。

（3）茶叶的内质（湿看）鉴别　茶叶内质的感官鉴别也称"湿闻，湿看"，即是将 2.5~3g 的茶叶用开水 150~180ml 沏开，待泡好之后再来识别气味、滋味、汤色和叶底的内在质量好坏。

①气味鉴别：虽然干闻也能辨别茶叶的香气，但终不及湿闻时更为明显。湿闻茶叶的香气是取一杯冲泡好的茶水，不要把杯盖完全掀开，只需稍稍掀开一道缝隙并把它靠近鼻子，嗅闻后仍旧盖好放回原位。杯内茶水温度不同，香气也就不一样。

良质茶叶，应具有本品种茶叶的正常香气，这种香气要清爽、醇厚、浓郁、持久，并且新鲜纯正，没有其他异味。次质茶叶，香气淡薄，持续时间短，无新茶的新鲜气味。劣质茶叶，具有烟焦、发馊、霉变等异常气味。

②汤色鉴别：汤色鉴别主要是看茶汤的色度、亮度、清浊度。但应注意这项鉴别应在茶汤沏泡好后立即进行，否则待茶汤冷却后不但汤色不好，色泽较深，而且还会出现"冷浑浊"。

优质茶叶，茶汤色泽艳丽、澄清透明，无混杂，说明茶叶鲜嫩，加工充分，水中浸出物多，质量好。例如红茶汤应红浓明亮，绿茶汤应碧绿清澈，乌龙茶汤应橙黄鲜亮，花茶汤应蜜黄色明亮。劣质茶叶，茶汤亮度差，色淡，略有混浊；陈茶或霉茶的茶汤无光泽，色暗淡，浑浊。

③滋味鉴别：优质红茶，醇厚甘甜，喉间回味长；劣质红茶，味淡、苦涩，无回味或回味短。优质绿茶，先感稍涩，而后转甘，鲜爽醇厚；劣质绿茶，味淡薄，苦涩或略有焦味。优质花茶，滋味清爽甘甜，鲜花香气明显；劣质花茶，味淡薄，回味短。优质乌龙茶，具有红、绿茶相结合的甘甜醇厚感觉，回味美而持久；劣质乌龙茶，味平淡，涩口，回味短。

（4）真茶与假茶的鉴别　假茶多是以类似茶叶外形的树叶等制成的。目前发现的假茶中大多是用金银花叶、蒿叶、嫩柳叶、榆叶等冒充的。

（5）劣质茶叶掺入色素的鉴别　将干茶叶过筛，取筛下的碎末置白纸上摩擦，如有着色料存在，可显出各种颜色条痕，说明待测样品中掺有色素。

4. 饮料质量的一般鉴别方法　饮料质量感官鉴别主要从外观、气味、滋味、瓶盖及瓶口空间距离等方面鉴别。

外观：应无任何异常颜色或浑浊现象（果汁汽水例外）。

味道：应具有本品独特风味，即口味与商标品名一致，而不应有其他异常味道。

气味：应有原本的芳香，无其他异味。

瓶口空间距离：液面到瓶顶的空间距离应在 4~5cm 之间，封盖后应能看到液面。

瓶盖：查看瓶盖封口，用手旋拧是否压紧，瓶盖图案清晰、无划伤、无锈蚀现象。

此外还要查看标签是否符合要求。

（1）常见饮料质量的感官鉴别

①生水与开水的鉴别：生水与开水的鉴别可通过检验过氧化氢酶进行。生水是微生物广泛生长、分布的天然理想环境之一，微生物在其中生长繁殖产生过氧化氢酶，可促使过氧化氢释放出氧气，可氧化碘化钾而游离出碘，与淀粉反应呈紫色。

②碳酸饮料：假碳酸饮料大都用糖精、香精和非食用色素制成。瓶盖有压盖不规则的痕迹，封口不规则等。

（2）色素的鉴别　我国禁止使用非食用色素包括碱性色素、直接色素、无机染料和部分酸性合成色素。

①有无碱性色素鉴别：取饮料 5ml，加 10% NaOH 和 0.1g 羊毛搅拌，在水浴中加温 30 分钟，取出羊毛用水洗后，将染色羊毛放入 5ml 1% 乙酸溶液中，加温数分钟后将羊毛除去。溶液中加 10% NaOH，

再加入新羊毛 0.1g 搅拌，水浴加温 30 分钟，如羊毛染色，说明有碱性色素存在。

②鉴定有无直接色素：取饮料 5ml，加 1ml 10% 氯化钠溶液，投入 0.1g 脱脂棉，水浴中加温片刻后，取出脱脂棉，用水洗涤后放入烧杯中，加 10ml 1% NH₃·H₂O，于水浴上加热数分钟，取出脱脂棉，用水洗，如脱脂棉染色不褪，则存在直接染料（色素）。

③鉴别是否有无机染料：无机染料中含有铬、铅、锌、铁等金属成分。

a. 取 20ml 饮料离心，然后取少量沉淀，分别测定铬酸根、铁、铅离子等。

b. 取少量沉淀加入 5ml 浓硝酸，离心后取 2 滴上清液加入一滴饱和二苯卡巴腙溶液，呈紫色，说明有铬酸根存在。

c. 取少量沉淀加 5ml 浓硝酸，离心后取少量上清液，再缓缓加入（1+1）氨水，有黄色沉淀出现，说明有铅存在。在沉淀中加入 5ml（1+1）盐酸煮沸 5 分钟，取上清液加 2 滴硫氰化钾溶液，有红色存在，说明有三价铁离子存在。

（3）假果汁饮料的鉴别

果胶质的测定：待检果汁及真品果汁各取 20ml，分别溶于 10ml 蒸馏水中，在搅拌下加入 2.5mol/L 硫酸 1ml，95% 乙醇 40ml，放置 10 分钟，观察到真品果汁有沉淀析出，假果汁则无沉淀析出。

（4）汽水的质量鉴别

①外观：汽水瓶内应清洁卫生，瓶颈内壁无油圈污迹，压盖封口牢固，牙口不外张、不漏液、不漏气，瓶盖无锈斑。

②味型：果味型汽水是添加甜味剂、香料调制成的；果汁型汽水是添加甜味剂、鲜果汁等原料调制成的；可乐型汽水是添加甜味剂、蔗糖等原料配制成的具有独特风味的汽水；咸味型汽水则是添加甜味剂和精盐等原料制成的一种保健型饮料。不同味型的汽水应具备各自的基本特点，名副其实。

③香气和滋味：香气和滋味应与味型相适应，还应具有香气纯正、滋味和顺、酸度适中的特点，符合该品种的风味，无怪味、异味、酸败味或类似馊饭气味。

（5）矿泉水的质量鉴别

①看透明度：矿泉水应无色、清澈透明、不含杂质、不浑浊。

②看折光度：将矿泉水和自来水分别倒入两个相同的透明玻璃杯中，用竹筷子插入杯中作比较，折光率大的是真矿泉水。

③闻水的气味：矿泉水应无任何气味，若有味则水质不好。

④试比重：矿泉水比自来水矿化度大，将矿泉水、自来水分别注满玻璃杯，外溢较大、较快，而且浮力较大的是矿泉水。

⑤观察沉淀物：除重碳酸钙型的少量白色沉淀外，一般无沉淀物。

⑥观察热容量：夏季，装入真矿泉水的瓶外表面上会有冷凝小水滴出现，盛自来水的瓶外表面上没有冷凝小水滴出现。

⑦品尝水的味道：碳酸型矿泉水略有酸味，氯化钠型矿泉水略显咸味，一般硅、锶微量元素型无味，口感甘甜。自来水假冒的"矿泉水"有漂白粉或氯气味。还可用白酒作一简单试验，真矿泉水倒入白酒中无异味，自来水倒入白酒中会变味。

五、调味品掺伪鉴别检验

调味品的感官鉴别指标主要包括色泽、气味、滋味和外观形态等。其中气味和滋味在鉴别真伪中具有重要意义，只要某种调味品在品质上稍有变化，就可以通过其气味和滋味微妙地表现出来，所以在感官鉴别时，应该特别注意这两项指标的应用。其次，对于液态调味料还应目测其色泽是否正常，更要注意酱、酱油、醋等表面是否已经生蛆，对于固态调味品还应目测其外形或晶粒是否完整，所有调味品均应在感官指标上达到不霉、不臭、不涩、不板结、无异物、无杂质、无寄生虫的程度。

1. 掺假的食盐 食盐以氯化钠为主要成分，用海盐、矿盐、井盐或湖盐等粗盐加工而成的晶体状调味品。其感官检验方法依据 GB 2721—2015《食品安全国家标准 食用盐》中规定进行。

（1）颜色鉴别 感官鉴别食盐的颜色时，应将样品在白纸上撒薄层，仔细观察其颜色。

良质食盐：颜色洁白；次质食盐：呈灰白色或淡黄色；劣质食盐：呈暗灰色或黄褐色。

（2）外形鉴别 食盐外形的感官鉴别手法同于其颜色鉴别。观察其外形的同时，应注意有无肉眼可见的杂质。

良质食盐：结晶整齐一致，坚硬光滑，呈透明或半透明。不结块，无反卤吸潮现象，无杂质。次质食盐：晶粒大小不匀，光泽暗淡，有易碎的结块。劣质食盐：有结块和反卤吸潮现象，有外来杂质。

（3）气味鉴别 感官鉴别食盐的气味时，约取样 20g 于研钵中研碎后，立即嗅其气味。

良质食盐：无气味。次质食盐：无气味或夹杂轻微的异味。劣质食盐：有异臭或其他外来异味。

（4）滋味鉴别 感官鉴别食盐的滋味时，可取少量样品溶于 15～20℃蒸馏水制成 5% 的盐溶液，用玻璃棒沾取少许尝试。

良质食盐：具有纯正的咸味。次质食盐：有轻微的苦味。劣质食盐：有苦味、涩味或其他异味。

2. 掺假的酱油 酱油常见的掺伪物有水、盐水及酱色。也有用盐水、酱色、柠檬酸和味精等伪造酱油的，更有甚者用盐水与酱色直接配制假酱油。其感官检验方法依据 GB 2717—2018《食品安全国家标准 酱油》中规定进行。

一般情况下，若酱油的密度低于 1.10g/cm³，颜色浅，不浓稠，鲜味及香气很淡或根本没有，即可判断为掺水。当酱油中大量掺入食盐水时，因为增加了酱油稠度，又有味精调味，酱色增色，感官上可能发现不到异常情况，密度也可能在正常范围内，但是只要品尝到酱油味道发苦即为盐过量，即可判断酱油中加入了食盐。

3. 掺假的食醋

（1）食醋感官鉴别 食醋品质的好坏可通过形态、色泽、气味及滋味等感官性状进行鉴别，感官检验依据 GB 2719—2018《食品安全国家标准 食醋》中规定进行。

良质食醋：具有食醋特有的香气，无杂味；品尝时酸味柔和，稍有甜味，无涩味；颜色呈琥珀色、红棕色或白色；液体澄清，浓度适中，无肉眼可见杂物，可有少量沉淀物。劣质食醋：液体颜色发乌，无光泽，无食醋固有的香气和滋味；有酸臭味、霉味或不良气味，有刺激性的酸味、涩味、霉味及不良异味，浑浊有沉淀等。

（2）食醋掺入游离矿酸的鉴别 食醋中的主要掺伪物质为游离矿酸。可取被检食醋 10ml 置于试管中，加蒸馏水 5～10ml，混合均匀（若被检食醋颜色较深，可先用活性炭脱色），沿试管壁滴加 3 滴 0.01% 甲基紫溶液，若颜色自紫色变为绿色或蓝色，则表明有游离矿酸（硫酸、硝酸、盐酸、硼酸）存在。

4. 掺假的味精 味精中主要的掺伪物质一般是石膏，可通过以下方法加以检验和鉴别。

（1）水溶性试验 取检样约 1g，置于小烧杯中，加水 50ml，振摇 1 分钟，观察，如发现不溶于水或有残渣，则为可疑掺入石膏。

（2）硫酸根检验 取上述水溶液 5ml 置于试管中，加盐酸 1 滴，混匀，加 10% 氧化钡溶液约 1ml，再混匀，如出现浑浊或沉淀，则认为检品中含有硫酸根。

（3）钙离子检验 仍取上述水溶液 5ml 置于试管中，加 1% 草酸溶液 1ml，混匀，如出现白色浑浊或沉淀，则认为检品中有钙离子存在。

石膏主要成分是硫酸钙，上述试验中如检出钙离子和硫酸根则可认为该味精中掺入了石膏。

📖 知识拓展

蜂蜜掺假

蜂蜜因其滋阴润肺、老少皆宜等特点，受到人们的青睐。然而，据相关部门抽查发现：目前市场上近80%的蜂蜜为掺假蜂蜜。

事实上，蜂蜜造假由来已久，手法多样而且不断翻新。目前已知的造假方法主要有以下几种：一是在蜂蜜生产期间用白糖或者糖浆直接喂养蜜蜂；二是往蜂蜜里大量掺入糖浆等较低成本的糖类；三是往蜂蜜里加入防腐剂、澄清剂、增稠剂等添加剂，用"蜂蜜制品"伪造"蜂蜜"；四是在同为真蜂蜜的情况下把价格低的掺入到价格高的当中，以次充好。

答案解析

——— 思 考 题 ———

1. 如何判别芝麻油掺伪？
2. 如何判别是否为注水肉？
3. 如何判别牛乳掺水乳？
4. 假茶叶中常掺入哪些物质？
5. 市场调查的对象和场所是什么？

书网融合……

本章小结

题库

实训部分

实训一　色素调配

一、实训目的

1. 识别色素，增加对色素的了解。
2. 掌握色调/色度的方法，学习调色的方法、原理。
3. 了解色素在不同溶剂中的溶解性。

二、实训原理

色素是以给食品着色为主要目的的食品添加剂。食用色素按来源分：天然色素与人工合成色素。色素的状态有液体、固体；油溶性、水溶性。

通过调配不同颜色的色素来实现颜色的混合和调节。色素是一种溶解于溶剂中的有色化合物，能够吸收特定波长的光线，呈现出特定的颜色。

调色的原理基于三原色的混合，即红、绿和蓝三种颜色的光线混合可以产生其他颜色。在调色实验中，通常使用三种基本色素来进行调配。这三种基本色素通常分别为红色、黄色和蓝色，它们是混合得到其他颜色的基础。不同的配方和混合比例会产生不同的调色效果（图实训–1）。

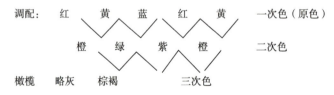

图实训–1　调色原理的示意图

色调是不同波长的光线刺激眼球产生的视觉，色度指不同强度的光线刺激眼球产生的视觉。

三、实训材料

六大合成色素：苋菜红、胭脂红、柠檬黄、日落黄、亮蓝、靛蓝。

四、实训步骤

1. 选择色素：苋菜红、日落黄、靛蓝。
2. 认识色素的状态：液体、固体；油溶性、水溶性。
3. 将色素按一定比例稀释：液体 3 滴稀释至 1000ml，固体称量 0.1g 至 1000ml。
4. 将其中一种用量筒取 50ml 倒入三角瓶中，另一种每次加 10ml 后摇晃，记录颜色及比例；依次类推。

5. 试着配制葡萄皮紫、苹果绿、橙色、咖啡色、草绿色、深绿色等颜色，越接近某种食品的颜色越好：如啤酒色、葡萄酒色、橙汁色、果冻色。

五、实训结果与评价

展示实训结果，完成实训评价（表实训 – 1）。

表实训 – 1　实训评价表

实训考核		评价标准	项目内容权重(%)	学生自评(20%)	小组互评(30%)	教师评价(50%)
考核内容	考核指标					
知识内容	概念及适用范围	结合学生自查资料，熟练掌握色素调配的理论知识	15			
项目完成度	操作员的任务、明确色素调配所需原料及步骤	实验前物品、设备准备情况，正确分析色素调配顺序及预期效果	10			
	调配方案设计	能够正确设计调配方案，方案的格式及质量	20			
	调配过程	知识应用能力，应变能力；能正确地分析和解决遇到的问题	15			
	结果分析及优化	结果分析的表达与展示，能准确表达制定的方案，准确回答师生提出的问题	10			
实训表现	HSE	安全实验（穿戴实验服、手套等防护设备）；绿色低碳、环保（实验药品试剂使用不浪费、处置规范）	10			
	团队协作能力	能积极参与合成方案的制订，进行小组讨论，提出自己的建议和意见	5			
		善于沟通，积极与他人合作完成任务；能正确分析和解决遇到的问题	5			
	课堂纪律与卫生	遵守纪律及着装与形体表现	5			
		劳动态度（规范、准确、科学地操作、爱护设备等）、实训室卫生打扫状况	5			
综合评分						
综合评语						

六、注意事项

1. 实验过程中要注意安全，避免色素溅到皮肤或眼睛。
2. 搅拌溶液时需轻柔而均匀，避免溅出溶液。
3. 调配比例时要准确，可以先进行小样实验来确定最佳的配方。
4. 在记录和分析实验结果时要详细和准确，以便后续分析和研究。

实训二　嗅觉训练

一、实训目的

1. 学会辨别气味的方法，训练嗅觉。
2. 掌握嗅觉评价的方法和技能。

二、实训原理

嗅觉是辨别各种气味的感觉，属于化学感觉。嗅觉的感受器位于鼻腔最上端的嗅上皮内，嗅觉的感受物质必须具有挥发性和可溶性的特点。嗅觉的个体差异很大，有嗅觉敏锐者和迟钝者。嗅觉敏锐者也并非对所有气味都敏锐，因不同气味而异，且易受身体状况和生理的影响。

利用嗅技术进行嗅觉训练：把头部稍微低下对准被嗅物质使气味自下而上地通入鼻腔，使空气易形成较快的旋涡，使气体分子较多地接触嗅上皮细胞，从而引起嗅觉的增强效应。

三、实训材料

菠萝香精、水蜜桃香精、苹果香精、可乐香精。

四、实训步骤

1. 吸取每种香精 1ml 置于 250ml 的容量瓶中，并定容至 250ml（0.4% 的浓度）。

2. 分别从 250ml 的容量瓶中吸取 10、20、30、40、50ml 的溶液置于 200ml 的玻璃瓶中，并加水至 200ml，制成浓度为 0.02、0.04、0.06、0.08、0.10% 的稀释香精。

3. 将四种香精按照浓度分为两组。学生使用嗅技术，评定后，将结果填到表实训 - 2 中。

五、实训结果与评价

1. 请将嗅到气味的物质填于表实训 - 2。

表实训 - 2　实训记录表

样品	0.02%	0.04%	0.06%	0.08%
563				
497				

2. 完成实训评价。

表实训 - 3　实训评价表

实训考核		评价标准	项目内容权重（%）	学生自评（20%）	小组互评（30%）	教师评价（50%）
考核内容	考核指标					
知识内容	概念及适用范围	结合学生自查资料，熟练识读嗅觉相关理论知识	15			
项目完成度	品评员的任务、分析品评要素	实验前物质、设备准备、预备情况，正确分析实验过程各要素	10			
	实验方案设计	能够正确设计实验方案，方案的格式及质量	20			
	实验过程	知识应用能力，应变能力；能正确地分析和解决遇到的问题	15			
	品评结果分析及优化	品评结果分析的表达与展示，能准确表达制定的方案，准确回答师生提出的疑问	10			

续表

实训表现	HSE	安全实验（穿戴实验服、手套等防护设备）；绿色低碳、环保（实验药品试剂使用不浪费、处置规范）	10			
	团队协作能力	能积极参与合成方案的制订，进行小组讨论，提出自己的建议和意见	5			
		善于沟通，积极与他人合作完成任务；能正确分析和解决遇到的问题	5			
	课堂纪律与卫生	遵守纪律及着装与形体表现	5			
		劳动态度（规范、准确、科学地操作、爱护设备等），实训室卫生打扫状况	5			
综合评分						
综合评语						

六、注意事项

1. 嗅觉容易疲劳，且较难得到恢复（有时呼吸新鲜空气也不能恢复），因此应该限制样品实验的次数，使其尽可能减少。通常对同一气味物质使用嗅技术不超过三次，否则会引起"适应"，使嗅敏度下降。

2. 样品嗅味顺序安排可能会对实验结果产生影响，连续闻同一种类型气体会使嗅觉很快疲劳，因此样品顺序应该合理安排。

3. 嗅技术并不适应所有气味物质，如一些能引起痛感的含辛辣成分的气体物质。因此使用嗅技术要非常小心。

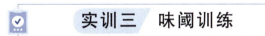

实训三　味阈训练

一、实训目的

1. 学会测定四种基本味的阈值（绝对阈、察觉阈、识别阈）的方法。
2. 学会感觉四种基本味对味感受体产生的不同刺激，并辨别味觉间的微小差别。

二、实训原理

四种基本味对味感受体产生不同的刺激，这些刺激分别由味感受体的不同部位或不同成分所接收，然后又由不同的神经纤维所传递。同时四种基本味被感受的程度和反应时间差别很大，咸味的反应时间最短，甜味和酸味次之，苦味则最长。

三、实训材料

1. 试剂和样品　水，无色、无味、无嗅、无泡沫、中性，纯度接近于蒸馏水；蔗糖；柠檬酸；盐酸奎宁；氯化钠；除水以外，纯度均为分析纯。

2. 设备　恒温水浴锅；容量瓶（1000ml）；品评杯（50ml）；样品杯（100ml）；其他，如烧杯（50ml）、玻璃棒、移液管、一次性水杯、托盘、记号笔。

四、实训步骤

1. 储备液制备　按照表实训-4规定制备。

表实训 –4　储备液

基本味道	参比物质	浓度(g/L)
酸	柠檬酸（一水化合物）$M=210.1$	1
苦	盐酸奎宁（二水化合物）$M=196.9$	0.020
咸	无水氯化钠 $M=58.46$	6
甜	蔗糖 $M=34.23$	32

注：M 为物质的相对分子质量。

2. 稀释溶液　根据实训目的，用储备液按照几何系列制备稀释溶液，见表实训 –5。

表实训 –5　几何系列的稀释溶液

稀释液	成分		试验溶液浓度(g/L)			
	储备液(ml)	水(ml)	酸	苦	咸	甜
			柠檬酸	盐酸奎宁	氯化钠	蔗糖
G6	500	稀释至 1000	0.5	0.010	3	16
G5	250		0.25	0.005	1.5	8
G4	125		0.125	0.0025	0.75	4
G3	62		0.062	0.0012	0.37	2
G2	31		0.030	0.0006	0.18	1
G1	16		0.015	0.0003	0.09	0.5

3. 不同类型的阈值测定

（1）品味技巧　样品应一点一点地啜入口内，并使其滑动接触舌的各个部位（尤其应注意使样品能达到感觉酸味的舌边缘部位）。样品不能吞咽，在品尝两个样品中间应用35℃温水漱口去味。等待1分钟再品尝下一个样品。

（2）品味方法　试验溶液按要求逐级稀释，样品间可随机插入相同浓度的样品，溶液自清水开始依次从低浓度到高浓度送交评价员，由评价员各取15ml溶液，品尝后按表实训 –6填写。

五、实训结果与评价

1. 填写表实训 –6。
2. 完成实训评价。

表实训 –6　味觉试验记录表

容器顺序	容器编号	结果记录			
		酸味	苦味	咸味	甜味
水					
1					
2					
3					
4					
5					
6					
7					
8					
9					

注：o 表示无味，× 表示察觉阈，× × 表示识别阈，× × × 表示识别不同浓度，随着识别浓度的递增，增加×数。

表实训 – 7　实训评价表

实训考核		评价标准	项目内容权重（%）	学生自评（20%）	小组互评（30%）	教师评价（50%）
考核内容	考核指标					
知识内容	概念及适用范围	结合学生自查资料，熟练识读评分法的理论知识	15			
项目完成度	品评员的任务、分析品评要素	实验前物质、设备准备、预备情况，正确分析品评过程各要素	10			
	品评方案设计	能够正确设计品评方案，方案的格式及质量	20			
	品评过程	知识应用能力，应变能力；能正确地分析和解决遇到的问题	15			
	品评结果分析及优化	品评结果分析的表达与展示，能准确表达制定的方案，准确回答师生提出的问题	10			
实训表现	HSE	安全实验（戴实验服、手套等防护设备）；绿色低碳、环保（实验药品试剂使用不浪费、处置规范）	10			
	团队协作能力	能积极参与合成方案的制定，进行小组讨论，提出自己的建议和意见	5			
		善于沟通，积极与他人合作完成任务；能正确分析和解决遇到的问题	5			
	课堂纪律与卫生	遵守纪律及着装与形体表现	5			
		劳动态度（规范、准确、科学地操作、爱护设备等），实训室卫生打扫状况	5			
综合评分						
综合评语						

六、注意事项

1. 实验中水质非常重要。蒸馏水、重蒸水或者去离子水都不令人满意。蒸馏水会引起苦味感觉，这将提高甜味的味阈值；去离子水对某些人会引起甜味感，且极易受细菌污染。一般的方法是煮沸新鲜水 10 分钟（用无盖的锅），冷却后倾斜倒出即可。

2. 刚开始实验时，NaCl 和柠檬酸溶液会有甜味感，然后才会出现咸味和酸味感觉。

3. 人们在日常生活中，通常不仅仅食用水溶液食品，介质不同会使味阈值有较大的不同。本实验采用水溶液，是因为水溶液食品简单，适合初学者练习。

知识链接

表实训 – 8　四种基本味算术系列稀释溶液

稀释液	成分		试验溶液浓度(g/L)			
	储备液(ml)	水(ml)	酸	苦	咸	甜
			柠檬酸	盐酸奎宁	氯化钠	蔗糖
A9	250		0.250	0.0050	1.5	8
A8 ·	225		0.225	0.0045	1.35	7.2
A7	200		0.200	0.0040	1.20	6.4
A6	175		0.175	0.0035	1.05	5.6
A5	150	稀释至1000	0.150	0.0030	0.90	4.8
A4	125		0.125	0.0025	0.75	4.0
A3	100		0.100	0.0020	0.60	3.2
A2	75		0.075	0.0015	0.45	2.4
A1	50		0.050	0.0010	0.30	1.6

实训四　甜度训练

一、实训目的

1. 掌握味觉评价的方法、识别技巧。
2. 学会排序检验法的原理、操作步骤和数据处理方法。

二、实训材料

甜蜜素、安赛蜜、三氯蔗糖、阿斯巴甜（蛋白糖）和蔗糖溶液。

三、实训步骤

1. 溶液配制

（1）蔗糖溶液　蔗糖 0.3g 定容至 1000ml 容量瓶。

（2）三氯蔗糖（600 倍）溶液　三氯蔗糖 0.3g 定容至 1000ml 容量瓶。

（3）阿斯巴甜（100 倍）溶液　阿斯巴甜 0.3g 定容至 1000ml 容量瓶。

（4）安赛蜜（200 倍）溶液　安赛蜜 0.3g 定容至 1000ml 容量瓶。

（5）甜蜜素（50 倍）溶液　甜蜜素 0.3g 定容至 1000ml 容量瓶。

2. 样品品味技巧　样品应一点一点地啜入口内，并使其滑动接触舌的各个部位（尤其应注意使样品能达到感觉酸味的舌边缘部位）。样品不能吞咽，在品尝两个样品中间应用 35℃ 温水漱口去味。等待 1 分钟品尝下一个样品。

3. 排序检验法

（1）样品编码与呈送　备样员给每个样品编出三位数的代码，每个样品给三个编码，以作为三次重复检验之用。

（2）样品品评　样品品评表见表实训 -9。

表实训 -9　品评表

样品名称：　　　　　　　　　　　　　　　检验日期　　年　　月　　日				
检验员：				
检验内容： 　　请仔细品评您面前的 5 个样品，请根据它们的入口甜度和绵延度分别给它们排序，最甜的排在左边第 1 位，依次类推，最不甜的排在右边最后一位，将样品编号填入对应横线上				
样品甜度排序　　（最甜）1　　2　　3　　4　　5（最不甜） 样品编号　　　　　＿＿＿　＿＿＿　＿＿＿　＿＿＿　＿＿＿				
样品绵延度排序　（最长）1　　2　　3　　4　　5（最短） 样品编号　　　　　＿＿＿　＿＿＿　＿＿＿　＿＿＿　＿＿＿				

（3）数据汇总与计算　评定员的排序结果汇总于表实训 -10。

表实训 -10　评定员的排序结果汇总表

评价员	秩次					秩和
	1	2	3	4	5	
1						

评价员	秩次					秩和
	1	2	3	4	5	
2						
3						
4						
5						
6						
每种样品的秩和 T						

四、实训结果与评价

1. Kramer 排序检验表（表实训 – 11）。

表实训 – 11　排序检验法检验表（$\alpha = 5\%$）

评价员人数（n）	样品数（m）		
	4	5	6
4	5 ~ 15 6 ~ 14	6 ~ 18 7 ~ 17	6 ~ 22 8 ~ 20
5	7 ~ 18 8 ~ 17	8 ~ 22 10 ~ 20	9 ~ 26 11 ~ 24
6	9 ~ 21 11 ~ 19	10 ~ 26 12 ~ 24	11 ~ 31 14 ~ 28

查样品数 $m =$ _____那一列，鉴评员数 $n =$ _____那一行。

得到上段 _____ ，下段 _____ 。

2. 若排序和 $T \leqslant$ 最小值，或 $T \geqslant$ 最大值，则说明在显著水平，样品间有显著差异。根据上段值判断样品间是否差异显著？

_____

若排序和在下段范围内，可列为一组，则该组样品间无显著差异。

3. 结论：在 5% 的显著水平上，样品_____最不甜，

样品_____和____无显著差异，样品_____最甜。

4. 完成实训评价。

表实训 – 12　实训评价表

实训考核		评价标准	项目内容权重（%）	学生自评（20%）	小组互评（30%）	教师评价（50%）
考核内容	考核指标					
知识内容	概念及适用范围	结合学生自查资料，熟练识读排序检验法相关理论知识	15			
项目完成度	品评员的任务、分析品评要素	实验前物质、设备准备、预备情况，正确分析品评过程各要素	10			
	品评方案设计	能够正确设计品评方案，方案的格式及质量	20			
	品评过程	知识应用能力，应变能力；能正确地分析和解决遇到的问题	15			
	品评结果分析及优化	品评结果分析的表达与展示，能准确表达制定的方案，准确回答师生提出的问题	10			

续表

实训考核		评价标准	项目内容权重（%）	学生自评（20%）	小组互评（30%）	教师评价（50%）
考核内容	考核指标					
实训表现	HSE	安全实验（穿戴实验服、手套等防护设备）；绿色低碳、环保（实验药品试剂使用不浪费、处置规范）	10			
	团队协作能力	能积极参与合成方案的制订，进行小组讨论，提出自己的建议和意见	5			
		善于沟通，积极与他人合作完成任务；能正确分析和解决遇到的问题	5			
	课堂纪律与卫生	遵守纪律及着装与形体表现	5			
		劳动态度（规范、准确、科学地操作、爱护设备等），实训室卫生打扫状况	5			
综合评分						
综合评语						

实训五 茶叶的感官评定

一、实训目的

1. 了解茶叶的分类，加强对茶叶外观的认识。
2. 学会识别茶叶，辨别茶叶的香气和滋味。
3. 了解描述性分析的基本技巧。

二、实训原理

不同茶叶冲泡前的形态和冲泡以后茶汤的色泽、滋味都是不同的，通过茶叶的感官评定，学习不同茶叶的差别，掌握区分差别的方法。

三、实训材料

绿茶、红茶、乌龙茶、黑茶、白茶、黄茶。

四、实训步骤

1. 茶叶的描述性分析语言　评定茶叶15个字：观其形，察其色，闻其香，赏其姿，尝其味。

（1）形状　如：长条形、卷曲条形、扁形、针形、圆形、螺钉形、片形、尖形、颗粒形、团块形等。

（2）茶汤颜色　如：汤色红艳；翠绿色、黄绿色、嫩绿色；亮黄色、金黄色、橙黄色、蜜黄色；清澈、纯净透明，无混杂为好；陈茶或霉变茶：汤色灰暗、无光泽、浑浊者为差。

（3）香气　如：清爽、清香、高香、醇厚、浓郁、持久、新鲜纯正、没有其他异味。陈茶或霉变茶：香气淡薄、持续时间短、无新茶的新鲜气味，有的具有烟焦、发馊、霉变等异常气味。

（4）滋味　如：醇厚甘甜、喉间回味长；苦、先感烧涩而后转甘。陈茶或霉变的茶：味淡、苦涩、无回味或回味短。

2. 茶叶外形的评定　先取适量茶叶，放在白瓷盘中，观察茶叶的性状。

3. 茶汤颜色、香气、滋味的评价　先取适量茶叶，放在白瓷杯中冲泡，等待2~3分钟后，观察茶汤的色泽，然后进行香气、滋味的评价。

五、实训结果与评价

1. 茶叶的形状

红　茶 _____　　绿　茶 _____

乌龙茶 _____　　黑　茶 _____

白　茶 _____　　黄　茶 _____

2. 茶汤的颜色

红　茶 _____　　绿　茶 _____

乌龙茶 _____　　黑　茶 _____

白　茶 _____　　黄　茶 _____

3. 茶汤的香气

红　茶 _____　　绿　茶 _____

乌龙茶 _____　　黑　茶 _____

白　茶 _____　　黄　茶 _____

4. 茶汤的滋味

红　茶 _____　　绿　茶 _____

乌龙茶 _____　　黑　茶 _____

白　茶 _____　　黄　茶 _____

5. 完成实训评价

表实训 - 13　实训评价表

实训考核		评价标准	项目内容权重（%）	学生自评（20%）	小组互评（30%）	教师评价（50%）
考核内容	考核指标					
知识内容	概念及适用范围	结合学生自查资料，熟练识读描述性检验相关理论知识	15			
项目完成度	品评员的任务、分析品评要素	实验前物质、设备准备、预备情况，正确分析品评过程各要素	10			
	品评方案设计	能够正确设计品评方案，方案的格式及质量	20			
	品评过程	知识应用能力，应变能力；能正确地分析和解决遇到的问题	15			
	品评结果分析及优化	品评结果分析的表达与展示，能准确表达制定的方案，准确回答师生提出的问题	10			
实训表现	HSE	安全实验（穿戴实验服、手套等防护设备）；绿色低碳、环保（实验药品试剂使用不浪费、处置规范）	10			
	团队协作能力	能积极参与合成方案的制订，进行小组讨论，提出自己的建议和意见	5			
		善于沟通，积极与他人合作完成任务；能正确分析和解决遇到的问题	5			
	课堂纪律与卫生	遵守纪律及着装与形体表现	5			
		劳动态度（规范、准确、科学地操作爱护设备等），实训室卫生打扫状况	5			
		综合评分				
综合评语						

实训六　葡萄酒的感官评定

一、实训目的

1. 能够区分好的葡萄酒和普通葡萄酒的差距，对葡萄酒建立感官认识。
2. 学会使用 Excel 单因素方差分析。

二、实训原理

葡萄酒的感官指标包括四个方面：外观、香气、滋味、典型性。

葡萄酒的品尝过程包括看、摇、闻、吸、尝和吐六个简单的步骤。品尝葡萄酒的口感，需要正确的品尝方法。首先，将酒杯举起，杯口放在嘴唇之间，并压住下唇，头部稍往后仰，轻轻地向口中吸气，并控制吸入的酒量，使葡萄酒均匀分布于舌头表面，以控制在口腔的前部。每次吸入的酒量应相等，一般在 6～10ml（不能过多或过少）。当酒进入口腔后，闭上双唇，头微前倾，利用舌头和面部肌肉运动，搅动葡萄酒；也可将嘴微张，轻轻吸气，可以防止酒流出，并使酒蒸气进入鼻腔后部，然后将酒咽下。再用舌头舔牙齿和口腔内表面，以鉴别余味。通常酒在口腔内保留时间为 12～15 秒（13 秒理论）。本实验采用定量描述分析法评估 2 种品牌干红葡萄酒在所评价的感官指标上的差异。在定量描述分析检验中，2 个不同样品同时呈送给评价员要求评价员记录各样品的感官指标。

三、实训材料

张裕赤霞珠干红葡萄酒、威尔斯鹰赤霞珠干红葡萄酒（法国）。

四、实训步骤

1. 样品的感官评定　评价员检验前用清水漱口，将水吐入预先准备的容器中，评价员将收到 2 个编码样品，请先对 2 种样品的外观、泡沫和香气进行比较并在评定表上打分，再按呈送顺序从左至右品尝各样品，中间用清水漱口，比较并记录各样品的口味指标，将各样品的感官评定结果连成蜘蛛网的形状。

2. 评定步骤　具体评定方法：手拿杯颈。

（1）眼睛观察　颜色渐变程度、澄清度、光泽度和挂壁程度。

渐变度观察方法：从将酒杯向你反方向 45 度观察，越优质的酒颜色越向边缘逐渐变淡。

挂壁程度观察方法：将酒在杯中打旋，观察杯壁上酒的挂壁程度，挂壁程度越大，说明酒体越丰满。

（2）鼻闻感知　果香和酒香。

将葡萄酒在杯中打旋，然后将酒杯以 45 度角置于鼻孔下方，用力吸气，嗅闻果香和酒香，越浓郁，得分越高。

（3）嘴巴品尝　酒体丰满程度、酒体圆滑、口感协调、后味绵延程度。

品尝的方法：喝入一口，将酒在口中铺展，并停留 10 秒左右，在此期间可微微开嘴，吸入一些空气。

酒体丰满：指醇厚、圆满、立体结构感强，对应差的酒是单薄、轻质、味淡；口感圆滑：指质地细腻；口感协调：指口感柔和、匀称、协调、让人感到愉快；后味绵延：指酒体离开口腔后仍感到它的存在。

五、实训结果与评价

1. 结果统计　结果统计见表实训-14、表实训-15。

表实训-14　76位同学对张裕葡萄酒的感官评价结果

分值	光泽度	澄清度	紫红色	后味绵延	口感协调	酒体圆滑	酒体丰满	酒香	果香	呈泡性
1分	0	0	0	0	0	1	0	0	1	1
2分	3	2	0	2	5	5	4	2	5	14
3分	0	0	1	1	6	3	2	0	0	1
4分	8	6	4	14	24	17	20	9	13	27
5分	4	3	2	5	4	5	3	2	5	6
6分	30	24	20	19	21	28	22	20	24	15
7分	6	5	7	6	2	5	4	7	4	6
8分	23	32	35	23	13	11	20	32	21	4
9分	2	1	4	4	1	1	1	3	2	2
10分	0	3	3	2	0	0	0	1	1	0

注：表内数值为评价人数。

表实训-15　76位同学对威尔斯鹰葡萄酒的感官评价结果

分值	光泽度	澄清度	紫红色	后味绵延	口感协调	酒体圆滑	酒体丰满	酒香	果香	呈泡性
1分	0	0	0	0	3	1	0	0	0	0
2分	2	0	0	7	12	6	7	3	9	4
3分	0	0	0	0	4	6	2	3	1	2
4分	13	6	7	13	16	22	9	16	22	13
5分	5	1	6	7	6	7	9	4	4	2
6分	29	20	24	24	21	18	31	30	25	27
7分	8	11	6	6	3	4	3	6	4	4
8分	18	36	29	18	11	11	13	14	11	21
9分	1	0	1	0	0	0	2	0	0	2
10分	0	2	3	1	0	1	0	0	0	1

注：表内数值为评价人数。

2. 结果计算　对光泽度进行单因素方差分析　结果如表实训-16、表实训-17。

表实训-16　单因素方差分析

组	观测数	求和	平均	方差
张裕	76	485	6.342105	2.54807
威尔斯鹰	76	464	6.105263	2.362105

表实训-17　方差分析

差异源	平方和	自由度	均方	F	p	$F_{临界}$
组间	2.131579	1	2.131579	0.868229	0.352943	3.904202
组内	368.2632	150	2.455088			
总计	370.3947	151				

3. 结果分析　方差分析表中计算的 F 值为 0.868229，而临界值为 3.904202，由于计算值小于临界值，因此得出结论：2 个样品之间的光泽度无差异。

用统一的方法计算其他项目，可以得出两种葡萄酒之间的差异。

4. 完成实训评价

表实训 – 18　实训评价表

实训考核		评价标准	项目内容权重（%）	学生自评（20%）	小组互评（30%）	教师评价（50%）
考核内容	考核指标					
知识内容	概念及适用范围	结合学生自查资料，熟练识读方差分析相关理论知识	15			
项目完成度	品评员的任务、分析品评要素	实验前物质、设备准备、预备情况，正确分析品评过程各要素	10			
	品评方案设计	能够正确设计品评方案，方案的格式及质量	20			
	品评过程	知识应用能力，应变能力；能正确地分析和解决遇到的问题	15			
	品评结果分析及优化	品评结果分析的表达与展示，能准确表达制定的方案，准确回答师生提出的问题	10			
实训表现	HSE	安全实验（戴实验服、手套等防护设备）；绿色低碳、环保（实验药品试剂使用不浪费、处置规范）	10			
	团队协作能力	能积极参与合成方案的制订，进行小组讨论，提出自己的建议和意见	5			
		善于沟通，积极与他人合作完成任务；能正确分析和解决遇到的问题	5			
	课堂纪律与卫生	遵守纪律及着装与形体表现	5			
		劳动态度（规范、准确、科学地操作、爱护设备等），实训室卫生打扫状况	5			
综合评分						
综合评语						

实训七　乳制品的感官评定

一、实训目的

1. 学会调查消费者对发酵酸乳和配制酸乳的嗜好情况。
2. 学会掌握选择试验法和评分检验法的原理、步骤和数据处理方法。

二、实训原理

选择试验法可以较好地反映消费者对乳制品的嗜好情况。在需要更加准确的数据时，可以采用评分试验法。该法能更好地反映消费者对产品嗜好的细微差别。

三、实训材料

发酵乳、酸乳饮料。

四、实训步骤

1. 样品的制备　为了调查消费者对发酵酸乳和酸乳饮料的嗜好情况，制备了 3 种样品。样品 1 用原汁发酵酸乳制成，样品 2 用原汁发酵酸乳及酸乳饮料各 50% 制成混合酸乳；样品 3 用酸乳饮料制成。选择 30 位评价员进行评分检验。

2. 品评方法

（1）选择试验法　将 3 种以上的样品提供给评价员，样品的出示顺序是随机的，评价员要从左到右依次品尝，在最喜欢的样品编码后面画圈，无法确定也必须选择其一。

样品编号：_____　_____　_____

评定结果：回收问卷，统计评定结果见表实训 – 19。

表实训 – 19　评定结果统计表

样品	1	2	3	合计
判为最好的人数				

结果分析与判断：_____

代入公式：

$$X_0^2 = \frac{m}{n} \sum_{i=1}^{m} \left(X_i - \frac{n}{m} \right)^2$$

式中，m 为样品数；n 为有效鉴定表数；X_i 为 m 个样品中，最喜好其中某个样品的人数。

查 χ^2 分布表，判定结果。

（2）评分检验法　评分标准为：$+2$ 表示风味良好；$+1$ 表示风味好；0 表示风味一般；-1 表示风味不佳；-2 表示风味很差。将评分结果填入表实训 – 20。

表实训 – 20　检验结果

样品编号	1	2	3
打分			

五、实训结果与评价

1. 以一个小组 6 人的评定案例计算：结果见表实训 – 21。

表实训 – 21　酸乳检验结果

样品	+2	+1	0	−1	−2	总分（k）
569（酸乳饮料）	0	1	5	0	0	1
743（混合酸乳）	1	4	0	0	1	4
392（发酵酸乳）	6	0	0	0	0	12

（1）$T = \sum_{k=1}^{3} x_k = 1 + 4 + 12 = 17$。

（2）$CF = \dfrac{T^2}{人数 \times 样品数} = \dfrac{17 \times 17}{6 \times 3} = 16.06$。

（3）计算各类数据的平方和

总平方和 $= \sum_{i=1}^{3} \sum_{j=1}^{5} x_j^2 x_i - CF$

$= (+2)^2 \times (0+1+6) + (+1)^2 \times (1+4+0) + (0)^2 \times (5+0+0) + (-1)^2 \times (0+0+0) +$

$$(-2)^2 \times (0+1+0) - 16.06$$
$$= 4 \times 7 + 1 \times 5 + 0 + 1 \times 0 + 4 \times 1 - 16.06$$
$$= 20.94$$

样品平方和 $= \dfrac{1}{\text{人数}} \sum_{k=1}^{3} x_k^2 - CF = \dfrac{1}{6} \times (1^2 + 4^2 + 12^2) - 16.06 = 10.77$

误差平方和 = 总平方和 - 样品平方和 = 20.94 - 10.77 = 10.17

（4）计算各自由度

样品自由度 = 样品数 - 1 = 3 - 1 = 2

总自由度 = 人数自由度 × 样品自由度 = 5 × 2 = 10

误差自由度 = 总自由度 - 样品自由度 = 10 - 2 = 8

（5）计算各均方差

样品方差 $= \dfrac{\text{样品平方和}}{\text{样品自由度}} = \dfrac{10.77}{2} = 5.39$

误差方差 $= \dfrac{\text{误差平方和}}{\text{误差自由度}} = \dfrac{10.17}{8} = 1.27$

$F_0 = \dfrac{\text{样品方差}}{\text{误差方差}} = \dfrac{5.39}{1.27} = 4.24$

（6）查表　查 F 分布表中样品自由度为 2、误差自由度为 8，$\alpha = 0.05$，可得 $F_8^2(0.05) = 4.46$。

（7）判别　$F_0 = 4.24 < F_8^2(0.05) = 4.46$

故可得出三种样品间无显著差异。

2. 完成实训评价。

表实训 - 22　实训评价表

实训考核		评价标准	项目内容权重（%）	学生自评（20%）	小组互评（30%）	教师评价（50%）
考核内容	考核指标					
知识内容	概念及适用范围	结合学生自查资料，熟练识读卡方检验、选择试验法和评分法的理论知识	15			
项目完成度	品评员的任务、分析品评要素	实验前物质、设备准备、预备情况，正确分析品评过程各要素	10			
	品评方案设计	能够正确设计品评方案，方案的格式及质量	20			
	品评过程	知识应用能力，应变能力；能正确地分析和解决遇到的问题	15			
	品评结果分析及优化	品评结果分析的表达与展示，能准确表达制定的方案，准确回答师生提出的问题	10			
实训表现	HSE	安全实验（穿戴实验服、手套等防护设备）；绿色低碳、环保（实验药品试剂使用不浪费、处置规范）	10			
	团队协作能力	能积极参与合成方案的制订，进行小组讨论，提出自己的建议和意见	5			
		善于沟通，积极与他人合作完成任务；能正确分析和解决遇到的问题	5			
	课堂纪律与卫生	遵守纪律及着装与形体表现	5			
		劳动态度（规范、准确、科学地操作、爱护设备等），实训室卫生打扫状况	5			
		综合评分				
综合评语						

实训八 饼干的排序试验

一、实训目的

1. 学会排序试验的原理和方法。
2. 掌握排序试验的结果分析方法。

二、实训原理

排序试验是比较数个样品，按指定特性由强度或嗜好程度排出一系列样品的方法。按其形式可以分为：按某种特性（如甜度、黏度等）的强度递增顺序；按质量顺序（如竞争食品的比较）；赫道尼克（Hedonic）顺序（如喜欢/不喜欢）。

具体来讲，就是以均衡随机的顺序将样品呈送给品评员，要求品评员就指定指标将样品进行排序，计算序列和，然后利用 Friedman 法等对数据进行统计分析。

三、实训材料

1. 预备足够量的碟、样品托盘。
2. 提供 5 种同类型饼干样品，例如不同品牌的苏打饼干或酥性饼干。

四、实训步骤

1. 实验分组 每 10 人为一组，如全班为 30 人，则分为 3 个组，每组选出一个小组长，轮流进入实验区。

2. 样品编号 备样员给每个样品编出三位数的代码，每个样品给 3 个编码，作为 3 次重复检验之用，随机数码取自随机数表。编码实例及供样方案见表实训-23。

表实训-23 编码实例及供样方案

样品名称：_____ 日期：____年____月____日

样品名称	重复检验编码			
	1	2	3	4
A	463	973	434	
B	995	607	225	
C	067	635	513	
D	695	654	490	
E	681	695	431	
检验员	供样顺序		第 1 吃检验时号码顺序	
1	CAEDB		067 463 681 695 995	
2	ACBED		463 067 995 681 695	
3	EABDC		681 463 995 695 067	
4	BAEDC		995 463 681 695 067	
5	EDCAB		681 695 067 463 995	
6	DEACB		695 681 463 067 995	
7	DCABE		695 067 463 995 681	
8	ABDEC		463 995 695 681 067	

续表

| 9 | CDBAE | 067 695 995 463 681 |
| 10 | EBACD | 681 995 463 067 695 |

在做第2次重复检验时,供样顺序不变,样品编码改用上表中第二次检验用码,其余类推。检验员每人都有一张单独的登记表(表实训–24)。

表实训–24 登记表

样品名称:_____ 日期:_____年_____月_____日

检验员:_____

检验内容:请仔细品评您面前的5个饼干样品,例如酥性甜饼干,请根据它们的入口酥化程度、甜脆性、香气、综合口感以及外形、颜色等综合指标给它们排序,最好的排在左边第1位,依次类推,最差的排在右边最后一位,将样品编号填入对应横线上。

样品排序(最好) 1   2   3   4   5(最差)

样品编号 _____ _____ _____ _____ _____

五、实训结果与评价

1. 以小组为单位,统计检验结果。
2. 用 Friedman 法和 Page 检验对5个样品之间是否有差异做出判定。
3. 用多重比较分组法和 Kramer 法对样品进行分组。
4. 每人分析自己检验结果的重复性。
5. 完成实训评价。

表实训–25 实训评价表

实训考核		评价标准	项目内容权重(%)	学生自评(20%)	小组互评(30%)	教师评价(50%)
考核内容	考核指标					
知识内容	概念及适用范围	结合学生自查资料,熟练识读排序试验相关理论知识	15			
项目完成度	品评员的任务、分析品评要素	实验前物质、设备准备、预备情况,正确分析品评过程各要素	10			
	品评方案设计	能够正确设计品评方案,方案的格式及质量	20			
	品评过程	知识应用能力,应变能力;能正确地分析和解决遇到的问题	15			
	品评结果分析及优化	品评结果分析的表达与展示,能准确表达制定的方案,准确回答师生提出的问题	10			
实训表现	HSE	安全实验(穿戴实验服、手套等防护设备);绿色低碳、环保(实验药品试剂使用不浪费、处置规范)	10			
	团队协作能力	能积极参与合成方案的制定,进行小组讨论,提出自己的建议和意见	5			
		善于沟通,积极与他人合作完成任务;能正确分析和解决遇到的问题	5			
	课堂纪律与卫生	遵守纪律及着装与形体表现	5			
		劳动态度(规范、准确、科学地操作、爱护设备等),实训室卫生打扫状况	5			
		综合评分				
综合评语						

实训九　白酒的评分试验

一、实训目的

1. 学会评分法评价产品的方法。
2. 学会多种产品的评价方法和分数计算方法。
3. 了解白酒四大香型及特点。

二、实训原理

要求品评员以数字标度形式来评价样品的品质特性。所使用的数字标度可以是等距标度或比率标度。与其他方法不同的是它是所谓的绝对性判断，既根据品评员各自的品评基准进行判断。它出现的粗糙评分现象也可由增加品评员的人数来克服。此方法可同时鉴评一种或多种产品的一个或多个指标的强度及其差异，所以应用较为广泛。尤其用于鉴评新产品。

三、实训材料

（一）品酒环境、器具、样品准备

1. 品酒环境　品酒室应无震动和噪音，环境安静舒适；室内空气流动清新、无异杂气味，光线充足、柔和、适宜，以白色灯为宜；品酒室以恒温 20~25℃ 为宜、相对湿度 60% 为宜。

2. 品酒杯　品酒杯应为无色透明、无花纹、杯体光洁、厚薄均匀的郁金香型酒杯，容量为 40~50ml。详见 GB/T 10345.2—89。

3. 酒样准备　5 个以上（例如浓香型白酒）。酒样的温度对香味呈现影响较大，要求各酒样的温度应保持一致，以 20~25℃ 为宜，可将酒样水浴或者提前放入品酒实验室平衡温度。注入酒量为品酒杯的 1/2~2/3，注入量应保持一致。若准备时间过长，可用锡箔纸或者平皿覆盖杯口以减少风味物质损失。

（二）品酒人员准备

视觉正常，无色弱、色盲，具备正确的嗅觉、味觉。

品酒前不可吃辛辣食品，饮食易清淡；不化妆，不涂抹香水，不涂抹护手霜。

（三）品酒时间

最佳品酒时间为上午 9:00~11:00、下午 15:00~17:00。为避免人员疲劳，每轮次中间应休息 10~20 分钟。

（四）品酒顺序

1. 观色泽　首先把酒样放在评酒桌的白色背景上，用眼睛正视、俯视及仰视方式，观察酒样有无色泽及色泽深浅。然后把酒杯拿起来，轻轻摇动观察酒液透明度，有无悬浮物、沉淀物。

2. 闻香味

一般嗅闻：嗅闻时，首先将酒杯举起，置酒杯于鼻下 1~2cm 左右处微斜 30°，头略低，采用匀速舒缓的吸气方式嗅闻其静止香气，嗅闻时只能对酒吸气，不要呼气。再轻轻摇动酒杯，增大香气挥发聚集，然后嗅闻。

特殊嗅闻：特殊情况下，将酒液倒空，放置一段时间后嗅闻空杯留香。

3. 尝滋味 每次酒液的入口量保持一致，小抿一口（0.5~2ml）。品尝时，使舌尖、舌边首先接触酒液，并通过舌的搅动，使酒液平铺于舌面和舌根部，以及充分接触口腔内壁，酒液在口腔停留3~5秒后，仔细感受酒质并记下口味及口感特征。可将酒液咽下或吐出，缓慢张口吸气，使酒气随呼吸从鼻腔呼出，判断酒的后鼻香（余味、回味）。通常每杯酒品尝2~3次，品评完一杯，可清水漱口，稍微休息片刻，再品评另一杯。

4. 定风格 综合色、香、味等特征感受，结合各香型白酒风格特点，做出总结性评价，判断其是否具备典型风格，或独特风格。

四、实训步骤

1. 品评前由主持者统一白酒的感官指标和记分方法，使每个评价员掌握统一的评分标准和记分方法，并讲解评酒要求，见表实训-26。

表实训-26　浓香型白酒感官指标要求

项目	感官指评分标准	评分
色泽	无色透明或微黄，无悬浮物，无沉淀	符合感官指标要求得10分 凡浑浊、沉淀、带异味，有悬浮物等酌情扣1~4分 有恶性沉淀或悬浮物者，不得分
香气	窖香浓郁，具有以乙酸乙酯为主体纯正、谐调的酯类香气	符合感官指标要求得25分 放香不足，香气欠纯正，带有异香等，酌情扣1~6分 香气不谐调，且邪杂气重，扣6分以上
口味	绵甜爽净，香味谐调，余味悠长	符合感官指标要求得50分 味欠绵软谐调，口味淡薄，后尾欠净，味苦涩，有辛辣感，有其他杂味等，酌情扣1~10分 酒体不谐调，尾不净，且杂味重，扣10分以上
风格	具有本品固有的独特风格	具有本品固有的独特风格得15分 基本具有本品风格，但欠谐调或风格不突出，酌情扣1~5分 基本不具备本品风格要求的扣5分以上

注：浓香型白酒指以粮谷为原料，使用大曲或麸曲为糖化发酵剂，经传统工艺酿制而成，具有以乙酸乙酯为主体酯类香味的蒸馏酒，以泸州老窖为典型代表。

2. 白酒样品以随机数编号，注入品酒杯中，分发给品评员，每次不超过5个样品。对这些样品进行评分，记入表实训-27。

表实训-27　品酒记录表

评价员：				

评价日期：＿＿＿年＿＿＿月＿＿＿日

项目	样品编号			
色泽				
香气				
口味				
风格				
合计				
评语				

五、实训结果与评价

1. 用方差分析法分析样品间差异。
2. 用方差分析法分析品评员之间差异。
3. 完成实训评价。

表实训 – 28　实训评价表

实训考核		评价标准	项目内容权重（%）	学生自评（20%）	小组互评（30%）	教师评价（50%）
考核内容	考核指标					
知识内容	概念及适用范围	结合学生自查资料，熟练识读评分法的理论知识	15			
项目完成度	品评员的任务、分析品评要素	实验前物质、设备准备、预备情况，正确分析品评过程各要素	10			
	品评方案设计	能够正确设计品评方案，方案的格式及质量	20			
	品评过程	知识应用能力，应变能力；能正确地分析和解决遇到的问题	15			
	品评结果分析及优化	品评结果分析的表达与展示，能准确表达制定的方案，准确回答师生提出的问题	10			
实训表现	HSE	安全实验（穿戴实验服、手套等防护设备）；绿色低碳、环保（实验药品试剂使用不浪费、处置规范）	10			
	团队协作能力	能积极参与合成方案的制订，进行小组讨论，提出自己的建议和意见	5			
		善于沟通，积极与他人合作完成任务；能正确分析和解决遇到的问题	5			
	课堂纪律与卫生	遵守纪律及着装与形体表现	5			
		劳动态度（规范、准确、科学地操作，爱护设备等），实训室卫生打扫状况	5			
综合评分						
综合评语						

六、思考题

简述评分法的特点和使用范围。

🔗 知识链接

　　中国白酒与白兰地、威士忌、伏特加、金酒、朗姆酒并称世界六大蒸馏酒。但因其独特的生产工艺和丰富的香味成分，又与国外蒸馏酒存在较大差异。

　　白酒是以粮谷为主要原料，以大曲、小曲、麸曲、酶制剂及酵母等为糖化发酵剂，经蒸煮、糖化、发酵、蒸馏、陈酿、勾调而成的蒸馏酒。

　　白酒基本香型分为酱香型、浓香型、清香型、米香型，延伸发展有凤香型、芝麻香型、馥郁香型、特香型、兼香型、董香型和其他香型。

表实训－29 白酒四大香型特征表

评价项目	酱香型白酒	浓香型白酒	清香型白酒	米香型白酒
色泽	无沉淀，无悬浮物，多年份酒，微黄色或者无色	无沉淀，无悬浮物，多年份酒，微黄色或者无色	无沉淀，无悬浮物，无色透明。	无沉淀，无悬浮物，无色透明
气味	酱香突出，香味协调	以乙酸乙酯为主体香，窖香浓郁，香味协调	以乙酸乙酯和乳酸乙酯为主体香，清香醇正，诸味协调。	蜜香清雅，以清、甜、爽、净见长
滋味	幽雅细腻，酒体丰富醇厚，回味悠长，空杯留香时间长	绵甜甘冽，尾净余长	醇甜柔和，余味爽净，甘润爽口	入口柔绵，落口爽冽，回味怡畅
风格	具有典型的酱香酒风格	具有典型的浓香酒风格	具有典型的清香酒风格。	具有典型的米香酒风格
糖化发酵剂	大曲	大曲	大曲	小曲
发酵设备	石窖	泥窖	地缸	发酵罐

实训十 果酱风味综合评价试验

一、实训目的

1. 熟悉描述性实验的原理和方法。
2. 学会绘制 QDA 图。

二、实训原理

将学生作为经验型评价员，向评价员介绍试验样品的特性，简单介绍该样品的生产工艺过程和主要原料，使大家对该样品有一个大概的了解，然后提供一个典型样品让大家品尝，在老师的引导下，选定 8 ~ 10 个能表达出该类产品的特征名词，并确定强度等级范围，通过品尝后，统一大家的认识。在完成上述工作后，分组进行独立感官检验。

三、实训材料

提供 5 种同类果酱样品（如苹果酱），预备足够量的碟、匙、样品托盘等，漱口或饮用的纯净水。

四、实训步骤

1. 实验分组 每组 10 人，如全班为 30 人，则共分为 3 组，轮流进入感官分析实验区。

2. 样品编号 备样员给每个样品编出三位数的代码，每个样品给 3 个编码，作为 3 个重复检验之用，随机数码取自随机数表。本试验中取例见表实训－30。

表实训－30 取样表

样品号	A(样1)	B(样1)	C(样1)	D(样1)	E(样1)
第 1 次检验	734	042	706	664	813
第 2 次检验	183	747	375	365	854
第 3 次检验	026	617	053	882	388

3. 实验员顺序及供样组别、编码 排定每组实验员的顺序及供样组别和编码，以第一组第 1 次为例，举例见表实训 -31。

表实训 -31

实验员（姓名）	供样顺序	第 1 次检验样品编码
1（×××）	E A B D C	813，734，042，664，706
2（×××）	A C B E D	734，706，042，813，664
3（×××）	D C A B E	664，706，734，042，813
4（×××）	A B D E C	734，042，664，813，706
5（×××）	B A E D C	042，734，813，664，706
6（×××）	E D C A B	813，664，706，734，042
7（×××）	D E A C B	664，813，734，706，042
8（×××）	C D B A E	706，664，042，734，813
9（×××）	E B A C D	813，042，734，706，664
10（×××）	C A E D B	706，734，813，664，042

供样顺序是备样员内部参考用的，实验员用的检验记录表上看到的只是编码，无 ABCDE 字样。在重复检验时，样品编排顺序不变，如第 1 号实验员的供样顺序每次都是 EABDC，而编码的数字则换上第 2 次检验的编号。其他组、次排定表略。请按例自行排定。

4. 分发描述性检验记录表 见表实训 -32，供参考，也可另自行设计。

表实训 -32 描述性检验记录表

样品名称：苹果酱	检验员：＿＿＿＿					日期：＿＿＿年＿＿＿月＿＿＿日		
样品编号（如 813）								
项目	1（弱）	2	3	4	5	6	7	8 9（强）
（1）色度								
（2）甜度								
（3）酸度								
（4）甜酸比率	（太酸）							（太甜）
（5）苹果香气								
（6）焦煳香气								
（7）细腻感								
（8）不良风味（列出）								

五、实训结果与评价

1. 每组小组长将本小组 10 名检验员的记录表汇总后，解除编码密码，统计出各个样品的评定结果。

2. 用统计法分别进行误差分析，评价检验员的重复性、样品间差异。

3. 讨论协调后，得出每个样品的总体评估。

4. 绘制 QDA 图（蜘蛛网形图）。

5. 完成实训评价。

表实训 –33　实训评价表

实训考核		评价标准	项目内容权重（%）	学生自评（20%）	小组互评（30%）	教师评价（50%）
考核内容	考核指标					
知识内容	概念及适用范围	结合学生自查资料，熟练识读描述性试验相关理论知识	15			
项目完成度	品评员的任务、分析品评要素	实验前物质、设备准备、预备情况，正确分析品评过程各要素	10			
	品评方案设计	能够正确设计品评方案，方案的格式及质量	20			
	品评过程	知识应用能力，应变能力；能正确地分析和解决遇到的问题	15			
	品评结果分析及优化	品评结果分析的表达与展示，能准确表达制定的方案，准确回答师生提出的问题	10			
实训表现	HSE	安全实验（穿戴实验服、手套等防护设备）；绿色低碳、环保（实验药品试剂使用不浪费、处置规范）	10			
	团队协作能力	能积极参与合成方案的制订，进行小组讨论，提出自己的建议和意见	5			
		善于沟通，积极与他人合作完成任务；能正确分析和解决遇到的问题	5			
	课堂纪律与卫生	遵守纪律及着装与形体表现	5			
		劳动态度（规范、准确、科学地操作、爱护设备等），实训室卫生打扫状况	5			
综合评分						
综合评语						

实训十一　盐水火腿的描述性感官评价试验

一、实训目的

1. 学会对市售盐水火腿进行风味、质地、外观的描述性感官评价。
2. 熟悉和掌握描述性感官评价的方法。

二、实训原理

通过品尝市售火腿样品，对其风味、质地、外观进行描述性感官评价，每位评价员根据品尝结果在事先给出描述词汇中进行选择，并给样品的每种特性强度打分，统计每位评价员的实验结果，进行 T 检验，判定其评价结果是否合理，从而得出小组结论。

三、实训材料

市售盐水火腿 1 种，品评托盘、刀具等。

四、实训步骤

1. 评价表设计　首先利用随机数表或计算机品评系统对样品进行编码，再设计品评表，包括评价员编号、提供样品编号、评价表编号等，见表实训 –34。

表实训 - 34　评价表样例

样品编号		品评员		品评日期	
请评价你面前的样品，并在产品特性描述相符的描述词后打勾。					
强度	5	4	3	2	1
色泽	暗黑	暗红	深红	中性红	鲜红
香气	很不习惯	习惯	吸引人	一般般	无感觉
口味	太强烈	较强烈	适合	较淡	无味
硬度	太硬	较硬	适中	较软	太软
弹性	强	较强	适中	弱	无弹性

2. 评定步骤

（1）观察样品的颜色。

（2）用手从直径方向按压样品，感觉其硬度。

（3）用刀将样品切成 5mm 厚的薄片，并采用直接嗅觉法评价样品的香气。

（4）用手指轻轻按压样品薄片，感觉其弹性。

（5）品评口味。将火腿薄片放入口中进行品尝，在口中充分咀嚼后要咽入。每次品尝完后，用水漱口。以上各步骤结束后，立即在品评表中适当描述词处划勾。

（6）品评表汇总。

五、实训结果与评价

1. 采用统计学 T 检验方法进行数据处理，并根据计算数据绘制雷达图。

2. 汇总数据，撰写实验报告。数据汇总表样例见表实训 - 35。

表实训 - 35　数据汇总表

评价员	色泽	香气	口味	硬度	弹性
1					
2					
3					
4					
5					
6					
7					
8					
9					
10					
平均值					
标准方差					
最大值					
最小值					
T_1					
T_2					

3. 完成实训评价。

表实训 – 36 　实训评价表

实训考核		评价标准	项目内容权重（%）	学生自评（20%）	小组互评（30%）	教师评价（50%）
考核内容	考核指标					
知识内容	概念及适用范围	结合学生自查资料，熟练识读描述性检验及 T 检验相关理论知识	15			
项目完成度	品评员的任务、分析品评要素	实验前物质、设备准备、预备情况，正确分析品评过程各要素	10			
	品评方案设计	能够正确设计品评方案，方案的格式及质量	20			
	品评过程	知识应用能力，应变能力；能正确地分析和解决遇到的问题	15			
	品评结果分析及优化	品评结果分析的表达与展示，能准确表达制定的方案，准确回答师生提出的问题	10			
实训表现	HSE	安全实验（穿戴实验服、手套等防护设备）；绿色低碳、环保（实验药品试剂使用不浪费、处置规范）	10			
	团队协作能力	能积极参与合成方案的制订，进行小组讨论，提出自己的建议和意见	5			
		善于沟通，积极与他人合作完成任务；能正确分析和解决遇到的问题	5			
	课堂纪律与卫生	遵守纪律及着装与形体表现	5			
		劳动态度（规范、准确、科学地操作，爱护设备等），实训室卫生打扫状况	5			
综合评分						
综合评语						

六、注意事项

1. 样品的贮藏温度应保持一致。

2. 在光线明亮、无异味存在的环境中进行实验　每个评价员在实验过程中相互隔离，独立完成实验并填写实验结果。

附　录

附录一　二项式分布显著性检验表（α＝0.05）

评价员人数	成对比较检验（单边）	成对比较检验（双边）	三点检验	二－三点检验	五中取二检验
5	5	–	4	5	3
6	6	6	5	6	3
7	7	7	5	7	3
8	7	8	6	7	3
9	8	8	6	8	4
10	9	9	7	9	4
11	9	10	7	9	4
12	10	10	8	10	4
13	10	11	8	10	4
14	11	12	9	11	4
15	12	12	9	12	5
16	12	13	9	12	5
17	13	13	10	13	5
18	13	14	10	13	5
19	14	15	11	14	5
20	15	15	11	15	5
21	15	16	12	15	6
22	16	17	12	16	6
23	16	17	12	16	6
24	17	18	13	17	6
25	18	18	13	18	6
26	18	19	14	18	6
27	19	20	14	19	6
28	19	20	15	19	7
29	20	21	15	20	7
30	20	21	15	20	7
31	21	22	16	21	7
32	22	23	16	22	7
33	22	23	17	22	7
34	23	24	17	23	7
35	23	24	17	23	8
36	24	25	18	24	8

续表

评价员人数	成对比较检验（单边）	成对比较检验（双边）	三点检验	二-三点检验	五中取二检验
37	24	25	18	24	8
38	25	26	19	25	8
39	26	27	19	26	8
40	26	27	19	26	8
41	27	28	20	27	8
42	27	28	20	27	9
43	28	29	20	28	9
44	28	29	21	28	9
45	29	30	21	29	9
46	30	31	22	30	9
47	30	31	22	30	9
48	31	32	22	31	9
49	31	32	23	31	10
50	32	33	23	32	10

附录二　χ^2 分布临界值

$P\{\chi^2(n) > \chi_\alpha^2(n)\} = \alpha$ 样品数 P	自由度 $(f = P - 1)$	显著性水平 α	
		$\alpha = 0.05$	$\alpha = 0.01$
2	1	3.84	6.63
3	2	5.99	9.21
4	3	7.81	11.34
5	4	9.49	13.28
6	5	11.07	15.09
7	6	12.59	16.81
8	7	14.07	18.47
9	8	15.51	20.09
10	9	16.92	21.67
11	10	18.31	23.21
12	11	19.67	24.72
13	12	21.03	26.22
14	13	22.36	27.69
15	14	23.68	29.14
16	15	25.00	30.58
17	16	26.30	32.00
18	17	27.59	33.41
19	18	28.87	34.80
20	19	30.14	36.19
21	20	31.41	37.57

续表

$P\{\chi^2(n) > \chi_\alpha^2(n)\} = \alpha$ 样品数 P	自由度($f = P - 1$)	显著性水平 α	
		$\alpha = 0.05$	$\alpha = 0.01$
22	21	32.67	38.93
23	22	33.92	40.29
24	23	35.17	41.64
25	24	36.42	42.98
26	25	37.65	44.31
27	26	38.88	45.64
28	27	40.11	46.96
29	28	41.34	48.28
30	29	42.56	49.59
31	30	43.77	50.89
32	31	44.99	52.19
33	32	46.14	53.49
34	33	47.40	54.78
35	34	48.60	56.06
36	35	49.80	57.34
37	36	51.00	58.62
38	37	52.19	59.89
39	38	53.38	61.16
40	39	54.57	62.43
41	40	55.76	63.69
42	41	56.94	64.95
43	42	58.12	66.21
44	43	59.30	67.46
45	44	60.48	68.71
46	45	61.66	69.96
47	46	62.83	71.20
48	47	64.00	72.44
49	48	65.17	73.68
50	49	66.34	74.92
51	50	67.51	76.15
52	51	68.67	77.39
53	52	69.83	78.62
54	53	70.99	79.84
55	54	72.15	81.07

续表

$P\{\chi^2(n) > \chi_\alpha^2(n)\} = \alpha$ 样品数 P	自由度$(f = P-1)$	显著性水平 α	
		$\alpha = 0.05$	$\alpha = 0.01$
56	55	73.31	82.29
57	56	74.47	83.51
58	57	75.62	84.73
59	58	76.78	85.95
60	59	77.93	87.17
61	60	79.08	88.38
62	61	80.23	89.59
63	62	81.38	90.80
64	63	82.53	92.01
65	64	83.68	93.22
66	65	84.82	94.42
67	66	85.97	95.63
68	67	87.11	96.83
69	68	88.25	98.03
70	69	89.39	99.23
71	70	90.53	100.43
72	71	91.67	101.62
73	72	92.81	102.82
74	73	93.95	104.01
75	74	95.08	105.20
76	75	96.22	106.39
77	76	97.35	107.58
78	77	98.48	108.77
79	78	99.62	109.96
80	79	100.75	111.14
81	80	101.88	112.33
82	81	103.01	113.51
83	82	104.14	114.70
84	83	105.27	115.88
85	84	106.40	117.06
86	85	107.52	118.24
87	86	108.65	119.41
88	87	109.77	120.59
89	88	110.90	121.77
90	89	112.02	122.94

附录三　Spearman 秩相关检验临界值

$$P(r_s > c_\alpha) = \alpha$$

样品数	显著性水平		样品数	显著性水平	
	$\alpha = 0.05$	$\alpha = 0.01$		$\alpha = 0.05$	$\alpha = 0.01$
6	0.886		19	0.460	0.584
7	0.786	0.929	20	0.447	0.570
8	0.738	0.881	21	0.435	0.556
9	0.700	0.833	22	0.425	0.544
10	0.648	0.794	23	0.415	0.532
11	0.618	0.755	24	0.406	0.521
12	0.587	0.727	25	0.398	0.511
13	0.560	0.703	26	0.390	0.501
14	0.538	0.675	27	0.382	0.491
15	0.521	0.654	28	0.375	0.483
16	0.503	0.635	29	0.368	0.475
17	0.485	0.615	30	0.362	0.467
18	0.472	0.600			

附录四　Friedman 检验临界值

评价员人数 J	3	4	5	3	4	5
	显著性水平 $\alpha = 0.05$			显著性水平 $\alpha = 0.01$		
2	–	6.00	7.60	–	–	8.00
3	6.00	7.00	8.53	–	8.20	10.13
4	6.50	7.50	8.80	8.00	9.30	11.10
5	6.40	7.80	8.96	8.40	9.96	11.52
6	6.33	7.60	9.49	9.00	10.20	13.28
7	6.00	7.62	9.49	8.85	10.37	13.28
8	6.25	7.65	9.49	9.00	10.35	13.28
9	6.22	7.81	9.49	8.66	11.34	13.28
10	6.20	7.81	9.49	8.60	11.34	13.28
11	6.54	7.81	9.49	8.90	11.34	13.28
12	6.16	7.81	9.49	8.66	11.34	13.28
13	6.00	7.81	9.49	8.76	11.34	13.28
14	6.14	7.81	9.49	9.00	11.34	13.28
15	6.40	7.81	9.49	9.00	11.34	13.28

附录五　F分布表

$$P\{F(n_1,n_2) > F_\alpha(n_1,n_2)\} = \alpha$$

$$\alpha = 0.10$$

n_1 \ n_2	1	2	3	4	5	6	7	8	9	10	12	15	20	24	30	40	60	120	∞
1	39.86	49.5	53.59	55.83	57.24	58.2	58.91	59.44	59.86	60.19	60.71	61.22	61.74	62.00	62.26	62.53	62.79	63.06	63.33
2	8.53	9.00	9.16	9.24	9.29	9.33	9.35	9.37	9.38	9.39	9.41	9.42	9.44	9.45	9.46	9.47	9.4	9.48	9.49
3	5.54	5.46	5.9	5.34	5.31	5.28	5.27	5.25	5.24	5.23	5.22	5.2	5.18	5.18	5.17	5.16	5.15	5.14	5.13
4	4.54	4.32	4.19	4.11	4.05	4.01	3.98	3.95	3.94	3.92	3.90	3.87	3.84	3.83	3.82	3.80	3.79	3.78	3.76
5	4.06	3.78	3.62	3.52	3.45	3.40	3.37	3.34	3.32	3.30	3.27	3.24	3.21	3.19	3.17	3.16	3.14	3.12	3.10
6	3.78	3.46	329	3.18	3.11	3.05	3.01	2.98	2.96	2.94	2.90	2.87	2.84	2.82	2.80	2.78	2.76	2.74	2.72
7	3.59	3.26	3.07	2.96	2.88	2.83	2.78	2.75	2.72	2.70	2.67	2.63	2.59	2.58	2.56	2.54	2.51	2.49	2.47
8	3.46	3.11	2.92	2.81	2.73	2.67	2.62	2.59	2.56	2.54	2.50	2.46	2.42	2.40	2.38	2.36	2.34	2.32	2.29
9	3.6	3.01	2.81	2.69	2.61	2.55	2.51	2.47	2.44	2.42	2.38	2.34	2.30	2.28	2.25	2.23	2.21	2.18	2.16
10	3.29	2.92	2.73	2.1	2.52	2.46	2.41	2.38	2.35	2.32	2.28	2.24	2.20	2.18	2.16	2.13	2.11	2.08	2.06
11	3.23	2.86	2.66	2.54	2.45	2.39	2.34	2.30	2.27	2.25	2.21	2.17	2.12	2.10	2.08	2.05	2.03	2.00	1.97
12	3.18	2.81	2.61	2.48	2.39	2.33	2.28	2.24	2.21	2.19	2.15	2.10	2.06	2.04	2.01	1.99	1.96	1.93	1.90
13	3.14	2.76	2.56	2.43	2.35	2.28	2.23	2.20	2.16	2.14	2.10	2.05	2.01	1.98	1.96	1.93	1.90	1.88	1.85
14	3.10	2.73	2.52	2.39	2.31	2.24	2.19	2.15	2.12	2.10	2.05	2.01	1.96	1.94	1.91	1.89	1.86	1.83	1.80
15	3.07	2.70	2.49	2.36	2.27	2.21	2.16	2.12	2.09	2.06	2.02	1.97	1.92	1.90	1.87	1.85	1.82	1.79	1.76
16	3.05	2.67	2.46	2.33	2.24	2.18	2.13	2.09	2.06	2.03	1.99	1.94	1.89	1.87	1.84	1.81	1.78	1.75	1.72
17	3.03	2.64	2.44	2.31	2.22	2.15	2.10	2.06	2.03	2.00	1.96	1.91	1.86	1.84	1.81	1.78	1.75	1.72	1.69
18	3.01	2.62	2.42	2.29	2.20	2.13	2.08	2.04	2.00	1.98	1.93	1.89	1.84	1.81	1.78	1.75	1.72	1.69	1.66
19	2.99	2.61	2.40	2.27	2.18	2.11	2.06	2.02	1.98	1.96	1.91	1.86	1.81	1.79	1.76	1.73	1.70	1.67	1.63
20	2.97	2.59	2.38	2.25	2.16	2.09	2.04	2.00	1.96	1.94	1.89	1.84	1.79	1.77	1.74	1.71	1.68	1.64	1.61
21	2.96	2.57	2.36	2.23	2.14	2.08	2.02	1.98	1.95	1.92	1.87	1.83	1.78	1.75	1.72	1.69	1.66	1.62	1.59
22	2.95	2.56	2.35	2.22	2.13	2.06	2.01	1.97	1.93	1.90	1.86	1.81	1.76	1.73	170	1.67	1.64	1.60	1.57
23	2.94	2.55	2.34	2.21	2.11	2.05	1.99	1.95	1.92	1.89	1.84	1.80	1.74	1.72	1.69	1.66	1.62	1.59	1.55
24	2.93	2.54	2.33	2.19	2.10	2.04	1.98	1.94	1.91	1.88	1.83	1.78	1.73	1.70	1.67	1.64	1.61	1.57	1.53
25	2.92	2.53	2.32	2.18	2.09	2.02	1.97	1.93	1.89	1.87	1.82	1.77	1.72	1.69	1.66	1.63	1.59	1.56	1.52
30	2.88	2.28	2.28	2.14	2.05	1.98	1.93	1.88	1.85	1.82	1.77	1.72	1.67	1.64	1.61	1.57	1.54	1.50	1.46
40	2.84	2.44	2.23	2.09	2.00	1.93	1.87	1.83	1.79	1.76	1.71	1.66	1.61	1.57	1.54	1.51	1.47	1.42	1.38
60	2.79	2.39	2.18	2.04	1.95	1.87	1.82	1.77	1.74	1.71	1.66	1.60	1.54	1.51	1.48	1.44	1.40	1.35	1.29
120	2.75	2.35	2.13	1.99	1.90	1.82	1.77	1.72	1.68	1.65	1.60	1.55	1.48	1.45	1.41	1.37	1.32	1.26	1.19
∞	2.71	2.30	2.08	1.94	1.85	1.77	1.72	1.67	1.63	1.60	1.55	1.49	1.42	1.38	1.34	1.30	1.24	1.17	1.00

$$\alpha = 0.05$$

n_1 \ n_2	1	2	3	4	5	6	7	8	9	10	12	15	20	24	30	40	60	120	∞
1	161	200	216	225	230	234	237	239	241	242	244	245	248	249	250	251	252	253	254
2	18.5	19.0	19.2	19.2	19.3	19.3	19.4	19.4	19.4	19.4	19.4	19.4	19.4	19.5	19.5	19.5	19.5	19.5	19.5

续表

n_2 \ n_1	1	2	3	4	5	6	7	8	9	10	12	15	20	24	30	40	60	120	∞
3	10.1	9.55	9.28	9.12	9.01	8.94	8.89	8.85	8.81	8.79	8.74	8.70	8.66	8.64	8.62	8.59	8.57	8.55	8.53
4	7.11	6 94	6.59	6.39	6.26	6.16	6.09	6.04	6.00	5.96	5.91	5.86	5.80	5.77	5.75	5.12	5.69	5.66	5.63
5	6.61	5.79	5.41	5.19	5.05	4.95	4.88	4.82	4.77	4.74	4.72	4.62	4.56	4.53	4.50	4.46	4.43	4.40	4.36
6	5.99	5.14	4.76	4.53	4.39	4.28	4.21	4.15	4.10	4.06	4.00	3.94	3.87	3.84	3.81	3.77	3.74	3.70	3.67
7	5.59	4.74	4.35	4.12	3.97	3.87	3.79	3.73	3.68	3.64	3.57	3.51	3.44	3.41	3.38	3.34	3.30	3.27	3.23
8	5.32	4.46	4.07	3.84	3.69	3.58	3.50	3.44	3.39	3.35	3.28	3.22	3.15	3.12	3.08	3.04	3.01	2.97	2.93
9	5.12	4.26	3.86	3.63	3.48	3.37	3.29	3.23	3.18	3.14	3.07	3.01	2.94	2.90	2.86	2.83	2.79	2.75	2.71
10	4.96	4.10	3.71	3.48	3.33	3.22	3.14	3.07	3.02	2.98	2.91	2.85	2.77	2.74	2.70	2.66	2.62	2.58	2.54
11	4.84	3.98	3.59	3.36	3.20	3.09	3.01	2.95	2.90	2.85	2.79	2.72	2.65	2.61	2.57	2.53	2.49	2.45	2.40
12	4.75	3.89	3.49	3.25	3.11	3.00	2.91	2.8S	2.80	2.75	2.69	2.62	2.54	2.51	2.47	2.43	2.38	2.34	2.30
13	4.67	3.81	3.41	3.18	3.03	2.92	2.83	2.77	2.71	2.67	2.60	2.53	2.46	2.42	2.38	2.34	2.30	2.25	2.21
14	4.60	3.74	3.34	3.11	2.96	2.85	2.76	2.70	2.65	2.60	2.53	2.46	2.49	2.35	2.31	2.27	2.22	2.18	2.13
15	4.54	3.68	3.29	3.06	2.90	2.79	2.71	2.64	2.59	2.54	2.48	2.40	2.33	2.29	2.25	2.20	2.16	2.11	2.07
16	4.49	3.63	3.24	3.01	2.85	2.74	2.66	2.59	2.54	2.49	2.42	2.35	2.28	2.24	2.19	2.15	2.11	2.06	2.01
17	4.45	3.59	3.20	2.96	2.81	2.70	2.61	2.55	2.49	2.45	2.38	2.31	2.23	2.19	2.15	2.10	2.06	2.01	1.96
18	4.41	3.55	3.16	2.93	2.77	2.66	2.58	2.51	2.46	2.41	2.34	2.27	2.19	2.15	2.11	2.06	2.02	1.97	1.92
19	4.38	3.52	3.13	2.90	2.74	2.63	2.54	2.48	2.42	2.38	2.31	2.23	2.16	2.11	2.07	2.03	1.98	1.93	1.88
20	4.35	3.49	3.10	2.87	2.71	2.60	2.51	2.45	2.39	2.35	2.28	2.20	2.12	2.08	2.04	1.99	1.95	1.90	1.84
21	4.32	3.47	3.07	2.84	2.68	2.57	2.49	2.42	2.37	2.32	2.25	2.18	2.10	2.05	2.01	1.96	1.92	1.87	1.81
22	4.30	3.44	3.05	2.82	2.66	2.55	2.46	2.40	2.34	2.30	2.23	2.15	2.07	2.03	1.98	1.94	1.89	1.84	1.78
23	4.28	3.42	3.03	2.80	2.64	2.53	2.44	2.37	2.32	2.27	2.20	2.13	2.05	2.01	1.96	1.91	1.86	1.81	1.76
24	4.26	3.4	3.01	2.78	2.62	2.51	2.42	2.36	2.30	2.25	2.18	2.11	2.03	1.98	1.94	1.89	1.84	1.79	1.73
25	4.24	3.39	2.99	2.76	2.60	2.49	2.40	2.34	2.28	2.24	2.16	2.09	2.01	1.96	1.92	1.87	1.82	1.77	1.71
30	4.17	3.32	2.92	2.69	2.53	2.42	2.33	2.27	2.21	2.16	2.09	2.01	1.93	1.89	1.84	1.79	1.74	1.68	1.62
40	4.08	3.23	2.84	2.61	2.45	2.34	2.25	2.18	2.12	2.08	2.00	1.92	1.84	1.79	1.74	1.69	1.64	1.58	1.51
60	4.00	3.15	2.76	2.53	2.37	2.25	2.17	2.10	2.04	1.99	1.92	1.84	1.75	1.70	1.65	1.59	1.53	1.47	1.39
120	3.92	3.07	2.68	2.45	2.29	2.17	2.09	2.02	1.96	1.91	1.83	1.75	1.66	1.61	1.55	1.50	1.43	1.35	1.25
∞	3.84	3.00	2.60	2.37	2.21	2.10	2.01	1.94	1.88	1.83	1.75	1.67	1.57	1.52	1.46	1.39	1.32	1.22	1.00

$$\alpha = 0.01$$

n_2 \ n_1	1	2	3	4	5	6	7	8	9	10	12	15	20	24	30	40	60	120	∞
1	4052	4999	5403	5625	5764	5859	5928	5981	6022	6056	5106	6157	6208	6234	6258	6286	6313	6339	6366
2	98.49	99.00	99.17	99.25	99.30	99.33	99.34	99.36	99.38	99.40	99.42	99.43	99.45	99.46	99.47	99.48	99.48	99.49	99.50
3	34.12	30.82	29.46	28.71	28.24	27.91	27.67	27.49	27.34	27.23	27.05	26.87	26.69	26.60	26.50	26.41	26.32	26.22	26.12
4	21.20	18.00	16.69	15.98	15.52	15.21	14.98	14.98	14.66	14.54	14.37	14.20	14.02	13.93	13.83	13.74	13.65	13.56	13.46
5	16.26	13.27	12.06	11.39	10.97	10.67	10.45	10.45	10.15	10.05	9.89	9.72	9.55	9.47	9.38	9.29	9.20	9.11	9.02
6	13.74	10.92	9.78	9.15	8.75	8.47	8.26	8.26	7.98	7.87	7.72	7.56	7.39	7.31	7.23	7.14	7.06	6.97	6.88
7	12.25	9.55	8.45	7.85	7.46	7.19	7.00	7.00	6.71	6.62	6.47	6.31	6.15	6.07	5.98	5.90	5.82	5.74	5.65
8	11.26	8.65	7.59	7.01	6.63	6.37	6.19	6.19	5.91	5.82	5.67	5.52	5.36	5.28	5.20	5.11	5.03	4.95	4.86

续表

n_2 \ n_1	1	2	3	4	5	6	7	8	9	10	12	15	20	24	30	40	60	120	∞
9	10.56	8.02	6.99	6.42	6.06	5.80	5.62	5.62	5.35	5.26	5.11	4.96	4.80	4.73	4.64	4.56	4.48	4.40	4.31
10	10.04	7.56	6.55	5.99	5.64	5.39	5.21	5.21	4.95	4.85	4.71	4.56	4.41	4.33	4.25	4.17	4.08	4.00	3.91
11	9.65	7.20	6.22	5.67	5.32	5.07	4.88	4.88	4.63	4.54	4.40	4.25	4.10	4.02	3.94	3.86	3.78	3.69	3.60
12	9.33	6.93	5.95	5.41	5.06	4.82	4.65	4.65	4.39	4.30	4.16	4.01	3.86	3.78	3.70	3.61	3.54	3.45	3.36
13	9.07	6.70	5.74	5.20	4.86	4.62	4.44	4.44	4.19	4.10	3.96	3.82	3.67	3.59	3.51	3.42	3.34	3.25	3.16
14	8.86	6.51	5.56	5.03	4.69	4.46	4.28	4.28	4.03	3.94	3.80	3.66	3.51	3.43	3.34	3.26	3.18	3.09	3.00
15	8.68	6.36	5.42	4.89	4.56	4.32	4.14	4.14	3.89	3.80	3.67	3.52	3.36	3.29	3.20	3.12	3.05	2.96	2.87
16	8.53	6.23	5.29	4.77	4.44	4.20	4.03	3.89	3.78	3.69	3.55	3.41	3.25	3.18	3.10	3.01	2.93	2.84	2.75
17	8.4	6.11	5.18	4.67	4.34	4.10	3.93	3.79	3.67	3.59	3.45	3.31	3.16	3.08	3.00	2.92	2.83	2.75	2.65
18	8.28	6.01	5.09	4.58	4.25	4.01	3.85	3.71	3.60	3.51	3.37	3.23	3.07	3.00	2.91	2.83	2.75	2.66	2.57
19	8.18	5.93	5.01	4.50	4.17	3.94	3.77	3.63	3.52	3.43	3.30	3.15	3.00	2.92	2.84	2.76	2.67	2.58	2.49
20	8.10	5.85	4.94	4.43	4.10	3.87	3.71	3.56	3.45	3.37	3.23	3.09	2.94	2.86	2.77	2.69	2.61	2.52	2.42
21	8.02	5.78	4.87	4.37	4.04	3.81	3.65	3.51	3.40	3.31	3.17	3.03	2.88	2.80	2.72	2.63	2.55	2.46	2.36
22	7.94	5.72	4.82	4.31	3.99	3.76	3.59	3.45	3.35	3.26	3.12	2.98	2.83	2.75	2.67	2.58	2.50	2.40	2.31
23	7.88	5.66	4.76	4.26	3.94	3.71	3.54	3.41	3.30	3.21	3.07	2.93	2.78	2.70	2.62	2.53	2.45	2.35	2.26
24	7.82	5.61	4.72	4.22	3.90	3.67	3.50	3.36	3.25	3.17	3.03	2.89	2.74	2.66	2.58	2.49	2.40	2.31	2.21
25	7.77	5.57	4.68	4.18	3.86	3.63	3.46	3.32	3.21	3.13	2.99	2.85	2.70	2.62	2.54	2.45	2.36	2.27	2.17
30	7.56	5.39	4.51	4.02	3.70	3.70	3.30	3.17	3.06	2.98	2.84	2.70	2.55	2.47	2.38	2.29	2.21	2.11	2.01
40	7.31	5.18	4.31	3.83	3.51	3.29	3.12	2.99	2.88	2.80	2.66	2.52	2.37	2.29	2.20	2.11	2.02	1.92	1.81
60	7.08	4.98	4.13	3.65	3.34	3.12	2.95	2.82	2.72	2.63	2.50	2.35	2.20	2.12	2.03	1.93	1.84	1.73	1.60
120	6.85	4.79	3.95	3.48	3.17	2.96	2.79	2.66	2.56	2.47	2.34	2.19	2.03	1.95	1.86	1.76	1.66	1.53	1.38
∞	6.64	4.60	3.78	3.32	3.02	2.80	2.64	2.51	2.41	2.32	2.18	2.04	1.87	1.79	1.69	1.59	1.47	1.32	1.00

附录六　方差齐次检验临界值

评价员人数	显著性水平 α		评价员人数	显著性水平 α	
	$\alpha = 0.05$	$\alpha = 0.01$		$\alpha = 0.05$	$\alpha = 0.01$
3	0.871	0.942	17	0.305	0.372
4	0.768	0.864	18	0.293	0.356
5	0.684	0.788	19	0.281	0.343
6	0.616	0.722	20	0.270	0.330
7	0.561	0.664	21	0.261	0.318
8	0.516	0.615	22	0.252	0.307
9	0.478	0.573	23	0.243	0.297
10	0.445	0.536	24	0.235	0.287
11	0.417	0.504	25	0.228	0.278
12	0.392	0.475	26	0.221	0.270
13	0.371	0.450	27	0.215	0.262
14	0.352	0.427	28	0.209	0.255
15	0.335	0.407	29	0.203	0.248
16	0.319	0.388	30	0.198	0.241

附录七　Page 检验临界值

评价员人数 J	样品（或产品）数目 P											
	3	4	5	6	7	8	3	4	5	6	7	8
	显著性水平 α = 0.05						显著性水平 α = 0.01					
2	28	58	103	166	252	362	–	60	106	173	261	376
3	41	84	150	244	370	532	42	87	155	252	382	549
4	54	111	197	321	487	701	55	114	204	331	504	722
5	66	137	244	397	603	869	68	141	251	409	620	893
6	79	163	291	474	719	1037	81	167	299	486	737	1063
7	91	189	338	550	835	1204	93	193	346	563	855	1232
8	104	214	384	925	950	1371	106	220	393	640	972	1401
9	116	240	431	701	1065	1537	119	246	441	717	1088	1569
10	128	266	477	777	1180	1703	131	272	487	793	1205	1736
11	141	292	523	852	1295	1868	144	298	534	869	1321	1905
12	153	317	570	928	1410	2035	156	324	584	946	1437	2072
13	165	343	615	1003	1525	2201	169	350	628	1022	1553	2240
14	178	368	661	1078	1639	2367	181	376	674	1098	1668	2407
15	190	394	707	1153	1754	2532	194	402	721	1174	1784	2574
16	202	420	754	1228	1868	2697	206	427	767	1249	1899	2740
17	215	445	800	1303	1982	2862	218	453	814	1325	2014	2907
18	227	471	846	1378	2097	3028	231	479	860	1401	2130	3073
19	239	496	891	1453	2217	3193	243	505	906	1476	2245	3240
20	251	522	937	1528	2325	3358	256	531	953	1552	2360	3406

附录八　顺位检验法检验表（α = 5%）

评价员数 J	样品数 P													
	2	3	4	5	6	7	8	9	10	11	12	13	14	15
2	…	…	…	… 3~9	… 3~11	… 3~13	… 4~14	… 4~16	… 4~18	… 5~19	… 5~21	… 5~23	… 5~25	… 6~26
3	…	…	…	4~14 4~8	4~17 4~11	4~20 5~13	4~23 6~15	5~25 3~18	5~28 7~20	5~31 8~22	5~34 8~25	5~37 9~27	5~40 10~29	6~42 10~32 11~34 12~36
4	…	5~11 5~11	5~15 6~14	6~18 7~17	6~22 8~20	7~25 9~23	7~29 10~26	8~32 11~29	8~36 13~31	8~40 14~34	9~43 15~37	9~47 16~40	10~50 17~43	10~54 18~48
5	… 6~9	6~14 7~13	7~18 8~17	8~22 10~20	9~26 11~24	9~31 13~27	10~35 14~31	11~39 15~35	12~43 17~38	12~48 18~42	13~52 20~45	14~56 21~49	14~61 23~52	15~65 24~56

续表

评价员数 J	样品数 P													
	2	3	4	5	6	7	8	9	10	11	12	13	14	15
6	7~11	8~16	9~21	10~26	11~31	12~36	13~41	14~46	15~51	17~55	18~60	19~65	19~71	20~76
	7~11	9~15	11~19	12~24	14~28	16~32	18~36	20~40	21~45	23~49	25~53	27~57	29~61	31~65
7	8~13	10~18	11~24	12~30	14~35	15~41	17~46	18~52	19~58	21~63	22~69	23~75	25~80	26~86
	8~13	10~18	13~22	15~27	17~32	19~37	22~41	24~46	26~51	28~56	30~61	33~65	35~70	37~75
8	9~15	11~21	13~27	15~33	17~39	18~46	20~52	22~58	24~64	25~71	27~77	29~83	30~90	32~96
	10~14	12~20	15~25	17~31	20~36	23~41	25~47	28~52	31~57	33~63	36~68	39~73	41~79	44~84
9	11~16	13~23	15~30	17~37	19~44	22~50	24~57	26~64	28~71	30~78	32~85	34~92	36~99	38~106
	11~16	14~22	17~28	20~30	23~40	26~46	29~52	32~58	35~64	38~70	41~76	45~81	48~87	51~93
10	12~18	15~25	17~33	20~40	22~48	25~55	27~63	30~70	32~78	34~86	37~93	39~101	41~109	44~116
	12~18	16~24	19~31	23~37	26~44	30~50	33~57	37~63	40~70	44~76	47~83	51~89	54~96	57~103
11	13~20	16~28	19~36	22~44	25~52	28~60	31~68	34~76	36~85	39~93	42~101	45~109	47~118	50~126
	14~19	18~26	21~34	25~41	29~48	33~55	37~62	41~69	45~76	49~83	53~90	57~97	60~105	64~112
12	15~21	18~30	21~39	25~47	28~56	31~69	34~74	38~82	41~91	44~100	47~109	50~118	53~127	56~136
	15~21	19~29	24~36	28~44	32~52	37~59	41~67	45~75	50~82	54~90	58~98	63~105	67~113	71~121
13	16~23	20~32	24~41	27~51	31~60	35~69	38~79	42~88	45~98	49~107	52~117	56~126	59~136	62~146
	17~22	21~31	26~39	31~47	35~56	40~64	45~72	50~80	54~89	59~97	64~105	69~116	74~121	78~130
14	17~25	22~34	26~44	30~54	34~64	38~74	42~84	46~94	50~104	54~114	57~125	61~135	65~145	69~155
	18~24	23~33	28~42	33~51	38~60	44~68	49~77	54~86	59~95	65~103	70~112	75~121	80~130	85~139
15	19~26	23~37	26~47	32~58	37~68	41~79	46~89	50~100	54~111	58~122	63~132	67~143	71~154	75~165
	19~26	25~35	30~45	36~54	42~63	47~73	53~82	59~91	64~101	70~110	75~120	81~129	87~138	92~148
16	20~28	25~39	30~50	35~61	70~72	45~83	49~95	54~106	59~117	63~129	68~140	73~151	77~163	82~174
	21~27	27~37	33~47	39~57	45~67	51~77	57~87	63~97	69~107	75~117	81~127	87~137	93~147	100~156
17	22~29	27~41	32~53	38~64	43~76	48~88	53~100	58~112	63~124	68~136	73~148	78~160	83~172	88~184
	22~29	28~40	32~50	41~61	48~71	54~82	61~92	67~103	74~113	81~123	87~134	94~144	100~155	107~165
18	23~31	29~43	34~56	40~68	46~80	51~93	57~105	62~118	68~130	73~143	79~155	84~168	90~180	85~193
	24~30	30~42	37~53	44~64	51~75	58~66	65~97	72~108	79~119	86~130	93~141	100~152	107~163	144~174
19	24~33	30~46	37~58	43~71	49~84	55~97	61~110	67~113	73~136	78~150	84~163	90~176	76~189	102~202
	25~32	32~44	39~58	47~67	54~79	62~90	69~102	76~114	84~125	91~137	99~148	106~160	114~171	121~183
20	26~34	32~48	39~61	45~75	52~86	58~102	65~115	71~129	77~143	83~157	90~170	96~184	102~198	108~212
	26~34	34~46	42~58	50~70	57~83	65~95	73~107	81~119	89~131	97~143	105~155	112~168	120~180	128~192
21	27~36	34~50	41~64	48~78	55~92	62~106	68~121	75~135	82~149	89~163	95~178	102~192	108~207	115~221
	28~35	36~48	44~61	52~74	61~86	69~99	77~112	86~124	94~137	102~150	110~163	119~175	127~188	135~201
22	28~38	36~52	43~67	51~81	58~96	65~111	72~126	80~140	87~155	94~170	101~185	108~200	115~215	122~230
	29~37	38~50	46~64	55~77	64~90	73~103	81~117	90~130	99~143	108~156	115~170	125~183	134~196	143~209
23	30~39	38~54	46~69	53~85	61~100	69~115	76~131	84~146	91~162	99~177	106~193	114~208	121~224	128~240
	31~38	40~52	49~66	58~90	67~94	76~108	85~122	95~135	104~149	113~163	122~177	131~191	141~204	150~218

评价员数 J	样品数 P													
	2	3	4	5	6	7	8	9	10	11	12	13	14	15
24	31~41	40~56	48~72	56~88	64~104	72~120	80~136	88~152	96~168	104~184	112~200	120~216	127~233	135~249
	32~40	41~55	51~69	61~83	70~98	80~112	90~126	99~141	109~155	119~169	128~184	138~198	147~213	157~227
25	33~42	41~59	50~75	59~91	67~108	76~124	84~141	92~158	101~174	109~191	117~208	126~224	134~241	142~258
	33~42	43~57	53~72	63~87	73~102	84~116	94~131	104~146	124~161	134~176	144~191	144~206	154~221	164~236
26	34~44	43~61	52~78	61~95	70~112	79~129	88~146	97~163	106~180	114~198	123~215	132~232	140~250	149~267
	35~43	45~59	56~74	66~90	77~105	87~121	98~136	108~152	119~167	129~183	140~198	151~213	161~229	172~244
27	35~46	45~63	55~80	64~98	73~116	83~133	92~151	101~169	110~187	119~205	129~222	138~240	147~258	156~276
	36~45	47~61	58~77	69~93	80~109	91~125	102~141	113~157	124~173	135~189	146~205	157~221	168~237	179~253
28	37~47	47~65	57~83	67~101	76~120	86~138	96~156	106~174	115~193	125~211	134~230	144~248	153~267	162~286
	38~46	49~63	60~80	72~96	83~113	95~129	106~146	118~162	129~179	140~196	152~212	163~229	175~245	186~262
29	38~49	49~67	59~86	69~105	80~123	90~142	100~161	110~180	120~199	130~218	140~237	150~256	160~275	169~295
	39~48	51~65	63~82	74~100	86~117	98~134	110~151	122~168	134~185	146~202	158~219	170~236	182~253	194~270
30	40~50	51~69	61~89	72~108	83~127	93~147	104~166	114~186	125~205	135~225	145~245	156~264	166~284	176~304
	41~49	53~67	65~85	77~103	90~120	102~138	114~156	127~173	139~191	151~209	164~226	176~244	189~261	201~279
31	41~52	52~72	64~91	75~111	86~131	97~151	108~171	119~191	130~211	140~232	151~252	162~272	173~292	183~313
	42~51	55~69	67~88	80~106	93~124	106~142	119~160	131~179	144~197	157~215	170~233	183~251	196~269	208~288
32	42~54	54~74	66~94	77~115	89~135	100~156	112~176	123~197	134~218	146~238	157~259	168~280	179~301	190~322
	43~53	56~72	70~90	83~109	96~128	109~147	123~165	136~184	149~203	163~221	176~240	189~259	202~278	216~296
33	44~55	56~76	68~97	80~118	92~139	104~160	116~181	128~202	139~224	151~245	163~266	174~288	186~309	197~331
	45~54	58~74	72~93	86~112	99~132	113~151	127~170	141~189	154~209	168~228	182~247	196~266	209~286	223~305
34	45~57	58~78	70~100	83~121	95~143	108~164	120~186	132~208	144~230	156~252	168~274	180~296	192~318	204~340
	46~56	60~76	74~96	88~116	103~135	117~155	131~175	145~195	159~215	174~234	188~254	202~274	216~294	231~313
35	47~58	60~80	73~102	86~124	98~147	111~169	124~191	136~214	149~236	161~259	174~281	186~304	199~326	211~349
	48~57	62~78	77~98	91~119	106~139	121~159	135~180	150~200	165~220	179~241	194~261	209~281	223~302	238~322
36	48~60	62~82	75~105	88~128	102~150	115~173	128~196	141~219	154~242	167~265	180~288	193~311	205~335	218~358
	48~59	64~80	79~101	94~122	109~143	124~164	139~185	155~205	170~226	185~247	200~268	215~289	230~310	245~331
37	50~61	63~85	77~106	91~131	105~154	118~176	132~201	145~225	159~248	172~272	185~296	199~319	212~343	225~367
	51~60	66~82	81~104	97~125	112~147	128~168	144~189	159~211	175~232	190~254	206~275	222~296	237~318	253~339
38	51~63	65~87	80~110	94~134	106~158	122~182	136~206	150~230	164~254	177~279	191~303	205~327	219~351	232~376
	52~62	68~84	84~106	100~128	116~150	132~172	148~194	164~216	180~238	196~260	212~282	228~304	244~326	260~348

附录九　顺位检验法检验表 （α=1%）

评价员数 J	样品数 P													
	2	3	4	5	6	7	8	9	10	11	12	13	14	15
2	...	...	...	...	...	...	...	...	...	...	...	...	...	...
	...	...	...	...	...	...	...	3~19	3~21	3~23	3~26	3~27	3~29	

续表

评价员数 J	样品数 P 2	3	4	5	6	7	8	9	10	11	12	13	14	15
3	…	…	…	…	…	…	…	…	4~29	4~32	4~35	4~38	4~41	4~44
	…	…	…	4~14	4~17	4~20	5~22	5~25	5~27	6~30	6~33	7~35	7~38	7~41
4	…	…	…	5~19	5~23	5~27	6~30	6~34	6~38	6~42	7~45	7~49	7~53	7~57
	…	…	5~15	6~18	6~22	7~25	8~28	8~32	9~35	10~38	10~42	11~45	12~48	13~51
5	…	…	6~19	7~23	7~28	8~32	8~37	9~41	9~46	10~50	10~55	11~59	11~64	12~68
	…	6~14	7~18	8~22	9~26	10~30	11~34	12~38	13~42	14~46	15~50	16~54	17~58	18~62
6	…	7~17	8~22	9~27	9~3	10~38	11~43	12~48	13~53	13~59	14~64	15~69	16~74	16~80
	…	8~16	9~21	10~26	12~30	13~35	14~40	16~44	17~49	18~54	20~58	21~63	28~07	24~72
7		8~20	10~25	11~31	12~37	13~43	14~49	15~55	16~61	17~67	18~73	19~79	20~85	21~91
	8~13	9~19	11~24	12~30	14~35	16~40	18~45	19~51	21~56	23~61	26~66	26~72	28~77	30~82
8	9~15	10~22	11~29	13~35	14~42	16~48	17~55	19~61	20~68	21~75	23~81	24~68	25~95	17~101
	9~15	11~21	13~27	15~33	17~39	19~45	21~51	23~47	25~63	28~68	30~74	32~80	34~86	36~92
9	10~17	12~24	13~32	15~39	17~46	19~53	21~60	22~68	24~75	26~82	27~90	29~97	31~104	32~112
	10~17	12~24	15~30	17~37	20~43	22~50	25~56	17~63	30~69	32~76	35~82	37~89	40~95	42~102
10	11~19	13~27	15~35	18~42	20~50	22~58	24~66	26~74	28~82	30~90	32~98	34~106	36~114	38~122
	11~19	14~26	17~33	20~40	23~47	25~55	28~62	31~69	34~76	37~83	40~90	48~97	46~104	49~111
11	12~21	15~29	17~38	20~46	22~55	25~63	27~72	30~80	32~89	34~98	37~106	39~115	41~124	44~132
	13~20	16~28	19~36	22~44	25~52	29~59	32~67	36~75	39~82	42~90	45~98	48~106	52~113	55~121
12	14~22	17~31	19~41	22~50	25~59	28~68	31~77	33~87	36~96	39~105	42~114	44~124	47~133	50~142
	14~22	18~30	21~39	25~47	28~56	32~64	36~72	39~81	43~89	47~97	50~106	54~114	58~122	46~130
13	15~24	18~34	21~44	25~53	28~63	31~73	34~83	37~93	40~103	43~113	46~123	50~132	53~142	56~152
	15~24	19~33	23~42	27~51	31~60	35~69	39~78	44~86	48~96	52~104	56~113	60~122	64~131	68~140
14	16~26	20~36	24~46	27~57	31~67	34~78	38~88	41~99	45~109	48~120	51~131	55~141	58~152	62~162
	17~25	21~35	25~45	30~54	34~64	39~73	43~83	48~92	52~103	57~111	61~121	66~130	76~140	75~149
15	18~27	22~38	26~40	30~60	34~71	37~83	41~94	45~105	49~116	53~127	50~139	60~150	64~161	68~172
	18~27	23~37	28~47	32~58	37~68	42~78	47~88	52~98	57~108	62~118	67~128	72~138	76~149	81~159
16	19~29	23~41	28~52	32~64	36~76	41~87	45~99	40~111	53~123	57~135	62~146	66~158	70~170	74~182
	19~29	25~39	30~50	35~61	40~72	46~82	51~93	50~104	61~115	67~125	72~136	77~147	83~157	88~168
17	20~31	25~43	30~55	35~67	39~80	44~92	49~104	53~117	58~129	62~142	67~154	71~167	76~179	80~192
	21~30	26~42	32~53	38~64	42~76	49~87	55~98	60~110	66~124	72~132	78~143	83~155	89~166	95~177
18	22~32	27~45	32~58	37~71	42~84	47~97	52~110	57~123	62~136	67~149	72~162	77~175	82~188	86~202
	22~32	28~44	34~56	40~68	46~80	52~92	99~103	65~115	71~127	77~129	83~151	89~163	95~175	102~186
19	23~34	29~47	34~61	40~74	45~88	50~102	59~115	61~129	67~142	72~156	77~170	82~184	86~197	93~211
	24~33	30~46	36~59	43~71	49~84	56~96	62~109	69~121	75~133	82~146	89~158	95~171	102~183	108~196
20	24~36	30~50	36~64	42~78	48~92	54~106	60~120	65~125	71~140	77~163	82~178	88~192	94~206	99~221
	25~35	32~48	38~62	45~75	85~88	59~101	60~114	73~127	80~140	87~153	94~166	101~179	108~192	115~203

续表

评价员数 J	2	3	4	5	6	7	8	9	10	11	12	13	14	15
21	26~37	32~52	38~67	45~81	51~96	57~111	63~126	66~141	75~156	82~170	88~185	94~200	100~215	106~230
	26~37	33~51	41~61	48~78	55~92	63~105	70~119	78~182	85~146	92~100	100~173	107~187	115~200	122~214
22	27~39	34~54	40~70	47~85	55~100	60~116	67~131	74~148	80~162	80~178	93~193	99~209	106~224	112~240
	28~38	35~53	43~67	51~81	58~96	66~110	74~124	82~138	90~152	98~166	106~180	113~195	121~209	129~223
23	28~41	36~56	43~72	50~88	57~104	64~120	71~136	78~152	85~168	91~185	98~201	105~217	112~233	119~249
	29~40	37~55	45~70	53~85	62~99	70~114	78~129	86~144	95~158	103~173	111~188	119~203	128~217	136~232
24	30~42	37~59	45~75	52~92	60~108	67~125	75~141	82~188	89~175	96~192	104~208	111~225	118~242	125~259
	30~42	39~57	47~73	56~88	65~103	73~119	80~134	91~140	99~165	108~180	117~195	126~210	134~226	143~241
25	31~44	39~61	47~78	55~95	63~112	71~129	78~147	66~164	94~181	101~199	109~216	117~233	124~251	132~268
	32~43	41~59	50~75	59~91	68~107	77~123	86~139	95~155	101~171	113~187	123~202	132~218	141~234	150~250
26	33~45	41~63	49~81	57~99	66~116	74~134	82~152	90~170	98~188	106~206	114~224	122~242	130~260	138~278
	33~45	42~62	52~78	61~95	71~111	80~128	90~144	100~166	109~177	149~193	128~210	138~226	147~243	157~259
27	34~47	43~65	51~84	60~102	69~120	77~139	86~157	94~176	103~194	111~213	120~231	128~250	137~268	145~287
	35~46	44~64	54~81	64~98	74~115	84~132	94~149	104~166	114~183	124~200	134~217	144~234	154~251	164~268
28	35~49	44~68	54~86	63~105	72~124	81~143	90~162	99~181	108~200	110~220	125~239	134~258	143~277	152~296
	36~48	46~66	56~84	67~101	77~119	88~136	93~154	108~172	119~189	129~207	140~224	150~242	161~259	171~277
29	37~60	46~70	56~89	65~109	75~28	84~148	94~167	103~187	112~207	122~226	131~246	140~166	149~286	158~306
	37~50	48~68	59~86	69~105	80~123	91~141	102~159	113~177	124~195	135~213	145~232	156~250	167~268	178~286
30	38~52	48~72	58~92	68~112	78~132	88~152	97~173	107~183	117~213	127~233	136~254	146~274	155~295	165~315
	39~51	50~70	61~89	72~108	83~127	95~145	106~164	117~183	129~201	140~220	151~239	163~257	174~276	185~295
31	39~54	50~74	60~95	71~115	81~136	91~157	101~178	112~198	122~219	132~240	142~261	152~282	162~303	172~324
	40~53	51~73	63~92	75~111	85~131	98~150	110~169	122~188	133~208	145~227	157~246	169~265	180~285	192~304
32	41~55	52~70	62~98	73~119	84~140	95~161	105~183	166~204	126~226	137~217	147~269	158~290	168~312	179~333
	41~55	53~75	65~95	77~115	90~134	102~154	114~174	120~194	138~214	151~233	163~253	175~273	187~293	199~313
33	42~57	53~79	65~100	76~122	87~144	98~166	109~188	120~210	134~232	142~254	153~276	164~298	174~321	185~343
	43~56	55~77	68~97	80~118	93~138	105~159	118~179	131~199	145~220	156~240	169~260	181~281	194~301	206~322
34	44~58	55~81	67~103	78~126	90~148	102~170	113~193	124~216	136~238	147~261	158~284	170~306	181~329	192~352
	44~58	57~79	70~100	83~121	96~142	109~163	122~184	125~205	148~226	161~217	174~268	187~289	201~309	214~330
35	45~60	57~83	69~106	81~129	93~152	105~175	117~196	120~221	141~244	152~208	164~291	176~314	187~338	199~361
	46~59	59~81	72~103	86~124	99~146	113~167	120~189	140~210	153~232	167~253	180~275	191~289	207~318	221~339
36	46~62	59~85	71~109	84~132	96~156	109~179	121~203	133~227	145~251	157~275	170~298	182~322	194~346	206~370
	47~61	61~83	74~106	88~128	102~150	116~172	130~194	144~216	158~238	172~260	186~282	200~304	214~326	228~348
37	48~63	61~87	74~111	86~136	99~160	112~184	125~208	137~242	150~257	163~281	175~306	188~330	200~355	213~379
	48~63	63~85	77~108	91~131	105~154	120~176	134~199	149~221	163~244	177~267	192~239	206~312	221~334	235~357
38	49~65	62~90	76~114	89~139	102~164	116~188	120~213	142~233	155~263	168~288	181~318	194~338	207~363	219~389
	50~64	64~83	79~111	94~134	109~157	123~181	138~304	153~227	168~250	183~273	198~296	213~319	227~323	242~366

参考文献

[1] 陈梦玲，权英，詹月华. 食品感官评价项目化教程 [M]. 南京：南京大学出版社，2016.

[2] 贾俊平. 统计学基础 [M]. 北京：中国人民大学出版社，2023.

[3] 赵镭，刘文. 感官分析技术应用指南 [M]. 北京：中国轻工业出版社，2011.

[4] 郑坚强. 食品感官检验 [M]. 北京：中国科学技术出版社，2017.

[5] 樊镇棣. 食品感官检验技术 [M]. 北京：中国质检出版社，2017.

[6] 杨玉红. 食品感官检验技术 [M]. 北京：大连理工大学出版社，2022.

[7] 汪浩明. 食品检验技术（感官评价部分）[M]. 北京：中国轻工业出版社，2016.

[8] 艾洪滨. 人体解剖生理学 [M]. 2 版. 北京：科学出版社，2015.

[9] 陈福玉，叶永铭，王桂桢. 食品化学 [M]. 2 版. 北京：中国质检出版社，2017.

[10] 王永华，戚穗坚. 食品风味化学 [M]. 北京：中国轻工业出版社，2022.

[11] 张艳，雷昌贵. 食品感官评定 [M]. 北京：中国质检出版社，2012.

[12] 杨福臣，张兰. 食品感官分析技术 [M]. 武汉：武汉理工大学出版社，2017.

[13] 杜双奎，韩北忠，童华荣. 食品感官评价 [M]. 北京：中国林业出版社，2023.

[14] 朱克永. 食品检验技术：理化检验 感官检验技术 [M]. 北京：科学出版社，2011.

[15] 安莹，王朝臣. 食品感官检验 [M]. 北京：化学工业出版社，2018.

[16] 徐树来. 食品感官分析与实验 [M]. 北京：化学工业出版社，2020.

[17] 王永华，吴青. 食品感官评定 [M]. 北京：中国轻工业出版社，2018.

[18] 周家春. 食品感官分析 [M]. 北京：中国轻工业出版社，2021.

[19] Sarcah E. Kemp, Tracey Hollowood, Joanne Hort., 等. 感官评价实用手册 [M]. 北京：中国轻工业出版社，2016.

[20] 戴悦雯，支瑞聪. 茶叶品质智能评价中统计分析技术的应用现状与展望 [J]. 食品科学，2015，36（7）：223－227.

[21] 裘姗姗. 基于电子鼻、电子舌及其融合技术对柑橘品质的检测 [D]. 杭州：浙江大学，2016.

[22] 刘洋. 基于断裂声音信号的胡萝卜质地评价研究 [D]. 长春：吉林大学，2016.

[23] 王晴晴. 基于电子鼻/舌融合的感官鉴评模型构建及应用 [D]. 吉林：东北电力大学，2018.